ニホンヤマネ

野生動物の保全と環境教育

湊 秋作——［著］

東京大学出版会

Natural History of the Japanese Dormouse:
Wildlife Conservation and Environment Education
Shusaku MINATO
University of Tokyo Press, 2018
ISBN 978-4-13-060255-6

はじめに

　暗い大学の廊下の奥に学長室のドアーがあった．「トントントン」どきどきしながらノックする．"ギィー"と茶色のドアーが開いた．奥に通されると，そこにはワシミミズクのような顔があった．私はその前に座った．心臓がドクドク高鳴る．粒のような汗をだくだくかきながら，つっかえつっかえしつつ私はいった．「ヤマネを研究させてください！」と．アポもとらずにやってきた学生に都留文科大学の下泉重吉学長はいってくださった．「いいでしょう」と．

　下泉先生は，八ヶ岳でヤマネの巣箱調査を行い，ヤマネ飼育のための人工的な餌を探り，ヤマネの冬眠覚醒過程を8期に分け，ヤマネが冬眠するときの平均気温が約8.8℃であることを明らかにするなど，生態と冬眠生理の研究者であった．また，コウモリのバンドを開発し，翼につけて生態を調べ，冬眠中のユビナガコウモリの体温と気温との関係の研究もされていた．しばらくたって知ったのは，下泉先生は，学長としてゼミ生の指導はしないという"慣習"を破り，教授会の反対を押し切って私を受け入れてくれたということであった．恩師，下泉重吉先生と私との出会いであった．

　聖書やデカルトに関心を寄せていた私は，着任まもない学長が「ヤマネ」という動物の専門家であることを壁新聞で知った．当時，文学部初等教育学科2年で，専攻を決めないといけない時期にいた私は「デカルト」をするべきか「ヤマネ」をするべきか，約1カ月も悩んだ．私はチョウが大好きな少年時代を過ごし，海や川が大好きであったが，ヤマネは初めて聞く名の動物で，もちろん見たこともなかった．しかし，ヤマネを選んだら，一艘の帆船が大海原の水平線の向こうに冒険の船出をするように，先が見えないところへ行くような気がした．「先が見えないほうがおもしろいのではないか」と私は考えた．そして，学長室のドアーをノックしたのである．

　ここから私のヤマネ研究が始まった．生態調査は山梨県にある三つ峠からスタートした．つぎのフィールドは和歌山県．妻となってくれた"ちせ"の

バックアップのもと，小学校教師をしながら熊野の森をかけずりまわった．続いて富士山，志賀高原，そして，八ヶ岳南麓の清里へと調査地は展開していった．山梨県清里高原にあるやまねミュージアムの館長となってからは，日本全体のヤマネを守るには，各植生の森に生息するヤマネの生態を知ることが第一と考え，やまねミュージアムの岩渕真奈美さん，饗場葉留果さんらの仲間とともに，秋田県のクマが生息している田沢湖畔，積雪 5m の新潟県の魚沼市，ダム予定地であった栃木県の鹿沼市，岐阜県白川村の白川郷，都市郊外の大阪の箕面，日本海に浮かぶ隠岐の島，カワウソの発見地である高知県須崎市，長崎県の山中などに巣箱を運び，架設し，のぞいてきた．それぞれの地で多くの方々と研究をともにしてきた．

　海外ではカルスト大地に茂るスロベニアの森，ドーバー海峡近くのイギリス海岸の森，ドナウ川を見下ろす丘の上のハンガリーの森と，多くの海外研究者と共同研究を進めてきた．また，生態調査をしながら，行動学，遺伝学，保全，環境教育などに共同研究者たちと取り組んできた．

　この本で紹介するのは，ヤマネの研究のそれらの研究活動の結果の "獲物"＝"成果" である．また，本書ではヤマネのおもしろさを探る人々の姿や考え方も少し紹介した．それは，ヤマネも魅力的だが，その研究を展開する研究者の生きざま，自然を観る視点，人柄も魅力的だからである．

　第 1 章はヤマネの生物学概論である．ここでは世界に今，生息する海外産ヤマネ科の概要と私が出会ったヤマネたちや森と環境，そこで働く研究者たちの想いも紹介した．そして，「生きている化石」であるヤマネ科の起源について考察し，ヨーロッパがヤマネ科の発祥地で，故郷であることを記した．つぎに，ニホンヤマネの概論を述べた．ヨーロッパから日本へやってきたニホンヤマネの起源や現生ヤマネ科の系統進化，ニホンヤマネの種内分岐を遺伝学的研究・古生物学的研究などから考察した．ニホンヤマネの外部形態や消化管などの特徴と仕組みも述べた．ニホンヤマネの食性を飼育下と野生下で観察した結果を示し，ヤマネの食性を総括した．針葉樹林におけるヤマネの生息状況の一部も記した．また，ニホンヤマネが森をどのように動き，どれほどの行動範囲を示し，どこで休み，どのような天敵のいる森で暮らしているかを示した．巣箱をのぞくとヤマネ，ヒメネズミ，鳥類，昆虫類が観察できる巣箱調査と巣箱の意義も紹介している．

第2章はヤマネを求めてフィールドを歩いたヤマネ調査紀行である．国内版では，北は田沢湖から南は長崎までの植生や環境状況の異なるヤマネの暮らしぶりをたくさんの方と共働きしながら研究していったことを紹介した．海外版では，「比較」がキーワードであった．それは比較することは，よりニホンヤマネの本質を探ることになると考えたからである．日本には1種しかヤマネは生息していないので，海外のヤマネとの比較を求めて行ったヤマネ海外遠征調査紀行であった．

第3章は繁殖である．雄と雌が真摯に展開する性行動の仕組みの観察結果を考察し，交尾栓・重婚・出産後交尾など，ヤマネの生きざまを伝えることを試みた．南北に連なる日本のそれぞれの森で，冬眠形質を有するヤマネの繁殖の地理的変異も考察した．そして，大切な仔を育むための繁殖巣の研究成果も記した．

第4章は仔育てと仔の成長の章である．繁殖の大切な事項である妊娠期間，産仔数，性成熟，仔の形態と行動の成長を紹介した．そして，ヤマネの仔が樹上性のヤマネとなるための，樹上行動の獲得プロセスも報告する．これまで観察が困難であった離乳行動や母獣の懸命な育児行動も示すことができた．おもしろい冬季の出産についても事例をあげ，ヤマネの生きるための柔軟性の考察も試みた．

第5章はヤマネのことばである．ドリトル先生のように動物と話すことができることは，多くの研究者の夢である．ヤマネ語の解明を目指す私の研究の一部を紹介した．夜行性のヤマネにとっては，音声が大きなコミュニケーションの働きを担う．ニホンヤマネの性行動の際に発する音声や仔の音声の種類の解明など，試行錯誤のプロセスを紹介しながら記す．

第6章はヤマネの大きな特性である冬眠についての章である．世界中のヤマネ研究者の課題の柱が冬眠である．ニホンヤマネの冬眠場所のタイプ，冬眠巣の特徴，冬眠と体温との関係，日内休眠の不思議，複雑な冬眠誘因，地域による冬眠期間のちがいなどについて記した．そして，ねぼすけヤマネの生物学的仕組みが宇宙開発・旅行に応用され，貢献する夢を達成するための試行的な研究も紹介した．

第7章はヤマネを通した環境保全の章である．SDGs達成や生物多様性保全には，具体化と社会化・主流化が不可欠である．ヤマネ保護の具体化であ

るヤマネトンネル・ヤマネブリッジの実践を述べ，アニマルパスウェイの開発過程や普及活動を紹介し，樹上動物のためのコリドーの試みを示した．コラボレーションの効果も表現したいと考えた．

第8章は，国・地域による人々のヤマネ観のちがい，ヤマネにかかわる文化について日本とヨーロッパの事例をあげた．ヤマネと人とのかかわりの豊かさも味わってもらえればと思う．

第9章はヤマネを通した環境教育の章である．生物多様性を保全するにはそれを担う人材を育成する環境教育が必要となる．その環境教育はいろいろな方がいろいろな場所で取り組む必要がある．ここでは，小さな森林性のヤマネを用いた環境教育の実践事例をあげ，ヤマネを環境教育に応用する可能性の大きさを示した．企業の環境保全・教育に取り組む姿勢の広がりと大きさも紹介した．

これらが私と仲間たちの長年にわたる現時点での"研究成果・活動成果"という"獲物"である．これらは私一人で得たものではないことを初めにお知らせしておく．たくさんの人々とのコラボレーション・応援・支援・労力の賜物によるものである．これらが，今後の日本のヤマネ学の発展に寄与し，1つのステップとなれば望外の幸せである．

今後，ヤマネ研究を志す方には，ヤマネは天然記念物であるため，ヤマネを捕獲し，飼育し，研究するには文化庁や環境省からの許可が必要であることにご留意願いたい．ヤマネが国指定の天然記念物となったのは1975年である．日本の固有種で，1属1種の動物であることなどがおもな理由である．天然記念物の動物とは，許可なしには触れることもできないほど厳重に保護されている貴重な種である．ヤマネ研究を行う際，捕獲するにも，飼育するにも熟練した技術が必要で，細心で慎重な注意を払うことが求められる．私たちは捕獲・飼育技術などをこれまで日々，培ってきた．

私はこれまでの成果をこの本に書き下ろすことで，また「新たなビジョン」と「新たな知識」と「指針」と「課題」などを新しいヤマネ号の船に積み込み，つぎのヤマネの不思議を探る航海に出たいと思う．

湊 秋作

目　　　次

はじめに……………………………………………………………………………… i

第 1 章　日本の天然記念物――ヤマネの生物学概論 ……………………… 1

1.1　世界のヤマネ…………………………………………………………… 1
（1）現生のヤマネ　1
（2）ヤマネ科の起源――ヨーロッパが故郷　15

1.2　ニホンヤマネ………………………………………………………… 19
（1）ニホンヤマネの起源――ヨーロッパからの旅　19
（2）形態　30　　（3）食性――飼育下での観察　36
（4）食性――森での食餌観察　40
（5）森での休み場所・行動と天敵　57
（6）巣箱利用動物とヤマネ　64

第 2 章　フィールド――ヤマネ調査紀行 ……………………………… 69

2.1　ヤマネ国内調査紀行 ………………………………………………… 69
（1）山梨県――三つ峠（都留市・富士河口湖町・西桂町）　69
（2）山梨県――大菩薩峠・御正体山（大学裏山）・清里　70
（3）和歌山県――本宮町（田辺市）皆地　72
（4）和歌山県――那智山（那智勝浦町）・小口（新宮市）・田長谷（新宮市）・高田（新宮市）　78　　（5）富士山　81
（6）長野県――志賀高原　86　　（7）山梨県――八ヶ岳南麓清里　87
（8）秋田県仙北市――田沢湖近くのブナの森　93
（9）栃木県鹿沼市　94　　（10）新潟県魚沼市　96
（11）石川県七尾市・宝達志水町　98　　（12）大阪府箕面市　99
（13）兵庫県西宮市　99　　（14）兵庫県宝塚市　100
（15）島根県隠岐の島町　100　　（16）高知県須崎市と徳島県　103
（17）長崎県多良岳と轟の滝　103　　（18）岐阜県白川郷　106

vi　目　次

　　　　（19）長野県霧ヶ峰・原村　*106*　　　（20）鳥取県若桜町　*107*

　　　　（21）岡山県　*107*　　　（22）静岡県青崩峠　*107*

　　　　（23）三重県尾鷲市　*108*

2.2　ニホンヤマネの分布 ……………………………………………………… *108*

2.3　海外ヤマネ遠征調査 ……………………………………………………… *114*

　　　　（1）リトアニア　*114*　　　（2）スロベニア　*115*　　　（3）イギリス　*118*

　　　　（4）ハンガリー　*120*　　　（5）スイス・フランス──IENE　*122*

第3章　繁殖──飼育研究と野外研究 ………………………………………… *125*

3.1　繁殖行動 …………………………………………………………………… *125*

　　　　（1）性行動の発見──ヤマネ語との出会い　*125*

　　　　（2）交尾パターン　*126*　　　（3）マウンティング行動　*128*

　　　　（4）雌の行動　*129*　　　（5）雄の行動・雌雄間の行動　*130*

　　　　（6）セルフグルーミングの発現　*131*　　　（7）交尾栓・重婚　*131*

　　　　（8）交尾期間・交尾時間・交尾場所・交尾年齢　*133*

　　　　（9）出産直後の交尾　*134*

3.2　出産期と交尾期 …………………………………………………………… *135*

　　　　（1）八ヶ岳南麓──清里の出産シーズンと出産回数　*135*

　　　　（2）繁殖の地理的変異　*135*

3.3　繁殖巣 ………………………………………………………………………… *138*

　　　　（1）巣箱での繁殖巣　*138*　　　（2）自然繁殖巣　*142*

　　　　（3）ヒメネズミのハンモック巣　*147*

第4章　育児──仔育てと成長 ……………………………………………… *149*

4.1　妊娠・出産・産仔数・性成熟 …………………………………………… *149*

　　　　（1）妊娠　*149*　　　（2）産仔数　*150*　　　（3）性成熟・出産回数　*151*

4.2　仔の形態と行動の成長 …………………………………………………… *151*

　　　　（1）体重の成長　*151*　　　（2）形態の成長　*153*

　　　　（3）行動の成長──海外産ヤマネとの比較　*155*

　　　　（4）樹上行動獲得プロセス　*157*　　　（5）離乳・成長期区分　*160*

　　　　（6）冬季の出産　*162*

4.3　育児行動 …………………………………………………………………… *163*

目　　次　　*vii*

　　（1）授乳・離乳食　*163*　　（2）仔の運搬・巣の移動　*164*

第5章　ボーカルコミュニケーション──ヤマネの音声 ················*166*

5.1　ヤマネのことば ···*166*

5.2　性行動の音声 ···*167*

　　（1）可聴音域から超音波領域までの周波数領域で変調する声　*168*

　　（2）超音波が主成分の声　*169*

5.3　仔の音声 ···*170*

　　（1）ドリフト・コール（Drift-calls）　*170*

　　（2）クリック（Clicks）　*171*　　（3）ツイッター（Twitters）　*172*

　　（4）チュリチュリ音（TyuriTyuri-sounds）　*172*

　　（5）キュリキュリ音（KyuruiKyuruiKyuri-sounds; Alarm-call）　*172*

5.4　外国産ヤマネの音声 ···*173*

第6章　冬眠──眠るヤマネ ···*176*

6.1　"ねぼすけ"のヤマネ ···*176*

6.2　冬眠場所・冬眠姿勢・単独冬眠 ···································*177*

　　（1）浅い土中（腐葉土）での冬眠　*177*　　（2）地中の冬眠巣　*179*

　　（3）朽ち木　*181*　　（4）樹洞　*183*　　（5）人家　*184*

　　（6）冬眠姿勢　*184*　　（7）単独での冬眠　*184*

6.3　冬眠と体温 ···*185*

6.4　日内休眠 ···*188*

6.5　冬眠誘因 ···*190*

6.6　覚醒プロセス ···*192*

6.7　地域による冬眠期間 ···*194*

6.8　外国産ヤマネの冬眠との比較 ·······································*194*

6.9　ヤマネ，宇宙への夢 ···*197*

第7章　保全──ヤマネとの共生を求めて ·······························*198*

7.1　ともに生きるために ···*198*

7.2　ヤマネトンネルとヤマネブリッジ ···································*200*

7.3　アニマルパスウェイ ···*204*

viii　目　　次

　　　（1）ステップ1——材料選択実験（2004年）*205*

　　　（2）ステップ2——構造実験（2005年）*206*

　　　（3）ステップ3——森での実験（2005年）*207*

　　　（4）ステップ4——公道（市道）への建設（2006年）*208*

　　　（5）ステップ5——アニマルパスウェイII号機・山梨県道への建設
　　　　　（2010年）*211*

　　　（6）ステップ6——栃木県への建設（2011年）*212*

　　　（7）ステップ7——国内の他地域への普及　*213*

　　　（8）ステップ8——ワイト島・イギリスへの普及　*215*

　　　（9）アニマルパスウェイ建設の要点　*218*

　7.4　樹上動物のためのコリドー開発と普及の活動‥‥‥‥‥‥‥‥‥*219*

　　　（1）イギリス　*219*　　（2）デンマーク　*222*　　（3）マレーシア　*223*

　　　（4）北海道の高速道路での取り組み　*224*

　　　（5）アニマルパスウェイの今後の展望——連携と環境教育を通した社会
　　　　　化・主流化　*226*

　7.5　ヤマネ保護と開発‥‥‥‥‥‥‥‥‥‥‥‥‥‥‥‥‥‥‥‥‥*227*

　　　（1）長崎県——道路工事中止　*227*　　（2）開発の前線で　*228*

　　　（3）森への再導入　*229*

第8章　ヤマネと文化——コダマネズミとドウマウス‥‥‥‥‥‥‥‥*231*

　8.1　ヤマネと日本の人々‥‥‥‥‥‥‥‥‥‥‥‥‥‥‥‥‥‥‥‥*231*

　8.2　ヨーロッパの人々と今‥‥‥‥‥‥‥‥‥‥‥‥‥‥‥‥‥‥‥*234*

第9章　環境教育——ヤマネに学ぶ‥‥‥‥‥‥‥‥‥‥‥‥‥‥‥‥*239*

　9.1　環境教育との出会い‥‥‥‥‥‥‥‥‥‥‥‥‥‥‥‥‥‥‥‥*239*

　9.2　あなたも調査員‥‥‥‥‥‥‥‥‥‥‥‥‥‥‥‥‥‥‥‥‥‥*241*

　9.3　やまねミュージアムからの環境教育‥‥‥‥‥‥‥‥‥‥‥‥‥*241*

　9.4　ヤマネを通した市民への環境意識醸成‥‥‥‥‥‥‥‥‥‥‥‥*243*

　9.5　巣箱づくりによる環境教育‥‥‥‥‥‥‥‥‥‥‥‥‥‥‥‥‥*245*

　9.6　テレビ・絵本・雑誌などによる環境教育‥‥‥‥‥‥‥‥‥‥‥*245*

引用文献‥‥‥‥‥‥‥‥‥‥‥‥‥‥‥‥‥‥‥‥‥‥‥‥‥‥‥‥‥*249*

目　　次　*ix*

おわりに……………………………………………………………*261*

索　　引……………………………………………………………*264*

第1章 日本の天然記念物
──ヤマネの生物学概論

1.1 世界のヤマネ

現生のヤマネ科 Gliridae は3つの亜科と9属から構成され，28種がヨーロッパから中央アジア・南西アジア，アフリカ，サウジアラビア，中国，日本などに広く生息している（Holden, 2005；表1.1，図1.1）．日本には1属1種のニホンヤマネのみが生息しているが，世界に目を向けると，ニホンヤマネとは異なる顔立ちや毛色，行動を示すヤマネたちが息づいている．ヤマネ科の起源はヨーロッパにあり，そこには今も現生種の多くが生息している．日本のヤマネと比較することでヤマネ科の特性をとらえたいと考え，ヨーロッパのヤマネとも会ってきた．おもなヤマネ科の種を紹介する．

（1）現生のヤマネ

メガネヤマネ属 *Eliomys*
体重 99-182 g，体長 100-175 mm，尾長 90-135 mm，英名：Garden dormouse（*Eliomys quercinus* の場合）

メガネヤマネ *Eliomys quercinus*（図1.2）を初めて見たのは，ソビエト連邦（現在のロシア）の森である．ソ連科学アカデミーの招待でソ連を訪問し，レニングラード動物学博物館哺乳類部長のフォーキン博士にホットネージャ村という，森と牧草地と川の流れる地へ採集に連れていっていただいたときであった．川には村の人々が遡上するサケを採るための石が漏斗状に並べられており，川沿いを飛ぶカワトンボのブルーが鮮やかであった．メガネヤマネは地上を歩く習性があるので，捕獲するためにシャーマントラップをかけていった．樹上性のニホンヤマネは巣箱で捕獲するが，メガネヤマネは

2　第1章　日本の天然記念物——ヤマネの生物学概論

表1.1　世界のヤマネ科（Holden, 2005 より）.

アフリカヤマネ亜科	Graphiurinae	アフリカヤマネ属	*Graphiurus*	*Graphiurus angolensis*
				Graphiurus christyi
				Graphiurus crassicaudatus
				Graphiurus johnstoni
				Graphiurus kelleni
				Graphiurus lorraineus
				Graphiurus microtis
				Graphiurus monardi
				Graphiurus murinus
				Graphiurus nagtglasii
				Graphiurus ocularis
				Graphiurus platyops
				Graphiurus rupicola
				Graphiurus surdus
レイティィナエ亜科	Leithiinae	チュウゴクヤマネ属	*Chaetocauda*	*Chaetocauda sichuanensis*
		モリヤマネ属	*Dryomys*	*Dryomys laniger*
				Dryomys niethammeri
				Dryomys nitedula
		メガネヤマネ属	*Eliomys*	*Eliomys melanurus*
				Eliomys munbyanus
				Eliomys quercinus
		ヨーロッパヤマネ属	*Muscardinus*	*Muscardinus avellanarius*
		ホソオヤマネ属	*Myomimus*	*Myomimus personatus*
				Myomimus roachi
				Myomimus setzeri
		サバクヤマネ属	*Selevinia*	*Selevinia betpakdalaensis*
ヤマネ亜科	Glirinae	ヤマネ属	*Glirulus*	*Glirulus japonicus*
		オオヤマネ属	*Glis*	*Glis glis*

　地上に置くタイプのトラップ（わな）で捕ることにまず驚いた．私は倒木の幹の上などにこのトラップを設置し，2頭を捕獲した．地面でヤマネを捕る新鮮な不思議観を抱きながらも，トラップは心地よい重さであった．このトラップのなかからは黒いサングラスをつけたような特徴的な顔がのぞいていた．まるで舞踏会の仮面をかぶったようなフェイス．尾の先端周辺の毛は長くて房状になっている．まさにメガネヤマネがこのなかにいるのだ．

　ホットネージャ村には食堂はなく，地元の民家で食事をいただいた．ここでのご馳走はハチの巣であった．お世話になった御礼に牧草を刈る作業をさせていただいた．ソ連の午後8時は白夜のためまだまだ明るい．

1.1 世界のヤマネ　　*3*

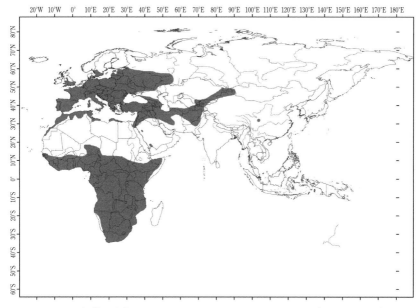

図 1.1　ヤマネ科の分布（Boris による分布図）．ニホンヤマネの分布は図 2.17 を参照．

図 1.2　メガネヤマネ（Sven，撮影）．和名は目の周囲の黒毛模様に由来する．

　また，フォーキン博士はメガネヤマネの生息する，フィンランド国境付近にあるカレリア地方のタイガの森にも連れていってくださった．ここの森のなかにはヘラジカが葉を食べるために大きな角で折り倒した樹が横たわり，

高さ 80 cm ほどのアリ塚があちこちに建っていた．ここでは，メガネヤマ
ネは地中で冬眠するそうだ．

　レニングラードから舗装のないでこぼこ道を，何時間も猛スピードで土煙
をたてながら車を走らせていくとボルガ川の源流にたどり着く．川というの
に流れがなく，対岸も見えないほど広いので，まるで湖である．その岸辺に
フォーキン博士の別荘があった．奥様はソ連のヤマネ研究の先駆者で，ヤマ
ネの本も出版されているレニングラード総合教育大学のアイラペッティン博
士であった．別荘のある広大な土地には，金網製の大きな野外ケージが連な
るように建てられ，そのなかにはヨーロッパヤマネ *Muscardinus avellanar-
ius*，オオヤマネ *Glis glis*，メガネヤマネなど，ソ連国内に生息するほとん
どのヤマネが種ごとに飼育されていた．私には夢のようなところであった．

　カヌーを漕いでビーバーの巣がある島に行き，樹上にあるモモンガのいる
樹洞をのぞきながら長期滞在させていただく私の日課の1つは，ホットネー
ジャで捕獲したメガネヤマネに与えるための餌の採取であった．バケツとス
コップを持って，オオライチョウやオオカミ，ビーバーもいる森林へと出か
ける．森のなかにある2本の倒木をV字状に置き，その三角状の交点とな
る部分の下の地面を掘ってバケツを置くのだ．明くる朝，その場所に行くと，
バケツのなかにはトガリネズミがたくさん入っている（山梨ではトガリネズ
ミは珍品中の珍品）．それを持ち帰り，飼育ケージのなかにいるメガネヤマ
ネに餌として与えるのである．メガネヤマネは，果実などの植物だけでなく，
小型哺乳類や鳥類も食べるのだ．夜，星のまたたく空の下，じっとメガネヤ
マネのケージの前で観察していた．するとメガネヤマネは「ヒュー」と鳴い
た．ニホンヤマネでは聞いたことがない音声であった．メガネヤマネはさま
ざまな声を出すことやその聴覚機能についての研究がなされている種である
が（Baudoin, 1984），ボードアン博士がこの種を選んだ理由がわかったよう
な気がした．

　メガネヤマネ属は，*E. quercinus*，*E. melanurus*，*E. munbyanus* の3種か
ら構成されている．分布はスペインからドイツ・フランス・サルジニア島・
シチリア島（海岸部も含む）・地中海の島々のヨーロッパから，ロシア・ウ
ラル山脈，モロッコ・エジプトなどの北アフリカ，シナイ半島・トルコ，イ
ラク北部，サウジアラビアのアラビア半島までと広範囲におよぶ．垂直分布

では海岸部からアルプスの高地まで広い範囲で生きている．*E. melanurus* のすむイスラエルやレバノンの生息環境は岩場などで，半砂漠も生息地としている．それらの孤立した個体群が離れて生息していることなど，不思議をたくさん持っているヤマネである（Morris, 2011）．

メガネヤマネ属は生息地域によって核型が異なり，染色体数が $2n = 48$（イベリア半島，イタリア半島），$2n = 50$（中央ヨーロッパ），$2n=52$（中央から東部アルプス），$2n = 54$（西アルプス）と驚くべき変異がある（Filippucci *et al.*, 1988）．日本ではアカネズミがフォッサマグナを境界にして染色体数が異なるが，メガネヤマネもアルプスや地中海の周辺で多様に変異している（Grégoire *et al.*, 2013）．

生息環境は森・湿地・岩場・半砂漠・ブドウ園，島・海岸部など広範囲におよぶ種である．その他，イタリアでは，樹皮を食べるので被害も出している動物である．

モリヤマネ属 *Dryomys*

体重 18-34 g，体長 80-113 mm，尾長 73-119 mm，英名：Forest dormouse（*Dryomys nitedula* の場合）

モリヤマネ *Dryomys nitedula*（図 1.3）を初めて調べたのはイタリア，ナポリの南のカラブリア地方であった．海岸に建つ見張り塔の遺跡の向こうには青い地中海が広がり，それを越えればアフリカ大陸である．日本では古来から人々が日本列島とユーラシア大陸の間を行き来したように，ここではギリシャ人やローマ人など，そして渡り鳥たちも，アフリカとヨーロッパとを往来してきた．そんな半島の森に設置している巣箱内にあったモリヤマネの巣は，ふわふわとしたコケでできていた．このように蘚苔類だけでできていることに私は驚いた．

モリヤマネ属は *D.nitedula*，*D.laniger*，*D.niethammeri* の 3 種から構成され，その分布はスイスからイタリア南部・バルカン半島・イスラエル・ウクライナ・ベラルーシ・ロシアのボルガ川流域・コーカサス山脈・トルコ・イラク・イラン・パキスタン・アフガニスタン・モンゴル南西部・中国（新疆ウイグル自治区）へと続く．

生息地は広葉樹林・針葉樹林・密生した森・低木・小高木・雑木などが密

図1.3 モリヤマネ（Morris, 撮影）．房状の尾が美しいヤマネ．

生した藪・耕作地周辺・庭などで，標高2300 m地点にまでおよんでいる．メガネヤマネのように島に生息することはない．中国西部の国境地帯のモンゴルで砂漠に囲まれた緑地帯に生息する個体群の場合は，ヤナギが重要な樹種となっている（Stubbe *et al.*, 2012）．

　私が生きているモリヤマネを得たのは，ソ連科学アカデミーに日本野鳥の会を通してニホンヤマネを贈り，その返礼としてわが家にやってきたときである．顔はメガネヤマネに似ていて，目の周辺にあるマスクのような黒毛がめだつが，メガネヤマネより小さい．尾は平たく，密生した毛で覆われていた．スリムでとてもエレガントなヤマネである．わが家にて特製ケージで飼育していると，目の前で交尾行動をしてくれた．赤ん坊は黒い仮面をかぶったような顔で，腹部の白毛はくっきりしていた．発する超音波は，ニホンヤマネの幼獣のそれとは異なっており，ヤマネのロシア語のように聞こえた．野生のモリヤマネを見たのは，スロベニア国立博物館のボリス博士の調査地である．このスロベニアの森に設置している巣箱にてモリヤマネを捕まえた．マスクのような顔がかわいく，尻尾はふさふさしていた．活動時間である夜に観察を試みると，地上を30 m程度トコトコと歩いて樹にたどり着き，幹に這い上がり，暗い樹冠へと消えていった．また，ハンガリーでも巣箱で捕

まえることができた．これは牧草地沿いの灌木林に設置していた巣箱であった．巣材はやはり南イタリアと同じく蘚苔類を主としていた．

ヨーロッパヤマネ属 *Muscardinus*

体重 17-30 g，体長 65-91 mm，尾長 57-86 mm，英名：Common dormouse/Hazel dormouse

ヨーロッパヤマネ *Muscardinus avellanarius* のサイズはニホンヤマネと類似している．背中はカヤネズミのような黄褐色で，腹部は通常，白色である．尾には房状の毛が生えている（図1.4）．モリヤマネやメガネヤマネのような黒いマスクをかぶることはなく，愛らしいヤマネである．目は大きく，耳は小さいが，音に反応して耳介を動かすことができる．

ヨーロッパヤマネは，その名のごとくヨーロッパ中央部（スペインを除く）を中心に生息し，イギリス，トルコのアナトリア，ロシアのモスクワ周辺，ボルガ川流域まで分布し，北はスウェーデン南部から南は地中海のシチリア島にまで生息している．垂直分布的には，ドーバー海峡付近の森からアルプス山脈の標高約 2000 m 地点にまで生息している（図1.5）．イギリスでは 100 年以上前と比べるとヤマネの分布域は減少してしまった．イギリスの児童文学『不思議の国のアリス』のなかで，ティーパーティの章に登場するねぼすけヤマネ（日本では「ねむりねずみ」と翻訳）の挿絵は，モリヤマネでもなくメガネヤマネでもなくヨーロッパヤマネである．それは，作者のルイス・キャロルがオックスフォードに住んでいたからである．私もアリスとヨーロッパヤマネをたずねて，オックスフォードに行ったことがあるが，そこは，イギリスの南部にあり，まさしくヨーロッパヤマネがず〜っと生きてきた場所であった．ルイスはここで"ねぼすけ"なヨーロッパヤマネと出会っていたのであろう．だから，物語のティーパーティの場面ではクッションにされても，ポットに詰め込まれても眠り続け，裁判所でみんなが抗議する場面でもヨーロッパヤマネだけは眠っているのである．

属名の *Muscardinus* はハシバミという意味である．英名では Hazel dormouse というが，これもハシバミの森にいるヤマネの意味となる．また，デンマーク語でもドイツ語でもハシバミの名の由来がついている．イギリス南西部のチェダー村にある森では，ハシバミの樹の下にヨーロッパヤマネが

図1.4 ヨーロッパヤマネ（Morris,撮影）．ニホンヤマネとほぼ同じサイズのヤマネ．

残した，ハシバミの実の独特な食痕を簡単に見つけることができる．まさに"ハシバミヤマネ"なのである．ちなみに，このチェダー村にある森は，元ロンドン大学のモリス博士とボランティアのウッズ氏らが始めた，イギリスのヨーロッパヤマネ生態研究発祥の地でもある．

　ほかにも，ヨーロッパヤマネは花（花粉，蜜），果実，アブラムシ，昆虫など，季節に応じてその場にあるものを食べている．昆虫なども花や樹木に集まってくるため，花が重要な役割を果たしているといってもよい．花が開花するためには，豊富な光が必要となる．したがって，ヨーロッパヤマネの

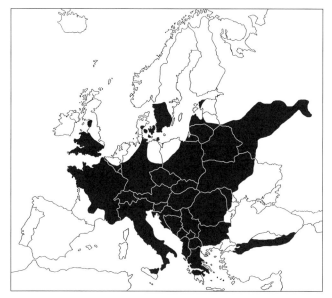

図 1.5　ヨーロッパヤマネの分布（Juškaitis and Büchner, 2013 より改変）.

　生息域は，若い林，藪のような低木，藪，落葉樹林，針広混交林などである．大切な食べものが花なので，低温気候や長雨は個体群の変動に影響を与える．
　このヨーロッパヤマネがわが家にやってきたのは，モリヤマネと同じくソ連科学アカデミーとの交換のときであった．和歌山南部のわが家にカップルがやってきた．成獣でもおとなしく，手で扱いやすく，驚くほどかわいいやつであった．冬眠中のヨーロッパヤマネを観察するために手に乗せると，"く〜ん"と「寝言」を発する．ニホンヤマネもモリヤマネも冬眠中，寝言をしゃべることはけっしてない．あのルイスもこの寝言を聞いていたのかもしれない．

オオヤマネ属 *Glis*
体重 79–140 g，体長 131–185 mm，尾長 100–175 mm，英名：Fat dormouse/Edible dormouse
オオヤマネ *Glis glis* は，現生のヤマネ科のなかで最大の種である．私が

初めて生きているオオヤマネを見たのは，トルコとブルガリアとの国境にある森で，トラキア大学チームの調査地に連れていってもらったときだ．ブルガリアとトルコの国境付近は微妙な政治的問題を抱えているため，警官とライフルを持った軍隊の護衛がついた調査であった．

その森の巣箱にいたオオヤマネは，頭部から臀部まで，背面の毛色はすっきりした灰色で，腹部はめだつような白さであった．尾は幅広で大きく，どの種のヤマネの毛よりもふわふわとしている（図1.6）．サイズはニホンリス大でとても大きい．嚙む力も強いので，保定する際は分厚い皮手袋をはめて扱うが，それでもトルコの研究者が嚙まれたとき，血がタラタラと出てきた．ニホンヤマネやヨーロッパヤマネではこのようなことはない．ほんとうにパワフルなヤマネだ．

生物の命名を行っていたリンネに本種の情報を手紙で送ったのは，スロベニアにいたスコポリ氏である．本種を見たことがないリンネは，リスの1種であるとまちがえて，1766年 *Sciurus glis* と命名した．*Glis* は，古代ローマ人によって呼称されていた名であった．その後，ヤマネの1種であることが判明し *Myoxus glis* となった．さらなる学界での討議を経て，*Glis glis* の名称となり，現在に至っている．

本種の分布は，スペイン北部からヨーロッパのほぼ全域・ボルガ川まで広がる．地中海のシチリア島・サルジニア島・コルシカ島・クレタ島・エルバ

図 1.6　オオヤマネ（Morris, 撮影）．現生種で最大のサイズを誇るヤマネ．

島・コルフ島などの島々や，イラン北部・トルコ北部・コーカサス山脈・カスピ海付近まで至っている（図 1.7）．イギリスでは，ヤマネの固有種はヨーロッパヤマネのみであったが，邸内にシマウマの馬車を走らせるほどの大富豪であったロスチャイルドが 1902 年，ロンドンの北約 100 km のハードフォードシャーに大陸のオオヤマネを移入させた．このときの個体群が現在もイギリスに残っており，モリス博士がチームの方たちとともにモニタリング調査を行っている．この調査に同行させてもらったとき，巣箱にいたヤマネは"大漁"で，その数は 1 日約 200 頭にも達した．その数の多さに，初めは体重測定やマーキングを喜んで行っていた私たち日本人チームも，作業を続けていくうちにあまりの多さにヘトヘトになった．しかし，ニホンヤマネ 10 年分の個体数が 1 日で捕れることに驚嘆した日でもあった．そして，巣箱にいたオオヤマネの仔の声が独特であることにも驚いた．

夜，調査のために再びこの森に入ると，高さが 25 m ほどある樹の先から「ギュギュ」とオオヤマネの声が聞こえてくる．オオヤマネはたいへん騒がしいヤマネでもあるのだ．しかし，その樹上での動きはすばらしく速い．まさしく，リスのような敏捷さであった．

また，スロベニアなど大地が石灰岩でできている場所では，地下に洞窟ができていることがあり，オオヤマネは，たまに洞窟に入ることもある．一方，

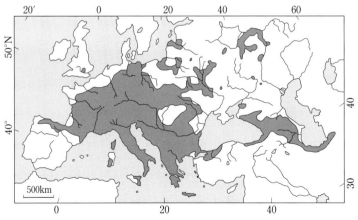

図 1.7 オオヤマネの分布（Kryštufek, 2008 より改変）．

人家にもよく入り込み，果物倉庫を荒らしたり，屋根を歩いたり，多量の糞をためたり，教会のパイプオルガンのパイプを齧って鳴らなくしてしまったりと困った存在でもある．以前，北フランス在住の日本人の方からもオオヤマネが屋根に侵入し，困っていると相談を受けたことがある．また，イタリアやクロアチアなどでは，オオヤマネが樹皮を食べるので，森林に損害を与えている（Glavaš *et al.*, 2002）．

オオヤマネの英名は，Fat dormouse あるいは Edible dormouse である．これは「食べるヤマネ」という意味である．ローマ時代には特殊な陶器製の壺で飼育されていた．山間に住む地域の人々にとって重要なタンパク質源でもあった．現在でもクロアチア・スロベニア周辺ではヤマネを食べる文化が残っている．オオヤマネは人々とのつながりが深いヤマネなのである．

ホソオヤマネ属 *Myomimus*

体重 21-70 g，体長 86-136 mm，尾長 65-94 mm，英名：Mouse-tailed dormouse（*Myomimus roachi* の場合）

ホソオヤマネ *Myomimus personatus*（図 1.8）は，ヤマネ科のなかでも情報が少ないヤマネである．

本属は *M. roachi, M. personatus, M. setzeri* の 3 種から構成されている．分布はブルガリア，トルコ，イラン北東・北西部，トルクメニスタン（カスピ海東部），ウズベキスタン，また，東トルコの 1500-2800 m の山地やアゼルバイジャンにもすむが，生息地がパッチ状で非常に限られている．生息環境は，穀物畑の端・果樹園・庭・川堤のような木や藪をともなうオープンなところである．地上も歩き，さらに地中にトンネルを掘るが，トラップ（わな）では樹上，とくにクワの木の樹上にて捕獲されている．

私がホソオヤマネを見たのは，トルコのトラキア大学チームにあるケージ内であった．めったに捕まえることのできないローチヤマネ *M. roachi* がここにあり，しかも，スタッフのエブルさんが仔の成長研究を私のニホンヤマネやボードアン先生のメガネヤマネの成長論文を参考にしながら進めていた（Buruldağ and Kurtonur, 2001）．ローチヤマネと対面すると，目や耳は大きく，背中の毛色は灰色で，前足・後足・腹部は白色であった．腹部と背部は，くっきりとした毛色の境界があった．英名の Mouse-tailed dormouse にある

図 1.8 ホソオヤマネ（Nedoko, 撮影）．尾がネズミと似るヤマネ．

ように，まるでネズミのような尾に白くて短い毛がまばらに生えていた．生息地がパッチ状で絶滅がとくに危惧されるヤマネである．ブルガリアでも発信機を用いた研究によりカシなどの古い木の樹洞で確認されている．

サバクヤマネ属 *Selevinia*
体重 18-24 g，体長 75-95 mm，尾長 58-77 mm，英名：Desert dormouse
　サバクヤマネ *Selevinia betpakdalaensis* は以前，サバクヤマネ科に分類されていたが，現在，ヤマネ科のレイティイナエ亜科サバクヤマネ属に含まれるようになった．1属1種である．
　分布は中央アジアに位置するカザフスタンのバルハシ湖の東と北と西の砂漠である．ヨモギなどの草藪がパッチ状にある粘土質の土壌や，砂漠に生息している．食べものは昆虫やクモなどの無脊椎動物のようである．毛は非常に密で，毛の上面は灰色，基部は白色である．分布域が極限しているため保護が急務の種である．情報のきわめて少ない種であるので，今後のさらなる研究が待たれる．

チュウゴクヤマネ属 *Chaetocauda*
体重 24.5-36 g，体長 90-91 mm，尾長 92-102 mm，英名：Chinese dormouse

14   第1章　日本の天然記念物──ヤマネの生物学概論

　チュウゴクヤマネ *Chaetocauda sichuanensis* は標本数がきわめて少ないヤマネである．当初，モリヤマネの1種として分類されていたことがあったほど，モリヤマネと似ている．その後，ホソオヤマネやモリヤマネとの類似点も確認されている．現在，モリヤマネ，メガネヤマネと同じレイティイナエ亜科に分類されている1属1種の動物である．四川省の標高約2500 m の亜高山の混合林に生息し，夜行性で，高さ3.0-3.5 m ほどの低木に小さな巣をつくる．中国にとっては，中央アジア国境にいるモリヤマネとこの四川省にいるチュウゴクヤマネの2種が，生息しているヤマネとなる．

　一度は成都付近のチュウゴクヤマネを見たいと願っていたら，2013年12月，四川省の趙副自然保護局長がやまねミュージアムを訪れた．チュウゴクヤマネを調査したいが，なかなか捕獲できないとのことであった．巣箱を用いたヤマネの調査方法を紹介させていただいた．今後，生態調査が行われていくことが楽しみである．

アフリカヤマネ属 *Graphiurus*

体重 24-34 g，体長 87-117 mm，尾長 72-89 mm，英名：Forest African dormouse（*Graphiurus murinus* の場合）

　アフリカ大陸には，北部の地中海側にメガネヤマネ *Eliomys melanurus* がいる．その南のサハラ砂漠以外の南端のケープタウンまでのサバンナや森などにすんでいるのがアフリカヤマネ *Graphiurus* 属である（図1.9）．本属の種数は近年分類が進み14種に達し，ヤマネ科の種数の半分ほどを占めている．全体の顔や姿はモリヤマネに似ている．顔の黒毛や白毛には個体差があり，白毛が腹部から目の下部にまで広がる．目も耳も大きい．背中の色は淡い灰色から黒っぽい灰色，灰色を帯びた淡黄褐色から赤茶けた茶色などさまざまで，腹部は灰色に近い白色や，ときには淡い赤みを帯びた茶色を呈している．

　生息環境は通常，サバンナでは水路沿い，南東アフリカでは森，高原では岩場などである．本種は樹上性であるが，地上でもしばしば活動する．樹洞や枝の間に球状の巣をつくる．ときには，崖や石垣の間の割れ目にもつくる．また，家の古いカーテンや絨毯のようなものの間にも入り込む．本種は基本的には夜行性であるが，混み合った暗い森のなかでは日中も活動する．食べ

図 1.9 アフリカヤマネ（Morris, 撮影）. しなやかな体のヤマネ.

ものは，穀物，種子，果実，昆虫，鳥の卵，小さな脊椎動物である．

　知見の少なかったアフリカヤマネを研究しているのが南アフリカのフォートヘア大学のバクスター博士とそのチームである．バクスター博士とはヨーロッパや北京での学会でお会いした．「アフリカの自然はパラダイス」とアフリカを愛している紳士である．彼らのフィールドでは，ヤマネの捕獲にシャーマントラップも用いている．ところがあるとき，アルミ製のトラップが，グシャリと踏みつぶされていたそうだ．"犯人"はサイであった．また，トラップがどこかへ放り投げられていたこともあった．犯人は"サル"であったそうだ．日本ではヤマネの観察のため夜，一人で森に出ることができるが，ヒョウやシマウマなどが生息しているアフリカのフィールドでは，それはかなり危険である．命がけのエキサイティングなフィールドである．そんなアフリカにすむヤマネたちは，どんな生活ぶりをしているのだろう．一度は行ってみたい．

（2）ヤマネ科の起源——ヨーロッパが故郷

　日本におけるヤマネの化石研究の第一人者は，愛知教育大学の河村善也先生である．先生は洞窟などの堆積物中から小さな化石を見つけ出し，その種

を同定し，堆積物の情報から年代を推定し，進化の過程を探ってこられた方である．

ヤマネの場合，1mmにも満たない小さな歯の化石を，堆積物中から探し出すことから始まる．化石が見つかると，同定するためにその咬合面を注意深く観察する．ニホンヤマネの小さな臼歯の咬合面には，横断している多数の稜があるのでそれで区別する（図1.10）．このような研究は私にとっては驚異的な仕事であり，頭が下がる思いである．

ヤマネ科は現存する齧歯類のなかで最古の科の1つである．ヤマネ科の化石は始新世前期の堆積物中に初めて現れ，その起源は，暁新世後期から始新世前期であることが示唆されている．これは最新の分子生物学データによる

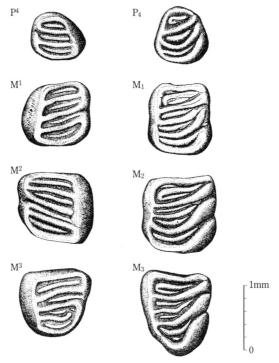

図1.10 ヤマネの小臼歯と大臼歯の化石．広島県帝釈観音堂洞窟遺跡産の約1万2000-1万6000年前の化石（Kawamura, 1989より）．P^4：上顎第4小臼歯，M^1：上顎第1大臼歯，M^2：上顎第2大臼歯，M^3：上顎第3大臼歯．P_4：下顎第4小臼歯，M_1：下顎第1大臼歯，M_2：下顎第2大臼歯，M_3：下顎第3大臼歯．

分岐年代と一致する（Holden, 2005）．

　また，イギリスにある始新世の堆積物からは，絶滅したヤマネである Glamys priscus と Glamys devoogdi が残した齧り痕の化石が発見された．それらは淡水性浮遊植物の種子であった．Glamys devoogdi の足首の骨は，現生種で樹上行動より地面をよく利用するメガネヤマネの骨と似ており，齧っていた種子が樹上の実ではなく，淡水性浮遊植物の種子であったことから Glamys は地上で採餌していたものと思われる（Collinson and Hooker, 2000）．

　ドイツのメッセルからはヤマネ本体の全身化石が，生きているかのような姿で発見された．それは，ヤマネ科のなかで最古のもっとも原始的な種で，既知のヤマネの全化石種と現生種の共通の祖先とされる Eogliravus wildi（図 1.11）であった．これが始新世前期-中期の堆積物中から発見された．それを報告されたのは，ヨーロッパの化石研究の権威であるシュトーヒ博士で，よく学会でお会いした温厚な学究である．この種はこれまで，フランスで臼歯が発見されていたのみで，完全な保存状態での全身化石は驚くべき発見であった．この化石の形態は，頭胴長が約 7 cm，尾長は約 5 cm で，体を覆う羊のような毛と羽のようなふさふさとした尾の毛が残り，細い陰茎骨も識別できた．足の腓骨と脛骨は融合しておらず，そのため足関節がよく動くようになっていた．手足は周辺部の指が小さくなっておらず，接触面や把握可能な面が比較的大きい．爪は鉤爪で，側面が圧縮され，大きく曲がり，鋭く，粗い樹皮をつかみやすくなっていた．消化器官の内容物には，種子，果

図 1.11　Eogliravus wildi（Storch and Seiffert, 2007 より）．

18   第1章　日本の天然記念物——ヤマネの生物学概論

実，芽があった．これらのことから，この種は明らかに機敏な樹上動物であり，おもに種子，果実および芽を食べていた．この古いヤマネの食性は，現生のオオヤマネ・ヨーロッパヤマネと類似しており，現生のヤマネの生息環境である樹上や灌木に適応していた（Storch and Seiffert, 2007）．

　漸新世においてもヤマネ科の分岐は継続し，中新世初期–中期までには，現存するヤマネの属のほとんどはすでに分化しており，種多様性を示した（Holden, 2005）．

　頬歯の形態にもとづき，ヤマネ科の分類は5亜科・約40属・170種以上の種が確認されている．中新世には，4亜科（Glirinae：24種，Dryomyinae：16種，Myomiminae：45種，Bransatoglirinae：6種）・28属・約100種がヨーロッパで知られている．中新世中期（MN5）にはヤマネの種数は最多に達した（Daams, 1999）．

　このように中新世の前期から中期にかけて，ヤマネはヨーロッパにて多くの生態的地位を占めていたようである．しかし，中新世も後期になるにつれ，その種数は減少していった．中新世後期に一時増えたものの，全体としては減少している．この傾向はスペイン中央部での，中新世の齧歯類136集団におけるヤマネ科の割合の変化のなかでも示されている（Daams, 1999）．そして，この急速な衰退の原因は，ネズミ科Muridaeのヨーロッパへの侵入と気候変動が連動している（Hartenberger, 1994）．しかし，ヤマネ科は生き残り，ヨーロッパで多くの固有の属を保持したまま現在に至っている．

　これらのことから，ヤマネ科の起源は5000万年以上前のヨーロッパ大陸に遡る．そこで発展して，今日まで生き延びた哺乳類なのである．だから，現在でも地中海周辺を中心としたヨーロッパ諸国で多種多様なヤマネが生息している．

　かつての地中海周辺には，ヤマネ科史上最大といわれていたジャイアント・ドウマウスも生息していた．その化石はシチリア島にて発見されている．

1.2　ニホンヤマネ

（1）ニホンヤマネの起源──ヨーロッパからの旅

古生物学的研究

ニホンヤマネの属するヤマネ属，*Glirulus* 属の歴史は，現在，以下のように考えられている．*Glirulus* 属の化石は中新世中期-後期のヨーロッパにて多く発見されている（Hartenberger, 1994; Daams, 1999）．中新世のヤマネ科は 4 亜科，すなわち Glirinae 亜科，Dryomyinae 亜科，Myomiminae 亜科，Bransatoglirinae 亜科から構成されているが，*Glirulus* は，このなかの Dryomyinae 亜科に属していた（Daams, 1999）．この *Glirulus* の臼歯の横走稜の数や配列などの特徴が，現生のニホンヤマネと一致するので，ニホンヤマネは中新世の *Glirulus* 属に由来すると考えられている（Kawamura, 1989）．

Glirulus 属は *G. pusillus, G. lissiensis, G. minor, G. diremptus, G. conjunctus, G. werenfelsi, G. agelakisi* などが報告されており，ヨーロッパの新第三紀に繁栄した（Daams, 1999; Kawamura, 1989）．

鮮新世に現れた *G. pusillus* は，おそらく中新世の *G. lissiensis* を起源に持っていると思われる．*G. pusillus* は臼歯の形態から，ニホンヤマネ *G. japonicus* の直接の祖先であると考えられるため，おそらく *G. pusillus* あるいは *G. japonicus* の祖先型がヨーロッパから日本に向けて，長い時を経ながら移動してきた（Kawamura, 1989）．その *G. lissiensis* はフランスの森で滑空していた（Mein and Romaggi, 1991）．

では，いつごろ，*G. japonicus* の祖先は，遠いヨーロッパからユーラシア大陸を移動し，日本へとやってきたのだろうか．ヤマネが移動・拡散するためには，必ず森が必要である．ロシア東部のトランスバイカル地方のウドゥンガの鮮新世の初めの気候は中新世より冷涼で乾燥したものであった．しかし，鮮新世も中ごろになると森林要素が卓越するようになり，森は広がり温暖で湿潤な気候になった．そこは森林生活者と考えられる霊長類の *Parapresbytis*，ウサギ類の *Hypolagus*，食肉類の *Lynx*，長鼻類の *Zygolophodon* などがいる森であった．そして，鮮新世後期には再び寒冷化・草原化が起こったと考えられる（Erbajeva *et al.*, 2003）．さらに，中国北部でも同様の

20　第1章　日本の天然記念物──ヤマネの生物学概論

ことが見られる．鮮新世前期には草原要素が卓越し，中ごろになると森林要素が優勢となり，鮮新世後期から更新世前期にかけては，再び草原要素が卓越する．山東省では鮮新世中ごろに *Apodemus* や *Pteromys* 属の温帯森林性滑空性齧歯類のほか，*Leopoldamys* や *Niviventer* など中国南部から移住したと考えられる森林性齧歯類も出現するのである（Jin *et al.*, 1999）．ウドゥンガと山東省の動物群はほぼ同時期のものと考えられるので，鮮新世の中ごろには温暖で湿潤な気候にともなって，東アジアに森林が拡大したと考えられる．

　日本の鮮新世前期の堆積物からは，中国大陸に近縁種がいる長鼻類のミエゾウ（シンシュウゾウ）*Stegodon miensis* の化石が産出している．ミエゾウは，日本列島の歴史のなかで，最大の哺乳類であった．この種の確認は，日本列島と大陸がつながっていて，生物の移動があったことを示している（Dobson and Kawamura, 1998）．

　もとの出身地であるヨーロッパで *Glirulus* 属が絶滅した一方，はるばる日本にやってきた *Glirulus* 属は *Glirulus japonicus* として日本の森に適応してきた．その後，氷期を乗り越え生き抜いてきたニホンヤマネの特徴的な臼歯の化石を，河村先生は列島各地で発見された．産地は岩手県，岐阜県，岡山県，山口県などの約50万年前より後の時代の洞窟の堆積物である．そのうち最古のものは岡山県新見市の足見ＮＴ洞の中期更新世の化石である．また，河村先生は，青森県下北半島の尻労洞窟（奈良ほか, 2015）や，広島県帝釈峡の観音堂遺跡と大風呂洞窟遺跡にある縄文時代の堆積物からもニホンヤマネの化石を発見された．こうした歴史を経て，ニホンヤマネは現在，本州・四国・九州・隠岐島（島後）の森で生きている．

　一方，化石研究成果と分子系統学的解析成果がつながると，ヤマネの進化が見えてくるのであるが，私たちの分子系統学的解析では，少なくとも約510万年前（420万-620万年）には，ニホンヤマネ *G. japonicus* は日本に生息していたと推定された（Yasuda *et al.*, 2012）．化石と分子系統学との間には，ニホンヤマネが日本にやってきた年代で完全に一致しない結果が出ているが，ヨーロッパを起源とする点では一致している．今後の研究の発展が期待されるところである．

遺伝学的研究

　私とヤマネの遺伝学の初めてのふれあいは大学生だった1974年ごろであった．ヤマネ研究の恩師である下泉重吉先生がヤマネの染色体を調べるために国立遺伝学研究所の今井弘民先生を招聘し，私たちの実習を兼ねて分析したときであった．コルヒチンを使い，遠心分離機を使って，解析されたヤマネの染色体は$2n=46$（Tsuchiya, 1979）であった．下泉先生はきっとヤマネのいろいろな生物学的なことを知りたくて染色体分析を今井先生にお願いしたのだと思う．使ったヤマネは体毛が灰色を呈する山梨県産のものであった．

　つぎのヤマネの遺伝学的研究のきっかけは，紀伊半島は和歌山県の熊野でのヤマネとの出会いであった．小学校教師が子どもたちと見つけた熊野のヤマネの体毛は，山梨県の「灰色」に対し「茶色」であった．そして，眼部外縁の黒毛の幅は広かった．だから，黒毛がアイシャドーの役割をするので熊野の雄は"ハンサム"であり，雌は"美人"なのだとふるさと自慢の冗談をいっていたが，遺伝学的に調べていただこうと動物研究の恩師である土屋公幸先生に遺伝子分析を依頼した．しばらくたって，先生の電話から「秋ちゃん，山梨産と紀州産のヤマネの遺伝子間距離はイタチとイイズナと同じくらいだよ．別種といっていいほどちがうよ」という結果をいただいた．私はもうびっくりしてしまった．冗談ですまなくなった．では，日本全体でちがっているかもしれない．私はそれから日本各地のサンプルを集め始めた．カワウソが確認された高知県の須崎市を流れる川の四国山地の上流部，クマが出没する秋田県の田沢湖周辺のブナ林，セッケイカワゲラの黒い群れが積雪5mもある雪面を黒い流れとなって進む新潟の雪山，緑のシイの葉が光る長崎の森，プロペラ機に揺られながら日本海を渡った隠岐島などであった．それぞれの地域に巣箱調査地を設けた．全国各地からヤマネ情報をいただくと，そこへも赴いた．そして，日本の哺乳類遺伝学のリーダーである北海道大学の鈴木仁先生を核として，安田俊平さん，布目三夫さん，やまねミュージアムの中山文さん，岩渕真奈美さんらの研究の蓄積が進み，安田さんが日本列島の61地点から集められた96個体のサンプルを鈴木先生のご指導のもとで種内分岐を解析し，また，布目さんは海外産ヤマネとの比較分析を行った．

　ヤマネの集団間の類縁関係を把握するには，集団間での遺伝子流動を定量

するために"マイクロサテライトマーカー"の分離と開発を進めながら，母系を解析するミトコンドリア DNA の"チトクローム b 遺伝子"，核ゲノムの分化の指標となる 18S-28S リボソーム RNA 遺伝子（rDNA）のスペーサー領域に検出される制限酵素の多型（"RFLP"；restriction fragment length polymorphism）および，父系を解析できる Y 染色体上に位置し性決定に関与する"SRY 遺伝子"の解析を行った．現段階での成果は以下のとおりである．

現生ヤマネ科の系統進化

布目さんは日本産だけではなく，ヤマネ科全体の系統進化の景色を展望させてくれた．遺伝学的解析からヤマネ科がリス科から分岐した年代は，およそ 5000 万-5500 万年前と考えられる（Nunome et al., 2007; Honeycutt, 2009; Fabre et al., 2012; 図 1.12）．そして，現生ヤマネ類の各種類の分岐は，遺伝子の分析研究からよそ 2800 万年前からと推定される（Nunome et al., 2007; Fabre et al., 2012）．さらに，2500 万年ごろには，オオヤマネとニホンヤマネが分岐した．

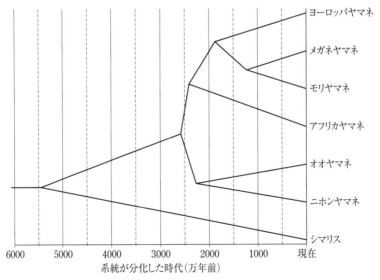

図 1.12 ヤマネ科 6 属 6 種の分子系統樹（Nunome et al., 2007 より改変）．

2000万年ごろには，メガネヤマネ・モリヤマネとヨーロッパヤマネが分岐し，1200万年前には，メガネヤマネとモリヤマネが分岐したと推定される（Nunome *et al.*, 2007）．

一方，化石の研究から，ヤマネ科の分岐は始新世前期に始まり，漸新世にも継続している．現生属で初めに登場するのはオオヤマネ属（*Glis*）の化石で，漸新世後期のものである．つぎが *Glirulus* 属で中新世の種の多様化が進行する時代のなかで中新世中期（MN4）から出始める．そのつぎが，ヨーロッパヤマネ属（*Muscardinus*）とメガネヤマネ属（*Eliomys*）で中新世の中期（MN5）から，そして，中新世後期（MN11）にモリヤマネ属（*Dryomys*）が出現する（Daams, 1999）．

したがって，最初に *Glis* と *Glirulus* の系統がほかの系統と分かれて，その後 *Glis* と *Glirulus* が分かれた．もう一方の系統では，最初に *Graphiurus* が分かれて，その後 *Muscardinus* が分かれ，最後に *Eliomys* と *Dryomys* が分かれていった．（Nunome *et al.*, 2007）．

中新世末期には，中新世中期に繁栄して多様な種と多様性を誇っていたヤマネ科の多くの属と種が絶滅するなかで，今まで生き残ってきたこれら現生ヤマネの属は，どれも1000万年以上の歴史を持つ古い系統なのである．リスやネズミなどほかの齧歯類が多様化しているなかで，ヤマネは数少ない系統を維持してきたのである（Fabre *et al.*, 2012）．中新世にヨーロッパで分岐した哺乳類の子孫が日本でのみ生息していることは，ほかにあまり例がない（鈴木，1995）．

ニホンヤマネの種内の分岐

安田さんはニホンヤマネの遺伝学分野の不思議のドアーを大きく開いてくれた（Yasuda *et al.*, 2007, 2012ほか）．チトクローム *b* 遺伝子前半を解析し描いた系統樹が図1.13である．日本国内から集めた96個体が9つのグループに分かれていることが示された．東北集団，関東集団，山陰集団，白山集団，赤石集団，熊野（紀州）集団，隠岐集団，四国集団，九州集団である（図1.14）．それぞれの集団は，1カ所を除いて重複せず，独自の分布域を持っていた．分布域の重複があったのは，長野県飯田市の東側で調査された8個体のうち1個体が関東集団に，7個体が赤石集団に属していた．ヤマネは，

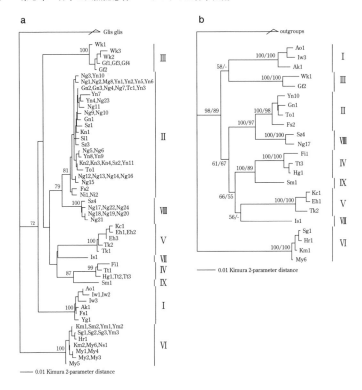

図 1.13 ニホンヤマネの遺伝集団の系統樹（Yasuda et al., 2012 より改変）．チトクローム b 遺伝子 402 bp（一部のサンプルのみ 322 bp もしくは 185 bp）で描いた全サンプルの系統樹（a）および母系集団の代表個体を選んでチトクローム b 遺伝子全長 1140 bp で描いた系統樹（b）．系統樹は外群にオオヤマネ（*Glis glis*）を使用し，距離モデルは Kimura 2-parameter を用い，近隣結合法で描いた．各ノードの信頼度は，a は近隣結合法を b は近隣結合法と最大節約法を用いて 1 万回試行のブートストラップ法で推定した．

九州のものがもっとも古いので大陸から九州に到達し，少なくとも約 510 万年前（420 万-620 万年）には日本に生息していたと考えられる．そして，主要な集団である山陰，熊野，東北，関東および四国の各集団の一斉分岐が，約 310 万年前（170 万-560 万年）に起こったと考えられる．山陰集団と隠岐集団の推定分岐年代は約 130 万年前（10 万-240 万年），比較的近縁な関東集団と赤石（天竜）集団の分岐は約 90 万年前（0-180 万年）と推測された．

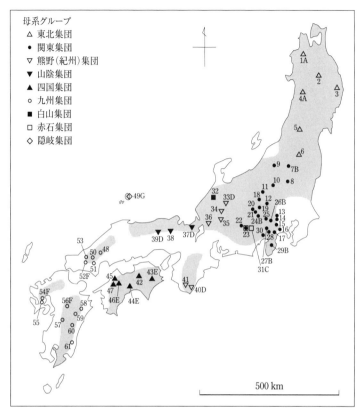

図 1.14 ニホンヤマネの地理的遺伝集団と遺伝子のサンプリング地点（Yasuda *et al.*, 2012 より改変）．灰色は分布域，シンボルはサンプリング地点を示し，各シンボルは下記の母系集団を示した．I（△）：東北集団，II（●）：関東集団，III（▽）：熊野（紀州）集団，IV（▼）：山陰集団，V（▲）：四国集団，VI（○）：九州集団，VII（■）：白山集団，VIII（□）：赤石集団，IX（◇）：隠岐集団．シンボルにつけた A-G のアルファベットは *SRY* 遺伝子のハプロタイプを示した．

22個体の雄の *SRY* 遺伝子を解析すると，7つのハプロタイプが観察された．これらを A-G とした．熊野（紀州）集団と山陰集団は，ハプロタイプ D を共有していた．東北集団が A と，関東集団が B と，赤石集団が C と，四国集団が E と，九州集団が F と，隠岐集団が G とそれぞれの分布が重なっていた．

九州集団は，宮崎県・熊本県の九州南部から佐賀県・長崎県，そして，山口県・広島県周辺まで広がる集団であり，毛色は国内のヤマネのなかでもっとも茶毛が濃く，目のまわりのリング状の黒毛の幅も広い傾向がある．長崎ではヤブツバキの病葉に営巣し，出産直後に交尾し，胎内で育てながら育児することもある．

　四国集団は，徳島県・愛媛県，そして，高知県の森に分布する集団である．宇和島ではヤブツバキの病葉に営巣し，徳島のヤマネは2月にも出産する．

　山陰集団は，ハプロタイプDを熊野集団と共有している．中国山地の日本海側沿いにある鳥取県の氷ノ山周辺から兵庫県・福井県へと広がって生息している．毛色は，灰色を呈している傾向がある．その兵庫県のハチ高原地方ではイヌワシが上空を飛ぶ．ここは，冬季には深い積雪を有する森に生息する集団である．山陰集団と九州集団の境界は中国山地の広島・岡山県付近にある．

　熊野集団と山陰集団は，これまでのrDNA-RFLPの研究により，核ゲノムが近縁であることから，遺伝的な交流の存在が示唆されているが，ハプロタイプDの共有は，母系グループ間を雄が移動することによる遺伝子流動の可能性を示している．

　熊野集団は紀伊半島の南部の和歌山県から紀伊山地を経て，岐阜県に至るまでの地域にすむ．きれいな茶毛を呈する傾向があり，目のまわりの黒毛幅は広い．冬眠期間は関東集団より短い．熊野の森はスダジイ・アラカシが優占する照葉樹林で，ヤマネは11月にはイズセンリョウの実るスギ林で繁殖もする．

　隠岐集団は，ミトコンドリアタイプでほかの地域と異なり，9つの地理的集団の1つをなしている．隠岐集団は，既報では隠岐独自の集団である．しかしながら，最新の研究から岡山県産の個体はチトクローム b の解析では隠岐集団に属するが，SRY 遺伝子はハプロタイプDを持つことが示された（Yasuda *et al.*, unpublished）．このミトコンドリアとY染色体の不一致から，隠岐のヤマネについて以下の可能性が考えられる．1つの可能性は，隠岐に隔離されていて，変異が蓄積した集団が，隠岐と本土が陸続きになったとき，中国地方に移動し，山陰グループと混ざった．2つめは，本土から隠岐に移動し，創始者効果により独自のY染色体のタイプを持つことに至った可能

性である．それを解明するのも今後の私たちの課題である．現在の隠岐のヤマネは，体色は灰色傾向である．長年の巣箱調査でやっと1頭捕れるほどの個体数の少ない個体群である．海岸沿いのシャリンバイなどのある森から最高峰（標高約 608 m）の大満寺山のヤブツバキの茂る森などにも生息する．隠岐の島は，オキノウサギ，オキサンショウウオなど特異な生物が生息する．ヤマネの今後の研究に隠岐ジオパークガイド倶楽部の八幡浩二さんや齋藤正幸さんたちとも取り組むことが楽しみである．

白山集団は遺伝的に周囲の山陰集団や熊野集団とは異なり，石川県側の白山にだけ確認されている集団である．白山の岐阜県側でもヤマネの生息は写真で確認されているが，不思議なことに3年間の巣箱調査でも利用する頻度はきわめて低い．白山の森はクマやモモンガがともに生息する森である．

関東集団は，集団サイズの変動を統計分析した結果，集団の縮小と急速な拡大が起こっていることが判明した．これは，最終氷期に集団が縮小し，その後，温暖になると拡大したことを示すものであろう．塩基多様度はほかの集団も関東集団とほぼ同じなので，北に位置する東北集団もそれと似た歴史を持っていると考えられる．一般的に，本州北方に分布する哺乳類は，最終氷期の後，関東以南から北上したと考えられているが，例外的に東北にも最終氷期にその集団が生息していたと考えられるのは，ツキノワグマ（Ohnishi *et al.*, 2009）とヤマネである．共通する特性である冬眠能力機能が，それを可能にしたものと考えられる．

現在，関東集団は静岡県伊豆半島の天城山から神奈川県の丹沢，山梨県の富士山・八ヶ岳，東京都の檜原村，埼玉県，長野県の茅野・軽井沢，群馬県嬬恋，新潟県の入広瀬，福島県南郷へ広がる集団である．毛色は灰色を呈する傾向がある一方で，茶毛を呈する個体も見られ，個体差もある．八ヶ岳では落葉樹林が主体である．積雪のない伊豆半島から雪深い新潟県までの集団である．1年に1回か2回出産し，浅間山（芝田，2000），富士山では，長崎と同様に出産後交尾もする．

赤石集団は，3000 m級の赤石山脈付近に分布が限定される集団である．関東集団と天竜の赤石集団は，約90万年前ごろに分岐したと推定された．

東北集団は，福島県の猪苗代から山形県の西川，秋田県，岩手県の河合，青森県の岩城まで広がる集団である．灰色の体毛を呈する傾向があるが，個

体差もあるようである．福島県南部のヤマネは"関東集団"に属しているので，"関東集団"と"東北集団"の境界線は福島県・宮城県付近にあると推定される．

このように，これらの集団は遺伝学的に異なり，気候・植生・積雪の異なる森に生息し，冬眠期間，繁殖期間なども異にしている．

上述のように，遺伝学的データからニホンヤマネは310万年ごろに一斉分岐した．鮮新世後半の約300万年前ごろを境に，北半球に大陸氷河が発達し始め，氷期–間氷期の気候変化が顕著なころである．一方，日本列島は大陸から分離し，約310万年以降に日本海に対馬暖流が流入し始めた（天野ほか，2000；北村・木元，2004）．これは対馬暖流の日本海流入で，冬季には大雪が列島の日本海側に降り，気候が大きく変動したことを示すものでもある．気候が変わることは，森林植生も大きく変動し，森林の樹上で暮らしているヤマネにとって，森林の消長は，餌・休み場所などの変動をもたらし，その生活に決定的な影響を与えたと考えられる．さらに，約300万年前から約120万年前までの期間には，日本と中国大陸との間には陸橋は形成されなかった可能性が高い（百原，2008）．

したがって，この時期の310万年前ごろにニホンヤマネの一斉分岐が起こったことは，このような古地理の変化や気候変動とそれにともなう植生の変化に起因していると考えられる．

その後，氷期の低海水準期に日本の西側で陸橋が形成された時期は，約120万年前，約63万年前，約43万年前と考えられている（河村，2011）．隠岐のヤマネが山陰集団から分岐したのは，遺伝学的研究で近年とされるが，隠岐水道は本州・四国・九州と大陸の間の海峡よりかなり浅いので，43万年前以降も陸橋が形成されていた可能性があり，両集団に交流があったことも推測される．

さらに，中部地方北部の飛騨山脈や越後山脈は約250万–300万年前に，中部地方南部の赤石山脈は約100万–140万年前に，隆起を開始した（菅沼ほか，2003）．遺伝学的データから赤石集団が分岐したのが約90万年前なので，このような山脈の隆起とそれにともなう気候変動や森林の変動が移動のバリアーとなり，分岐の背景となったと思われる．

一方，ヤマネは森に依存しているため，その生息や移動は気候変動にとも

なう植生の変動に大きく左右される．また，平均気温8.8℃で冬眠する動物なので，気候変動に生活サイクルが左右される．

日本列島での新第三紀末から第四紀にかけての環境変化と植物相の変遷史を見ると，北半球のほかの温帯地域と比べて，日本列島は植物の種多様性の維持に適した地域であり，しかも第四紀の環境変化が植物の種の分化を促進させる要因となっている．たとえば，第四紀には，大規模な氷河が発達せず，海に囲まれていたため比較的温暖で湿潤な気候下にあったので，氷期–間氷期の気候変動も極端ではなく，気候変動にともなう植物の移動も大きくなかったことは，北半球の中緯度にあるほかの地域とは異なる．一方，新第三紀の末から第四紀に山地，盆地，海峡の地形形成が活発に起こったことは，気候の地域差をもたらし，植物の移動の障壁にもなった．そのため多くの植物が影響を受け，日本列島から絶滅した種も多い（百原，2008）．

ヤマネにとって，生活圏の土台である植生が変動することは，食べものの種類や供給される時期が変動するために生活サイクルも変えざるをえないことを意味する．現在の日本のヤマネは，地域により，食べものの種類が異なるだけでなく，冬眠期間，活動期間，繁殖期間，出産回数，体色も異なっている．

このようなちがいは，大陸から日本にやってきたヤマネが，古地理の変化や気候変動のなかで適応してきたために生じたものと考えられる．それぞれの種内の地域個体群は，数百万年以上の歴史がある．これはほかの種類では別種となってもおかしくない長い時間である．

リスやネズミなどほかの齧歯類が多様化している一方で，ヤマネは古い系統をそのまま維持しているのである．さらに，ヤマネ類の分岐年代は約5000万年前で，形態も約5000万年前の化石と類似している．したがって，現在，日本に生息する哺乳類のなかで，ニホンヤマネは「生きている化石」であろう（鈴木，1995）．

環境省は，生物多様性保全にともない，種の保存の法律を整備しようとしているので，種の分類が保全の基盤となる．また，生物多様性の保全の1つの柱は，遺伝子の保全である．これまでの私たちの研究で，遺伝学的に9つの種のグループが明確になった．一方，1つの遺伝子集団が，その分布域を分断される危険性を有しているのが九州集団，熊野集団，関東集団などであ

る．行政も私たち関係者も，これら9つの遺伝子グループの保全に取り組むことが，つぎの保全ステップとして必須であることを示している．今後，このような研究を発展させて，種の区分を明確にし，ヤマネの保全と日本の生物多様性保全に寄与したいと望んでいる．

海外のヤマネの遺伝学的研究分野では，メガネヤマネ，モリヤマネなどを調べたイタリアのフィリピチィ博士などの先駆的研究（Filippucci and Kotsakis, 1995）がある．案内された彼女の勤めるローマ大学の大きな階段教室のクラシックな建物には，生物学研究の起源と歴史と息吹きが感じられた．また，彼女の恩師でヨーロッパでの遺伝学的研究の権威の先生の研究室にうかがったとき，白髪で白髭の博士は，机上の山脈のように整理されていない資料のかたまりに「ローマのすばらしい景色だろう」といわれた．そのユーモアとセンスに大いなる共鳴を覚えた思い出がある．そんな研究者たちにより，ヤマネの故郷であるヨーロッパでのヤマネの遺伝学的研究は，ヨーロッパヤマネ（Mouton *et al.*, 2012），メガネヤマネ（Grégoire *et al.*, 2013），オオヤマネ（Hürner, 2010）などで活発に展開されている．今後，古生物学的研究と遺伝学的研究が相互に情報交換しながらより発展すれば，生きた化石の秘密の窓から驚くべき景色がさらに見えるであろう．

（2）形態

外部形態

ニホンヤマネの体重は18 g前後である．野生で交尾した明くる日の雌の体重は13.5 gだったので，雌において13.5 g以上は繁殖可能であるといえる．6月の繁殖に参加できると思われる雄の体重は13.1 gであった．冬眠するには20-22 g以上が望ましい．

頭骨は後眼窩突起がなく，切歯孔は小さい．眼窩下孔は大きく，咬筋の一部が通る．下顎の角突起は横にねじれる（阿部，2000）．歯式は，

$$\mathrm{I}\frac{1}{1}, \ \mathrm{C}\frac{0}{0}, \ \mathrm{P}\frac{1}{1}, \ \mathrm{M}\frac{3}{3} = 20$$

で，これは「前歯1，犬歯0，小臼歯1，大臼歯3，それが左右上下にあるので歯の数が20本である」ということを意味する．臼歯は短冠歯で，ヤマネ科の特徴である数本の隆起が横断している．ネズミ科と大きく異なるのが臼

図 1.15　ニホンヤマネの五角形の顔.

歯の本数で，ネズミ科が3本なのに対し，ヤマネは4本である（サバクヤマネは3本）．歯根は通常2本ある．ニホンヤマネは，顎の筋肉は弱いため，ブナの実を割って食べることはできるが，クルミやドングリを割ることはできない．

　顔の形は，ニホンヤマネの顔を正面から見ると五角形である（図 1.15）．幼獣のころは台形であるが，成長するにつれて五角形となる．メガネヤマネやモリヤマネの顔の形が三角形でとがっているのに対し，ニホンヤマネはやや丸顔っぽく感じる．

　目は，夜の弱光もとらえる必要があるため大きい．ときには飛び出すような目をすることもある．視野を広げ，周囲の状況をより把握するためであろう．ヤマネ科のなかには，メガネヤマネやモリヤマネなどのように，目の周囲を広く囲むマスクのような黒毛を持つものがいる．ニホンヤマネの場合は，少し控えめなアイシャドーのような黒いラインで目を囲んでいる．人間が化粧をする際，アイシャドーを引くことで目元を際立たせるように，ヤマネも目のまわりの黒毛によって，クリクリとした大きな目に見える．これが人々から愛される要因の1つなのかもしれない．ただし，このライン幅には地域

差と個体差がある．山梨・長野産のヤマネではこの幅は細く，紀州や九州産など，南にいくほど太くなる傾向がある．

耳は小さくて丸い．耳介の形状は下部に横断する突起があり，その下に耳孔と耳介の一部がある．メガネヤマネ，モリヤマネ，オオヤマネ，ヨーロッパヤマネなどは，コウモリやネズミ同様，軽妙に耳介を動かす．しかしニホンヤマネの場合は，超音波・低周波の声を発するが，耳介を動かさないことが特徴である．

体全体を覆う毛は2種類ある．1つは大半を覆う短毛である．これは基部が黒色をしており，先端にいくにつれて灰色や茶色となる．この毛の特徴は羊毛のようにクリンプし，ヒメネズミなどの直毛とは異なる．この毛の間に空気をためることで，冬眠時に周囲の温度変化を緩衝させる機能を有するものと考えられる．一方の長毛は細くてしなやかで，疎ではあるが背中全体に生えている．おそらく感覚毛の役割も担っているのであろう．全体的に表面の毛色には地理的差異の傾向があり，山梨や長野などの個体の大半は灰色に近い色，一方，和歌山産などは茶色であり，九州産はさらに茶色が濃くなる傾向が強くなる．しかし，個体差もある．

ニホンヤマネの全身に注目すると，まず目をひくのは背面にある1本の黒い正中線である．この部分の毛は基部から先端まで黒く，背中の皮膚そのものも，黒色を帯びている．正中線は頭部の天頂から背部・臀部・尾の基部まで伸びており，その形状や太さは個体によって異なる．下泉先生は一時期，これで個体識別を試みたほどだ．ヤマネ科28種のなかで，黒い1本の正中線を背中に有するのはニホンヤマネだけである．また，ニホンリス，ニホンモモンガ，ムササビ，ケナガネズミ，ヒメネズミなど，日本の樹上性齧歯類のなかでも例を見ない．なぜなのだろうか．その理由は，トラの縞模様が藪のなかでその存在を隠しやすくしているように，ヤマネの黒い正中線は，枝を移動したり静止したりする際，枝のラインと連なるように見える作用を起こし，暗い森の樹上でのカモフラージュ効果を発生させるのではないかと思われる．

背部から腹部に目を向けると，腹部の毛の色も背中と同色である．これは，ほかのヤマネにはない特徴である．ヤマネ科のなかでもオオヤマネ，モリヤマネ，メガネヤマネなどの腹部の色は白色であり，ヨーロッパヤマネも白色

である．日本の樹上性齧歯類ではヒメネズミ，リス，モモンガ，ムササビなどの腹部は白色かそれに近い色である．この白色でない腹部の毛色は，ニホンヤマネが樹上をぶら下がるようにして歩くことが多いため，夜の森で上空からの天敵に見つかりにくく，まわりに隠れやすくなる役割を持つと考えられる．

　手足，すなわち四肢は幹に抱きつきやすいように体から出ている．オオヤマネ，モリヤマネ，ヨーロッパヤマネおよびニホンヤマネの前足は約30度の角度で外向きに曲がっており，これにより細い水平の小枝を支えに移動する際に体を安定しやすくなる．このような構造的特性は上記3種およびニホンヤマネの特徴である．一方，地上圏で行動することの多いメガネヤマネでは，ほかの地上性齧歯類と同様，前足はまっすぐ前へ向いている（Airapetyants, 1983）．ニホンヤマネは後足でぶら下がることができる．これはコウモリが逆さまになってぶら下がれるのに似ている．さらに，後足1本の指だけでぶら下がることもできる．その際，前足でガをつかみ，クルクルと回しながら可食部位を選んで食べる．その状態のまま前足で背中や腹部，頭部をグルーミングする．このようにぶら下がるとき，体を支えるのは後足であり，前足は食べものを持ったり体をグルーミングするのに用いる．その役割分担は明確である．この機能を支えるものの1つが腱であり，ぶら下がりが容易にできるよう補佐の役割を担う構造であると思われる．

　指は前足4本・後足5本である．ヤマネ科の指は長くしなやかで，とくに後足の第1・第5指の運動性が際立っていて，たがいに直角の位置をとることができ，それが枝への握力を強める作用も果たしている（Airapetyants, 1983）．通常，もっとも長いのは第3・第4指である．その先端についている鉤爪は，樹や枝にひっかかることで，枝をつかんだり，幹を容易に登ることを助けている．

　ヤマネ科の動物には前後足の裏によく発達した肉球があり，ねばりけを有しているので，つるつるしたところでも，つかみ，登ることができる．そして，肉球は枝や幹にそって移動するときに滑らないように，小さな凸凹も感じ取れる．肉球の発達が顕著なのはオオヤマネとヨーロッパヤマネ，ニホンヤマネである．これはこの3種の樹上生活に対する強い適応性の現れと見ることができるのに対し，ホソオヤマネ属やサバクヤマネ属などの地上生活型

の動物では，肉球は平らであまり発達していない（Airapetyants, 1983）．私たちがニホンヤマネの枝の移動時の逆さま行動を撮影するため後足の裏を観察していた際も，肉球から小さな小さな水粒がじわ〜っとしみ出てきた．この液体の成分については不明だが，この水分によって肉球はしっかりと枝を抱え込むことに役立つだけでなく，枝にピタリとくっつく機能を強化できるのである．このことはヨーロッパヤマネでも同様に指摘されている．

　枝を歩く際に必要なものとして忘れてはならないのが感覚毛の存在である．もっともめだつのは鼻から左右に伸びる長いヒゲ．そして足首の毛も注目である．オーストリアで長年オオヤマネを総合的に研究していたケーニヒ博士は，足首にある毛が枝の振動を感じるのに役立つと述べている．アイラペッティン博士はメガネヤマネ，オオヤマネ，モリヤマネ，ヨーロッパヤマネの足首周辺の毛も描いている（Airapetyants, 1983）．デンマークではヨーロッパヤマネの好む場所として蔓の多く絡める場所を教えていただいた．これは，まるで忍者返しのように天敵の侵入を蔓の振動が知らせ，その震動を感じる体の部位の１つがこの足首の毛と思われる．ニホンヤマネは，目と耳の間からも数本の触毛が生えている．この毛の基部の皮膚は裸出しており，外界の刺激を感じている感覚毛ではないかと考えているが，これについては今後の研究課題である．

　このような四肢や指・肉球・鉤爪・毛などの機能により，暗闇のなかでもヤマネは非常に敏捷に幹を登り，枝葉の間を動き回り，ぶら下がり，ジャンプすることができるのである．まさに，樹上生活に特化した身体構造である．

　尾も多様な機能を果たしている．ヤマネ科の特徴の１つに，ネズミとは異なるふさふさとした房状の毛が生えた尾がある（ホソオヤマネ，サバクヤマネは例外）．樹上で暮らすヤマネの尾が持つ役割は，おもにバランスの保持と天敵からの防御の２点である．バランスの保持は，樹上の枝先での移動，枝から枝へのジャンプやその際の方向制御，枝にぶら下がった状態での採食の際にそれぞれ行われる．一方，天敵からの防御とは，捕食者などがヤマネの尾をつかんだり抑え込んだりした際，尾の皮膚と毛の部分がまるで手袋を外すかのように尾骨からすり抜けることである．この際，身体側の尾部には白い骨だけが残る．この骨は時間がたって乾燥すると脱落してしまい，トカゲのように再生することは二度とない．要は，ヤマネにとっては一生に一度

のみの「逃亡装置」なのである．その他の役割として，毬状に冬眠する際，尾が腹部から顔全体を覆うことで無防備な状態の腹部や顔面を少しでも保護する役割を果たしている可能性もある．海外のヤマネとニホンヤマネを比べると，尾率はニホンヤマネのほうが低い．これは本種の樹上行動にも影響しているものと考えられる．

雌雄の区別は外見からは判断できず，生殖器から判断する．雄のペニスは幼獣でも短いが，白色を呈している．一方，雌は肛門と膣口が隣接しているので区別できる．その他，ニホンヤマネのペニスの形態は紡錘型をしており，精巣はネズミ類のように，その発達を外部から観察することは困難である．雌の乳頭式は $2+1+1=8$ または，$2+0+1=6$ である（阿部，2000）．生まれた幼獣には足と腹部との間に薄い膜が顕著に存在する．この膜は前足の肘のあたりから後足の足首へと続いており，滑空性齧歯類の皮膜と似ている．先述したように，中新世後期のころ，ニホンヤマネの祖先である *Glirulus* 属の種はフランスにてグライダーだったが，その名残がニホンヤマネの仔に現れているのではないかと考えられる．

消化管

消化管におけるヤマネ科の最大の特徴は盲腸がないことである．ヤマネの内臓を観察したくてヤマネの解剖に立ち会ったのは私が学生のころ，まだ，ヤマネが天然記念物になる前であった．ヤマネの染色体を分析するために下泉先生が招いた国立遺伝学研究所の今井弘民先生の手で内臓が取り出された．このとき，食道から胃・腸・肛門へ至るまでの消化管全体を観察することができた．やはり盲腸は見られなかった．

盲腸は植物に含まれるセルロースを消化する器官である．ウサギやハムスターなどでは食糞する際，食べものを発酵させて栄養価を高める機能を担う臓器でもある．ネズミやリスなど齧歯類の多くは盲腸を有するが，ヤマネ科はそれを持っていない．この内臓構造は，ヤマネの食性と生活様式を決定づけた．

また，盲腸以外の消化管では，ニホンヤマネの胃に関して宮崎大学の保田昌宏先生らとともにその特徴についての研究をしている．その結果，ニホンヤマネの胃では，粘膜が腺部で構成された胃盲嚢が確認され，胃体部は固有

胃腺で占められていた．噴門部や幽門部にはそれぞれ粘液産生細胞が存在し，噴門腺や幽門腺を形成していた．さらに固有胃腺には，主細胞や壁細胞，頸粘液分泌細胞などが観察された（津森ほか，2013）．ほとんどのヤマネ科動物において，胃は単室で，粘膜の角化はない．ヨーロッパヤマネでは食道の下部粘膜部の誘導部をなすもう1つの室である胃盲嚢があるのが特徴であり（Airapetyants, 1983），その特徴はニホンヤマネとほぼ一致する．これら内臓などの研究は，ヤマネの進化や生きざまの世界へと導く大きなドアーを開くための1つの「キー」となるだろう．さてさてどんな世界がそこにはあるのだろうか．

（3）食性──飼育下での観察

大学卒業後，ヤマネの本州分布の南限を調べるべく赴任したのが，和歌山県の本宮町立皆地小学校である．現在では世界遺産となった「熊野」の山中のまっただなか．街の新宮市からはバスで熊野川本流を遡り，熊野三山の本宮大社のある本宮でバスを乗り換えて峠を2つ越えたところ，全行程2時間ほどの場所にある全校生徒36名の小さな学校だ．ここではバスは1日に数本しかなく，夕方の便で近くの湯の峰温泉の銭湯に行き，定食屋さんで夕飯を食べ，下駄をカタカタ鳴らしながら最終バスで帰ってくるという日々．日曜日になると，子どもたちが山間部にある教員住宅の窓をガラーっと開け，「先生！ねやる〜」と遊びにきた．この子どもたちとターザンごっこや，ちゃんばらごっこ，そして"ふけた"という湿地で楽しんだ．後に，このふけたの湿地保護運動に取り組み，15年ほどかけて自然公園としていくことになるが，それについては後述する．

僻地の教員が覚えなければならない仕事の1つに「窓ガラス入れ」がある．子どもが窓ガラスを割ると，近くにガラス屋さんがないため，ガラス交換は教員の仕事となる．"ガラス切り"という道具も知らなかった私が40 cm四方にガラスを切るのはなかなかの難作業で，先輩諸氏の指導を仰ぎながら失敗しつつ取り組んでいった．なにごとも経験である．

この場所で私は，巣箱調査だけでなく，ヤマネがなにをどのように食べるのかをじっくり観察したいと思った．下泉先生もそのような研究はやっておられなかった．観察のためには専用のケージが必要だ．しかし大学を出たば

かり，熊野の山中で働く小学校教師には，研究に関するご縁はなにもなかった．あるのは，ヤマネとヤマネのいる緑の森と家族と地域の人々と子どもたちであった．

でも，絶対にケージがほしかった．すると，学校の倉庫に木製の古い長机を見つけた．校長先生にほしいと頼み，手に入れることができた．さあ改造だ．逆さまにして4本の足をケージの柱にし，その間を板と針金で覆い，正面のみ観察用のアクリル板を張ることにした．街にアクリル板を買いに出かけた．初任給が8万円に満たない教員にとってはアクリル板も金網も貴重であった．そのアクリル板に寸法を引き，切り取る．これがガラス切りのようにむずかしい．パリン！とアクリル板が割れたときの衝撃は今も忘れない．四苦八苦の末に完成した自家製の"廃品回収型木製ケージ"であった．

その木製ケージを自宅の玄関や子どもたちとつくった野外ケージのなかに置き，ヤマネと食べもの候補となるものを入れ，夜，なにをどのように食べるのか観察する．そして翌朝，食痕からどの部位を食べたかを見ることにした．まずは，ガや甲虫などの昆虫から始まった．食物研究はその後，山梨・栃木・岡山・三重と植生の異なる森でサンプリングをしながら綿々と展開しているが，この和歌山の皆地がスタートであった．

ガや甲虫類は，自宅玄関に白いシーツを貼りつけ，青いブラックライトを点灯させて採集した．暗闇からはヤマネの餌候補となる虫たちがつぎつぎと飛んでくる．これらを採集してケージに入れ，ヤマネが食べにくるのをじ～っと待った．それらを繰り返すこと数年間．引っ越した先でも年間を通して採集し，観察を重ねた．ガは和歌山県立耐久高校吉田元重先生に同定していただいた．

この間，採集したガの特性についての知見も蓄積し，紀伊半島南部に生息するガの概略を調べる結果にもなった．ヤマネはスズメガ科，ヤママユガ科，イボタガ科，ヤガ科，ヒトリガ科，シャチホコガ科，カギバガ科，シャクガ科など多くの科に属するガを食べた（図1.16）．9月末の観察では，中型のガであるヨツボシホソバを一晩に40匹食べた．このとき，翅を食べることはなかった．大型のガであるヤママユも一晩に10匹食べた．ヤママユを食べる際は，まず捕まえて，暴れるガを口にくわえて運び，逆さまになりながら，頭部を食いちぎり，翅を食いちぎった．そして，体を回し，腹部から食

図 1.16 ガを逆さまになって食べるニホンヤマネ.

べ始めた.麺のように細い内臓をまるでラーメンをすするかのように食べた.その明くる朝は体温を下げて休眠していることもあった.

また,チョウでは,ナミアゲハ,キアゲハ,クロアゲハなど与えたところ,与えたチョウはすべて食べた.モンシロチョウのような小型のチョウは頭部まで食べた.トンボ類は,アキアカネ,オオシオカラトンボ,ギンヤンマ,オニヤンマなど,ほとんどの種を食べた.

ガやチョウやトンボの翅を食べることはなかった.クロスジギンヤンマが翅を広げ,暴れたときは捕まえることなく,また,捕獲しようと近づくヤマネに対してヤママユが翅をバタバタさせた際も,ヤマネは退散することがあった.

甲虫類では,コガネムシは大好物で,翅をちぎりながらバリバリ食べた.体長 36 mm ほどで大きな顎を持つノコギリカミキリも食べた.イナゴ,ハネナガイナゴ,ジョウカイボン科の甲虫,オオカマキリも食餌メニューであった.水生昆虫では,灯火に集まるチャバネヒゲナガトビケラ,オオカワゲラ科の昆虫なども食べた.飛来数が多くヤマネにとって食べやすいサイズ

であるチャバネヒゲナガトビケラは，人気メニューであった．鱗翅類の幼虫では，大型のアカタテハの終齢幼虫も食べた．アカタテハの食草は林縁部などに繁茂するヤブマオやイラクサなどである．また，ミノムシもなかの幼虫を巧みに食べた．クモ類では，大型のジョロウグモをすばやく捕まえ，食べていた．植物はおもに果実を与えた．アケビ，ヤマモモ，ヤマグワ，ナガバモミジイチゴ，イズセンリョウ，サクラなどを食べた．アケビは，白くて柔らかい部分と，ときには黒い種子も食べた．

　一方，ヤマネが食べないものは，ガのなかでは，ヒョウモンエダシャクとシモフリスズメの2種があった．ヒョウモンエダシャクの幼虫の食草はアセビ（馬酔木）である．アセビには毒素（アセボトキシン）が含まれている．かつて農家はこの樹木を大きな鍋で煮たて，そのなかに荒布を入れて汁を染み込ませ，その布を飼育しているウシの背中にかけ，寄生虫を駆除していた．アセビを食べて成虫となったヒョウモンガにはその毒素が蓄積しているため，ヤマネは食べないのである．シモフリスズメ（開長 90-110 mm）に関しては，ヤマネは大きなスズメガやヤママユを食べるにもかかわらず，不思議なことにこのスズメガを食べることはなかった．その理由はまだはっきりしないが，このガは触ると"ギイッ"というような威嚇音を出す．ヤマネはこれに驚き，相手も大きいので食べることはなかったのではないだろうか．

　甲虫類で食べなかったものは，カブトムシ，ノコギリクワガタ，コクワガタであった．つるつるとした体のうえに，大きな鉤爪があるので，歯が立たず，食べることは困難であると思われた．水生昆虫ではヘビトンボである．本種には大きな顎があり，触ると威嚇して，翅を広げ，顎を開ける．だから，ヤマネは食べないのであろう．植物ではドングリ，クルミなどの堅果の実は食べなかった．

　これらの観察からは，ヤマネは，ガ類，チョウ類，甲虫類，トンボ類，バッタ類など多くの昆虫を食べることが確認された．水生昆虫も食べることは渓流がヤマネのハビタットの好適要因であることを示唆するものであった．同時に，林縁部のヤブマオに起因する幼虫を食べることは，保護策を検討するうえでも貴重な観点となった．一方，甲虫類や堅果類などの硬いものは食べることができない．これはヤマネの特徴を示す結果となった．

（4）食性——森での食餌観察

　最初のころは和歌山にて，飼育下での食餌行動や性行動・成長の観察を進めるのと並行して，野生のヤマネ観察の試みを続けた．熊野の森で自然林を探し，調査地として選んだのは水が2段の滝となって流れ落ちる場所の隣にあり，5-8 m クラスの大岩がゴロゴロしている急峻な森であった（図1.17）．人工林化の進む熊野では，自然林は地形の急峻な場所にしか残っていない．しかし，この森の蔓の上にヤマネの小さくて黒い糞を1つ見つけた．そのため危険を承知で調査地とした．この森にヤマネの飼育ケージを置き，テントを建て，発電機を設置して観察ステーションを設けた．作業時は妻のちせや息子の大地，悠平，義母の郁代も山の上まで機材をともに担ぎ上げてくれた．家族総出の調査である．

　その森は国道から私道の林道に分け入った奥にあるが，林道入口のゲートは19時に閉まる．ゲートから調査地へは徒歩で25分ほどかかった．私は勤務を終えると毎晩のようにそこに通った．人の気配はまったくなく，出会うのは岩の間から出てくるアカネズミ，顔のそばを飛ぶコウモリのはばたき，大きな目のモモンガ，サルの寝言であった．私はヤマネのケージのなかに"麗しい雌"のヤマネを置き，野生の雄ヤマネの来訪をひたすら待った．しかし，数年間のこの観察でも，巣箱調査でも，野生のヤマネとは出会うこと

図1.17　熊野の調査地（田長谷）．

はできなかった．そのため，私は野生のヤマネの観察場所を熊野の外に求めることを決意した．

四季の食性

夜間観察調査の適地を探し求めて，富士山，志賀高原を経てたどり着いた場所が八ヶ岳南麓に位置する山梨県清里高原であった．ここは斜度が緩やかな大地の上に森があり，安全に夜の観察ができる．そして，ヤマネの巣箱利用率もほかの場所と比べて高く，野生のヤマネが観察できそうな場所である．ここでの研究テーマは，「野生下における四季の食性」とし，まずは調査用の個体の確保から始めた．

その後，個体の確保ができたため，日没から夜明けまで樹上を移動するヤマネを追跡しながら，ヤマネの移動経路や行動様式を探る夜間行動の直接観察を開始した．

① 4 月末——新芽

標高 1500 m の森（図 1.18）．夜，冬眠から目覚めたヤマネが渓流沿いの急斜面の枝を移動していくのを追った．樹上の葉はまだ萌出していないため，枝の間からたくさんの星がまる見えであった．ヤマネが移動を止めたのはフ

図 1.18　6 月の八ヶ岳．

ジの蔓の先．そこにあったのはフジの新芽．ヤマネはそれを食べていた．繊維質を消化する盲腸を持たないヤマネが新芽を食べるのはなぜだろうか．その謎が解明したのは，後に行う栄養分析の結果からであった．

② 5月——カラマツの花・成鳥と卵

　ヤマネは大きなカラマツの枝にやってきた．ここで，枝から下向きについている1cmにも満たない小さなものを食べているようだ．これはいったいなんだろう．すぐ近くの枝にも似たようなサイズのものが上向きについているがこちらは食べない．そして，ヤマネはしばらく採食するとほかの樹へと枝伝いに移動する．地上で観察している私と妻のちせもついて移動していく．再び，ヤマネは先ほどのカラマツの樹に戻ってくる．さっきと同じ枝で，また採食している．翌朝，私はヤマネの採食内容を確かめるため，採食していた高さ5mほどの枝に登った．その枝には花がついていた．下向きに咲いているのは雄花で（図1.19），雌花は上向きについていた．どうやらヤマネはカラマツの雄花，すなわち花粉を食べていたようである．これまで，ヨーロッパヤマネは花粉を食べるころには黄色い糞をするといった報告があるが（Juškaitis, 2014），ニホンヤマネも同様であった．この時期のヤマネが黄色い糞をすることをずっと不思議に思っていたが，採食した花粉によることが判明した記念すべき夜であった．さらに，樹に登ってみてわかったことだが，

図1.19　カラマツの花．

花は一部のカラマツの樹にしかなく，しかもその一部の枝にしか咲いていない．だからヤマネは採食後，別の樹へと移動したが，再び花のある場所へと戻ってきて，採食をしていたのである．この季節はまだ花が豊富にあるわけではなく，厳しい餌環境である．

また，夜間観察だけでなく，巣箱調査からも驚くべき食性が見えてきた．過去にヤマネが小鳥を襲う可能性のあることが指摘されていた（松山，1967）．それは富士山須走で5月10日に巣箱内にて翼と骨が残ったシジュウカラの死骸と一緒に2頭のヤマネがいたことを観察し，同様のことが6月22日にも確認されたからというものであった．私は，初めてそれを読んだとき，かわいいヤマネがそんなことをするはずはないと，いたく"憤慨"したものであったが，私自身も別の年の6月，それと似たような事例を清里で繰り返し確認した．その食痕には肉がなく骨だけがきれいに残されており，頭蓋骨の中身も食べられていた．これがほんとうにヤマネの仕業なのかを確かめるため，飼育中のヤマネにこの卵のかけらを与えたところ，なんと食べるではないか．これは驚きの発見であった．

清里では別の事例として，巣箱内にて抱卵中のシジュウカラが食殺され，その巣の下にヤマネがいた．このヤマネは捕獲時，肉食動物特有のくさい軟便を出した．ヤマネは通常このような糞を出すことはない．そのため，シジュウカラを捕食した可能性を疑った．そして，別の例では5月に巣箱内にて，親鳥の羽と骨が散乱している上でのんきに体温を下げて休眠しているヤマネを確認した．これらの状況証拠からヤマネは冬眠覚醒期から繁殖期にかけての5-6月ごろ，鳥を捕食していることが明確となった．餌資源となる花や果実の少ないこの時期，栄養価の高い肉や卵は貴重な栄養源となる．同時に体温を低下させて休眠することにより，エネルギー消費の節約も実施していた．

ある夜，私は森で樹洞を見つけ，のぞき込もうとした．すると「シャー」とまるで肉食獣のような声が聞こえてきたのであわてて逃げ出した．しかし，声の主を知るために再び樹洞へと行き，なかを懐中電灯で照らすと，そこにいたのは抱卵中のシジュウカラであり，「シャー」という声はシジュウカラの威嚇音だった．和歌山にてクロスジギンヤンマのはばたきに驚いていたヤマネが，ここでは威嚇にも負けず，大きなシジュウカラを食べることには驚

いた.

鳥食いに関しては，ヨーロッパヤマネも春に巣箱内にいるヒタキ類を食べ（Vaughan, 2001；Henze and Gepp, 2004），オオヤマネやモリヤマネ（Adamík and Král, 2008）でも，冬眠明けなどに起こることが報告されている．そして，メガネヤマネの場合は，活動時期を通して小鳥や小型哺乳類を食べている．これらの事例より，繁殖中の鳥を襲い成鳥と卵を食べることは，ヤマネ科一般の食性であることがうかがえる．これも限られた活動期のなかで繁殖を行い，生活史を動かすための戦略の一環だと考えられる.

③6月──サラサドウダンの蜜

初夏の森には，透明の「甘い香り部屋」がある．森を歩いていると突然，あま～い香りの空間に入り込む．そして数歩進むとスッと出てしまう．これはなんだろう.

6月の夜，私たちはヤマネを追跡した．ある樹にくるとなにかを食べている．枝の高い部分で食べているため，地上にいる私たちからはヤマネの様子をうかがい知ることはできない．しかし，幸いなことにヤマネが下方の枝へと降りてきた．私たちは静かに脚立をその真下へと置き，ヤマネを目指してそっと登った．ヤマネとの距離わずか50 cm．ヤマネはサラサドウダンの淡いピンクの花を食べていた（図1.20）．1つを食べたと思うと隣の花へとつぎつぎに顔を突っ込む．蜜を食べているのだ．ヤマネがミツバチのように蜜を食べることがわかった夜であった．そして，森のなかの甘いにおいはこのサラサドウダンの香りであった.

夜間調査を終えた翌日の日中，サラサドウダンの幹をたたいてみた．すると花蜜がシャワーのように降ってくる．これがとても甘くてうまい．また，小さな花のなかをのぞくと，蜜が小さな富士山のようにこんもりとしていた．そして，それをめあてにさまざまな昆虫やクモがきていた．かつて和歌山の飼育下で行った観察の際，ヤマネが昆虫やクモを食べることを確認しているので，ここでもヤマネは蜜と同時にこのような昆虫たちを一緒に食べているのだろうと思った．清里では，サラサドウダンの開花時期はヤマネの出産シーズンとちょうど重なるので，エネルギーを必要とする時期に，これらは重要な栄養源となるのだ.

図 1.20　サラサドウダンの蜜を食べるニホンヤマネ．

　さらに，6月の夜にヤマネを追跡すると，2種の樹木に立ち寄ることが判明してきた．1種はサラサドウダン．そして，もう1種はアズキナシであった．アズキナシは花も咲いていない木なのに，なぜだろう．ヤマネはこの木にくると，葉の裏をまるでスケートするようにするすると滑りながら走る．サラサドウダンのときとは明らかに異なる行動様式である．その滑らかで速いこと，まるで「森のスケーター」である．葉の裏にくると首をちょこんと伸ばし，なにか食べている．そして，するすると滑り出す．しかし，地上から見ている私たちからはヤマネの位置が高すぎて，その詳細を知ることができない．そのため，私は食べていた枝の位置を頭にたたき込んだ．夜明けとともにその枝に登って様子を見た．なんと，葉の裏にいたのはアブラムシ，ナシミドリオオアブラムシであった．本種には無翅形と有翅形があり，ヤマネが食べていたのは，葉の汁を吸っていた無翅形であった．そのサイズは大型のもので約 3 mm であった．ヨーロッパヤマネやオオヤマネもアブラムシを食べるという報告があるので（Morris, 2011），ニホンヤマネも同様であることがこれで確認された．すべての葉の裏にこのアブラムシがついているわけではない．そのためヤマネは，逆さまになりながら小枝や葉の裏をつぎか

らつぎへと，まるでスケートをするように移動し，アブラムシを食べていたのだ．この滑るような動きは，葉の裏にいる獲物を探して得るためであった．アブラムシは葉の裏にいつもいて，あまり逃げることはないので，ヤマネにとっては「畑にいる野菜」のようなものだ．このアブラムシのホストであるアズキナシもヤマネの重要な食物資源である．落葉広葉樹のアズキナシは，新芽が出るのが初夏で，9月には葉を枯らしていく．この間，ヤマネの重要な餌資源となっている．さらに，逆さまに歩くことができるニホンヤマネの機動性を活かせる食物なのである．

また，6月に観察した雄（体重13.1 g）の個体は，川沿いの樹上，おもに高い樹冠部を移動し，食餌に立ち寄った木はリョウブであった．明朝，それらのリョウブを見ると，葉には虫の食痕が多くついていた．根元にビニールシートを置き，枝や葉をたたき，樹上の生きものを下へ落とした．調べるといくつかの幼虫が観察された．飼育下の研究にてヤマネは幼虫を食べているので，ここでも葉を食べている幼虫をヤマネが食べていると思われた．

④ 7-8月——樹皮・花

ヤマネが食べていたのは，予想もしてなかったズミの「樹皮」であった（図1.21）．しかも，生の枝ではなく枯枝の樹皮のみを食べていた．枯枝なので，樹そのものにダメージを与えることはない．イタリアなどでは，樹皮

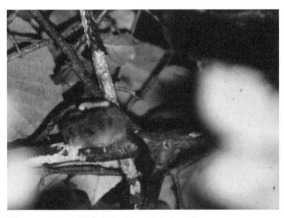

図 1.21　ズミの樹皮を食べるニホンヤマネ．

を食害するオオヤマネは森林管理上の課題になっているが，ニホンヤマネの場合はズミの枯枝だけなので，このような問題が起こることはなさそうである．

　甘い香りを放つリョウブの花が咲き始めると，ヤマネはこの花も食べた．また，この樹のもう1つの特徴は，幹の樹皮がめくれあがっていることにある．夜，私たちが観察していると，ヤマネはこれまでに見たことのない行動をした．めくれていて少し空間のある樹皮の裏をさかんにのぞきながら，幹を移動するのである．そして，ヤマネはあっという間になにかを捕まえた．ヤマネの両手には，黒い甲虫があった．ヤマネはそれを食べ始めた．ヤマネは裏に昆虫たちが隠れていることを知っていたのである．幹の上をたまたま歩いているモエギザトウムシもぱっと捕まえ，食べた．

　暗闇のなかでの何時間にもわたる追跡中，私は何回もつまずいた．気がつくとその木は先ほどつまずいた木と同じ倒木であった．つまり，ヤマネはほぼ同じコースを一夜に移動しているということに気がついた．その付近にくると，ヤマネは毎回同じ樹洞に顔を突っ込む．首だけ突っ込んでいるので，背中のブラックラインとかわいいおしりと尾がまる見えとなる．なにをしているのだろうか．私はとうとうがまんができなくなり，ヤマネの去った後，その樹洞をのぞき込んだ．なかには，水がたまっていた．ヤマネは一晩の行動のなかで同じコースを回りながら，樹洞にたまった水を飲んでいたのである．写真家の西村豊さんは葉の上で夜露を飲むヤマネを観察している（西村，1988）．このように，ヤマネは，葉やくぼみにたまった水を飲み水として得ている．

⑤ 9月——アブラムシ

　アキアカネがすっかり茜色になった清里の夜．ヤマネはトウヒ属のヤツガタケトウヒにくると，高さ4mほどの枝に逆さまにぶらさがり，木の実からなにかをほじくり出して食べていた．しばらくすると食べ終わったのか，木の実状のものを放り投げ，またつぎのものを食べている．これは食痕が採れるのではないかと思った．長年ヤマネの研究をしてきても，野生下での食痕を得たことがなかった私は，ヤマネが投げるように落とす食痕をキャッチしたいと思った．幹にそ〜っと登り，樹を揺らすことのないように慎重に慎

重に登っていった．ついにヤマネの真下にきた．ヤマネは枝で逆さまになり，さかんに長さ2cmほどの木の実のようなものを食べていた．食べるとぽ〜んと投げている．私は自分が落ちないように片手で幹をつかんで体を支え，ヤマネの真下に私の反対の手を伸ばした．ヤマネがぽ〜んと捨てた．キャッチしたと思ったら失敗．また失敗．ヤマネはまた放り投げる．やっとキャッチ！貴重な食べたてほやほやのヤマネの食痕だ．これを私は木の実だと思っていた．内部には小さな小部屋があり，ここに種子が入っているのだと思っていた．しかし，森林総合研究所北海道支所の尾崎研一先生たちから，この木の実だと思っていたものは虫こぶであり，小部屋にはキタミカサアブラムシの幼虫が入っていたのだとご教示いただいた．そのアブラムシのサイズは0.36-0.41mmである．この種はトウヒ属の4種（ヒメバラモミ，ハリモミ，イラモミ，ヤツガタケトウヒ）に虫こぶを形成する．山梨県などでは，虫こぶ内の幼虫は8月下旬にもっとも大きくなるのだという（Sano *et al.*, 2011）．だから，ヤマネはこのアブラムシが最大のサイズになる時期を知っていたかのように食べにやってきたのだ．ヤマネが食べていたヤツガタケトウヒの近くには若いカラマツ林があった．キタミカサアブラムシの第1の幼虫時代のホストはイラモミである．2番目のホストはカラマツなのである．したがって，イラモミとカラマツを行き来するキタミカサアブラムシの生活史をヤマネは利用しながら餌としているのである．

　9月も下旬になると，キウイフルーツのように甘酸っぱいサルナシの実をヤマネは一晩中楽しむようになった．サルナシの蔓にぶら下がりながら食べていた．清里ではサルナシの実がある場所は少ないが，そのおいしい果実のある場所にヤマネはやってきていた．

⑥ 10月——種子・果実
　夜の森．樹木の葉はすっかり落ち，月夜の向こうからは雄ジカの声が「ぶお〜」と響いてくる．今年の最後のヤマネのメニューはなんだろうと思っていた．それはリョウブの小さな種子であった．1mmにも満たない小さな種子をていねいにていねいに食べていた．加えて，夜間観察ではないが，ヤマブドウやイボタの果実が熟するエリアの巣箱には複数のヤマネが入っていた．おそらくこれらの果実を食べにやってきたのであろう．栃木や岡山の森では，

表 1.2　直接観察によるヤマネの食物の季節的変動（岩渕ほか，2008 より改変）．

採食した種(和名)	学名	採食部位	5月	6月	7月	8月	9月	10月
カラマツ	*Larix kaempferi*	雄花(花粉)	○					
サワフタギ	*Symplocos sawafutagi*	新芽	○					
サラサドウダン	*Enkianthus campanulatus*	花	○	○				
サクラ属(種名不明)	*Prunus* sp.	花		○				
サクラ属(種名不明)	*Prunus* sp.	未熟果		○				
ミヤマザクラ	*Cerasus maximowiczii*	未熟果			○			
ズミ	*Malus toringo*	樹皮			○	○	○	
リョウブ	*Clethra barbinervis*	花				○		
サルナシ	*Actinidia arguta*	熟果					○	
ハウチワカエデ	*Acer japonicum*	未熟種子					○	
トウヒ	*Picea jezoensis* var. *hondoensis*	未熟種子					○	
リョウブ	*Clethra barbinervis*	種子						○
ナシミドリオオアブラムシ	*Nippolachnus piri*				○	○	○	
鱗翅目の幼虫	Lepidoptera				○	○		
モエギザトウムシ	*Leiobunum japonicum*					○		
ガ	Lepidoptera					○		
観察総個体数 (*n*)			3	3	4	10	1	3

清里には繁茂していないマタタビ，ナガバモミジイチゴの茂る森にヤマネは移動してくる傾向があるので，漿果のところにヤマネは集まってくるようである．

　このような野外調査の結果からヤマネは，花（花粉・蜜），果実（漿果），種子，鳥，アブラムシ，チョウなどの幼虫，甲虫などを食べていることがわかった．また，清里の落葉樹林では，植物の季節変化に応じて食物の種類が順番に変わっていった（表 1.2）．季節的に見ると，落葉樹林の葉がなく，花も少ない冬眠明けの 4 月や 5 月は，先んじて開花するカラマツの花やフジの新芽・鳥などを食べる．5-6 月になると，開花に応じてサクラやサラサドウダンやズミなどの花を食べ，その後，展葉に合わせて葉を食べているアブラムシや幼虫類などを食べる．8 月は，季節の最終の花となるリョウブや，繁茂した植物に依存する昆虫を食べ，9-10 月になると，サルナシの果実などの漿果類や種子などへと移行していく．これらのなかでも，ズミの樹皮やナシミドリオオアブラムシのように，3 カ月ほどの長期間利用可能な食べも

のがある．これらの共通点は，動かず，行けば採取でき，ヤマネにとって，もっとも入手しやすい食べものである．このように森のなかでのヤマネの食べものは，長期にわたり入手可能な食べものと季節に応じた食べものとがある（岩渕ほか，2008）．

観察した食物の栄養分析も行った．分析は共同研究者である山口大学の細井栄嗣先生と倉永香里さんに行っていただいた．その結果，ズミの樹皮には粗脂肪が11.6%，サラサドウダンの蜜には糖分が81.8%，フジの新芽には粗タンパク質が41.9%，アキアカネには粗タンパク質が74.7%含まれていることなどが明らかとなった（未発表）．盲腸を持たないヤマネは栄養価の高いものを選択して食べている．また，冬眠明けになぜ新芽を食べるのかと不思議に思っていたが，フジの新芽にはじつは豊富なタンパク質が含まれていた．葉食に必要な盲腸を持たないヤマネにとっても，フジの新芽は冬眠から覚めたころの初めの食べものなのである．そして，花も春先からの重要な食べものである．

これらのことから，盲腸のないヤマネは，栄養価の高い食物を選択しており，行動軌跡やホームレンジもそれに合わせて変化している．同時に花食者のヤマネは受粉の媒介も行っており，その意味でも森を繁栄させている主要メンバーなのである．

針葉樹林において

ヤマネは自然林だけでなく，スギ，ヒノキやカラマツの人工林にも生息している．和歌山県では，60-80年生のスギ林内にて11月末に繁殖個体を確認した．林床には低木のイズセンリョウの漿果が多く実り，林縁部にはフユイチゴがあった．イズセンリョウを食べることは飼育下にて確認している．

栃木県では11月の夜間観察の際，樹高20 m以上のスギの樹冠に長く滞在していた．あまりの高さに行動の詳細は不明だが，飼育下の個体にスギの球果を与えると食べることを確認しているので，開いた球果に残った種子を食べていたのかもしれない．スギは花粉も多く出すので，餌としても利用しているのかもしれない．

岡山県ではスギ林内にヤマネが生息していた．低木層にはウスゲクロモジが広がり，秋には，林内の渓流部にあるマタタビが結実する場所にヤマネが

やってきていた．ウスゲクロモジの花も食べることは飼育下で確認している．

　山梨県ではシラビソの人工林，カラマツの人工林や若いカラマツ林でも生息していた．また，カラマツ林内に点在するヤツガタケトウヒの虫こぶ内のアブラムシを巧みに食べていた．カラマツの花粉も食べることを野外で確認している．

　静岡県では自然林とスギ林との境界部に巣箱を架設した．巣材としてスギを利用し，食物を自然林で採ると予想したからである．しばらくするとその巣箱にはスギの樹皮が運び込まれていた．三重県でも，周囲を自然林に囲まれたヒノキ林内にいて，ヒノキの樹皮を巣材として利用していた．

　隠岐では，自然林で生息が確認されたが，そのすぐ近くにスギ林もあり，巣材はそこのスギを用いていた．このように針葉樹林の人工林は，餌資源として，花粉・種子やここに集まるアブラムシをヤマネに提供する．ヤマネは針葉樹にときとして巻きつく蔓植物のマタタビ・ヤマブドウの果実を利用する．巣材資源としては，針葉樹の人工林は繊維性の樹皮を提供する．これまで人為的に管理された針葉樹の人工林はヤマネの生息に不向きと思われがちであった．そして，森林管理者はカラマツなどに巻きつく蔓を除いていた．しかし，これらの結果から，天然記念物ヤマネを保護する適切な森林管理策としては，間伐で林床まで光をあてること，低木層を成立させて漿果を生産させること，蔓植物を伐らずに繁茂させること，などが重要であることを示した．

胃内容物と糞

　ヤマネは天然記念物のため通常，胃内容物を分析することはできないが，なんらかのハプニングで死亡し，分析された事例が 2 例ある．1 つは神奈川県丹沢のロッジ内の便器で溺死していた個体である．消化管内容物として，ムカデ類・カマドウマ類・カメムシ類・コウチュウ類・ハエ類・チョウ類・アルマンコブハサミムシなどが確認された（青木・守屋，2009）．ロッジ内で発見されたため，室内で採餌した可能性もあるが，これらの動物性の餌をヤマネが食べることを示している．もう 1 つは，宮崎県での渓流沿いに設置されていた昆虫トラップにて錯誤捕獲されて死亡していた個体である．こちらの消化管内容物はナミテントウの幼虫・成虫と類似するサンプルやハエ

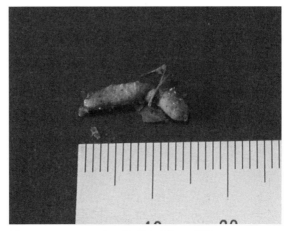
図 1.22　ニホンヤマネの糞（饗場葉留果，撮影）．

目・コウチュウ目が確認された．ナミテントウの幼虫も成虫もアブラムシを食べるため，宮崎県でもヤマネはアブラムシを食べるとき，ナミテントウも一緒に食べている可能性がある（林・森田，2013）．

　ここで留意すべき点は，ヤマネはムカデやハサミムシなど多様な動物性のものを餌資源としていることが示唆されたことにある．この結果は，後述する安定同位体を用いる樹上の餌資源調査の研究につながる．

　ヤマネの糞はサヤエンドウ型，サナギ型で，長さは 5-15 mm と表現される（中島，2001）．ヒメネズミの糞はソーセージ型であるが，ヤマネの糞はねじれながら，1つの先端は細く終わる傾向がある．棒状となる場合もある（図1.22）．色は通常は黒色，緑色などであるが，花粉を食べた場合は黄色が強くなる．飼育下でミカンなどを与えた場合は，オレンジ色の糞となるなど，食物が糞の色に反映する．糞内には節足動物の脚や目玉，果皮，秋にはマタタビの種，サルナシの種が出ることがある．マタタビなどの果肉を食べる際，種もともに飲み込み，それが糞として出てきたのである．また，ヤマネ自身の毛も糞から検出されることがたびたびある．巣箱内のため糞もときどき観察される．そして，巣箱の屋根の上や巣穴の外に糞を置いていることもある．

食餌行動

　飼育下で，サラサドウダンの蜜をどのように食べるかを観察することにした．野生下では，詳細な行動観察はむずかしかったため，ヤマネは歯を使って蜜を食べるのか，舌を用いて舐めるのかを具体的に確認したかったのである．しかし，長さ9mmほどのピンクの花びらに覆われ，内部にある蜜の食餌行動を観察することは困難であった．何回もの試行錯誤の末，花の内部になにかが入ると透けて見えるような照明に変えてみたところ，花に顔を突っ込んだヤマネは，花の根元の蜜をめがけて舌をぐんと伸ばすではないか．舌の勢いはすごかった．ヤマネは舌を使い，蜜を舐め取っていたのだ．

　つぎに，葉の裏にいるアブラムシをどのように食べるのかを観ることにした．アリのようにアブラムシから液だけをいただくのか，本体そのものを食べるのかを確認したかったからだ．森の観察では，高い樹上で食べているので，詳細な観察はできない．アブラムシがついたアズキナシの葉をケージに入れ，ヤマネの行動を観察した．するとヤマネはあっという間にアブラムシそのものを舐めるように食べてしまった．ヤマネは虫本体を食べているのであった．ヨーロッパヤマネもアブラムシを掃除機で吸い取るようにして食べるので（Morris, 2011），この行動形式も類似していた．

　写真家の西村豊氏は，長野の森での夜間観察において，ヤマネがアシナガバチの巣を襲い，親バチをはたき落として，巣のなかの幼虫，蛹を食べるところを確認している（西村，1988）．このことは，夜行性のヤマネは，夜間では動きの鈍いハチを襲い，森の食物連鎖でも比較的上位にあることを示唆している．また，長野県では糞分析により節足動物，果実皮，マツ属の花粉，その他の花粉，種子2種が確認されている（落合ほか，2015）．

夏のアカトンボから見る林縁部の重要性

　高原の清里は，夏になると麓からアキアカネ，ナツアカネ，ノシメトンボなどのアカトンボが避暑にやってくる．草の上や枝先にたくさん止まり，両手で一気に2匹を同時に採ることも可能なほどだ．和歌山での飼育下の観察でも，山梨での学生のころの飼育実験観察でも，長野での西村さんの野外での観察でも（西村，1988），ヤマネはアカトンボ類を食べることがわかっていた．夜の樹上行動の観察でヤマネの動きは少し見えてきた．では，夜，ヤ

マネはアカトンボ類を森のどのあたりで採っているのだろう．それを知るためにはまず，アカトンボの夜の休息場所を調べる必要がある．それで中学3年の息子である大地の夏休みの研究テーマにし，妻と3人で取り組むことにした．昼間に200匹以上を森の周辺で捕まえ，1匹1匹のアカトンボに夜光塗料を塗り，それを放していった．夜間に森のなかで探し回るのだ．すると，そのうち3匹のアカトンボを歩道の脇の枝先で発見した．歩道のそばにいるようである．それがより明確になったのは夜明けであった．夜明けに森を出ると東の方向から光が斜めとなって森に差し込んでくる．その光は，林縁部の枝先にあたる．そこに夜露がびっしりとついたアカトンボたちが止まっていた．トンボたちは朝日に向かって約90度の角度で翅を広げている．体や翅についた夜露を朝日で乾燥させているのである．体もぶるぶる震わせている．体温を上げているのだ．そして，体の乾いた個体からふ〜っと飛び出していく．林縁部の光のあたる枝は，トンボたちが飛び立つ「飛行場」なのであった．だから，トンボたちは林縁部を休息場所として選ぶのであろう．それをヤマネたちが見つけ，食べているのである．

樹上の餌資源調査──安定同位体分析

ニホンヤマネを核とした食物連鎖を調べるため，安定同位体を用いた研究を，京都大学生態学研究センターの陀安一郎先生（現・総合地球環境学研究所）のご協力を得ながら行っている．ヤマネの生息する森で，ヤマネの利用する樹木の葉・花・果実などの植物を採集し，また夜に活動する樹上の昆虫とクモ類などの動物を採集し，ヤマネの毛からも安定同位体を分析してきた．ヤマネの窒素の安定同位体比は植物，草食性昆虫，肉食性昆虫，クモなどの上位にあった．このことからもヤマネは，森のなかで栄養段階の上位に位置することがあぶりだされてきた（Minato *et al.*, 2014）．同時に樹上から採集された昆虫は，青木良先生の同定により150科以上，800種以上であることが確認できた．これらの昆虫のなかで頻出したのはハサミムシであった．前述したヤマネの胃内容物に含まれていた昆虫である．このように樹上はヤマネの豊かな食物資源の場となっているのである．

ヤマネは，植物を食べる昆虫を食べ，それを食べる肉食性昆虫やクモも食べる栄養段階の上位にある動物なのである．ハンガリーでも複数種のヤマネ

が同所的に生息している森で，同様の手法でサンプリングし，安定同位体分析を行った．栄養段階はヨーロッパヤマネは上位にあり，オオヤマネは下位に位置していた．

ニホンヤマネの食性の特徴

野外や飼育条件下，あるいは実験室内にて行ってきたさまざまなヤマネの食性研究を通して現時点でわかってきた特徴は，以下のようなことである．

第1に，ヤマネは森の多様な餌資源を利用する雑食性である．動物性のものは，おもにアブラムシ・イモムシなどの幼虫・ヤママユなどの昆虫の成虫・クモ類・小鳥など，植物性のものは，小さな花粉や花弁・蜜・種子・果実など多様であり，そのサイズもアブラムシやリョウブの種子などの小さなものから，ヤママユやアケビなど自分の体サイズを超える大きなものまでと幅広い．

第2に，枝先にある小さなものを餌資源としている．葉の裏にいる1 mm前後のアブラムシやリョウブなどの種子，花粉類などがこれにあたる．これらは，小枝の先端や葉の裏にある．ヤマネと体サイズが似ていて同じ樹上性であるヒメネズミは，枝を逆さまに歩くことが不得手であるが，ヤマネは逆さまになって歩くことができるという樹上移動能力を活かして，枝の先端にある餌を獲得している．ヤマネの生態的地位はここにある．

第3に，栄養価の高い餌資源を選択している．繊維質のものを消化する器官である盲腸を持たないヤマネは，森にたくさんある葉を利用するのではなく，栄養価の高い食物資源を選択する．これらの餌は冬季に欠乏し，堅果のように貯食できないため，ヤマネは冬眠機能を持つようになったのではないかと考えられる．

第4に，季節ごとに旬の餌資源を摂取している．冬眠から目覚めた春先の5月は，ヤマネは新芽や花に依存し，ときには鳥を食べ，日内休眠など体内の生理機能も巧みに使いながら効率よく過ごす．多くの花が咲く6-7月にかけては，花だけでなく，訪花性昆虫やそれを食べにやってくるクモ類・ハサミムシ類をも餌とする．なので「花」はヤマネにとって，まるで「森のレストラン」となる．続いて7-9月下旬まではアブラムシやイモムシなどの昆虫を食す．これらの食物は葉とは異なり，森にパッチ状に分布しているため，

ヤマネの行動範囲が広くなる．そして行動範囲は，各地の植生や利用樹木の森林内の位置に準じていくと考えられる．

　第5に，花を食べる際に花粉を食する．このとき，体に花粉をつけたままほかの花へと出かけるため，受粉機能を果たす．これは糞から確認されたり，設置された自動カメラに，花粉を体につけたヤマネが撮影されていることからもいえる．

　第6に，貯食可能なドングリなどが食べられない．秋，ドングリを利用するヒメネズミやアカネズミ，シマリス，カケスなどは，それらを森の地下や樹洞，樹皮のすきまに貯食する．それは腐食しないからである．ところが，ヤマネの食性は花・漿果・虫などであり，保存がきかない食物である．また，ドングリは硬すぎてヤマネにとって割ることは困難であり，そのタンニンを消化することもヤマネにとって困難であると思われる．このようにヤマネは食べものを貯食しない代わりに，体内に脂肪を蓄えることを選んだのである．

海外ヤマネの食性

　オオヤマネの食性は，胃内容物から植物性では葉・樹皮・芽・果実・キノコ・蘚苔類，動物性ではアブラムシ・アリなどである（Holisova, 1968）．また，専門的な種子食者でブナとカシの実の豊凶に対応し，種子の凶作年では繁殖を延期することもできる．私たちがハンガリーのバーツで採取したサンプルの安定同位体分析でも，植物食であることが示されたので，オオヤマネは植物食を中心とした雑食性であるのかもしれない．

　ヨーロッパヤマネの食性は，芽・花・昆虫・漿果・種子・果実である（Morris, 2011）．また，春には花・花穂・針葉樹の球果を好み，花芽・成虫・前年のカシの実を食する．夏は昆虫（アブラムシ，イモムシの仲間）・花・漿果・ヘーゼルナッツを好み，秋は漿果を好み，その他カシの実や種子なども食べる（Juškaitis, 2008）．

　その他のヤマネの食性について，モリヤマネは樹皮・芽，昆虫の幼虫を採食するが，地上を歩くことが多いメガネヤマネは，小型哺乳類・鳥などを食べ，肉食傾向が強い．

（5）森での休み場所・行動と天敵

　野生下でやりたかった研究に，森で直接ヤマネを観察することと，ホームレンジを探ることがあった．ヤマネを守ることが目標の私の研究において目指していることは，ヤマネの生存条件を解明し，それをもとに保護策をつくること．したがって，ヤマネを直接観察して食性や行動範囲を知ることは不可欠で，その手段として発信機調査が有効であった．そのため，まずは発信機の購入先を探すことから始まった．また，装着方法も試行錯誤の連続であった．

　初めて発信機調査を開始したのは富士山であった．雨の夜，発信機からくる音を求めて1人でヤマネを追った．ドーンドーンと大砲の響きが麓の自衛隊演習場から聞こえてくる．夜は特殊部隊が突然出てくるのではないかと心配したり，標高1200 mほどの夜道を老婆が1人で歩いているのを見てたまげたりもした．そんな森で追跡するヤマネは，樹から樹へとすばやく移動した．これにも驚かされた．

　調査の続いたある日のこと．麓の駅に行く途中で道に迷った私は，後続のパトカーに赤信号のタイミングで，道をたずねるために車から出て近づいた．警察官は驚き後ずさりしたが，道を教えてくれた．目的地の駅では，同じ警察官から職務質問を受けることになった．じつは富士山で殺人事件が発生したので，汚い県外車に乗っていた私は不審に思われ，ず～っと尾行されていたのである．私はテレビ番組の「わくわく動物ランド」で撮影したときにいただいた番組シールを貼ったビデオ機材を見せるなどして懸命に"潔白"を証明した．それにしても警察官も，尾行していた車から突然被疑者が近づいてきたときは驚いたにちがいない．そんな富士山調査も巣箱荒らしが出現したため，調査継続を断念せざるをえなかった．

　つぎの調査地となった志賀高原では，1年間調査を行ってもまったくヤマネが捕れなかった．そのため断念．そして本格的に発信機調査を始めたのが山梨県清里高原．毎月1回，妻のちせとともに和歌山から約550 km移動しての調査となった．金曜の夜に仕事を終えて出発し，翌朝10時半から巣箱調査を行う．ヤマネが捕れたら徹夜で夜間の行動観察だ．翌朝夜明けの富士山を見ながら飲む赤ワインとコーヒーは格別だった．月曜の夕方まで調査を

行い，車で移動．火曜の夜明け前に和歌山の自宅に着いて朝から教壇に立つ．

そんな研究を12年間続けると，ヤマネの暮らしが徐々に浮き彫りとなってきた．そのころ，ヤマネ研究でお世話になっている財団法人キープ協会から，これまでのヤマネ研究の蓄積をもとに「やまねミュージアム」をつくるので，そこに館長としてこないかというお誘いを受けた．最初，お断りをしていたが，明くる年も打診を受け，引き受けることとした．

教師を辞し，小学校の子どもたちを残して清里へ引っ越してきた．そんなころ，雨上がりの森にできた小さな川の流れと出会った．その流れは和歌山の学校の子どもたちと学んだ川を想起させ，子どもたちのはじける笑顔と声が浮かんできた．彼らを残してこの清里にきたのだから，私はその分もきっちり研究をしなければ……と自分を叱咤し，森へと向かった．

発信機調査では，活動期の昼間の休み場所や行動範囲，そして冬眠場所などが見えてきた．

休み場所・夜の行動

やまねミュージアムの饗場葉留果さんは，山梨県でこつこつとヤマネの休み場所を調べあげた．

ヤマネの休み場所の特徴の1つは朽ち木を多く利用することであった．朽ちた枝の樹皮の隙間からヤマネのかわいい腹部が見えたこともあった．合計135回行った休息場所利用調査の結果，ヤマネの休み場所は朽ち木，生木，巣箱，地中であった（饗場ほか，2010）．また，A, B, C 3個体の朽ち木利用頻度はそれぞれ，個体Aが72%，個体Bが67%，そして繁殖個体Cも

表1.3 発信機調査におけるニホンヤマネの休息場所（饗場ほか，2010より改変）．

個体番号	性別	調査期間(2009年)	調査地標高	$N^{1)}$	休息した場所の利用率（%）					
					朽ち木	生木	繁殖巣	巣箱	倒木[2]	地中
A	♀	3月25日-6月19日	1500 m	39	71.8	25.6	0	5.1	0	0
B	♂	7月7日-8月26日	1500 m	18	66.7	27.8	0	5.6	0	0
C[3]	♀	6月19日-9月22日	1400 m	78	26.9	37.2	33.3	0	0	2.6

1) 定位回数，2) 朽ちている倒木，3) 個体Cは繁殖個体．
活動期のヤマネがどのような場所で休息をとるか発信機を用いて調べた．追跡調査中，個体Cは繁殖を行ったため，その行動はほかの個体と異なった．

27%を示した（表 1.3）．この結果から，ヤマネの休み場所として朽ち木利用率の高さが示される．3 頭中の C の朽ち木利用率がほかの 2 個体と比べて低いのは，この個体のみ調査期間中に 2 回の繁殖を行い，2 回目の繁殖用の巣に 25 日間滞在したことに起因すると考えられる（饗場ほか，2010）．

2005 年の調査にて休み場所として利用した樹種は，シラカンバが 17.0%，カラマツが 13.0%であった．また 2009 年の調査では，シラカンバとアカマツを多く利用する傾向があった（饗場ほか，2010）．これらの樹種は，調査地の優占種であるとともに，シラカンバは腐りやすいため朽ち木になりやすく，樹洞もできやすいためヤマネがより利用したものと考えられた．シラカンバはヤマネに休み場所を提供している重要な樹種なのである．また，朽ち木の先端で，外部からよく見える平たい皿状になっているところで休んでいたこともあった．

このほかに樹洞も利用する．複数年の間に別々のヤマネが同じ樹洞を利用することもあった．朽ち木は壊れやすいが，樹洞は壊れにくいため数年間は利用できる安全で強固な場所である．一方，樹洞は森では数が少ないので，複数のヤマネが同じ樹洞を利用することもあった．

また，二股に分かれた幹の間に積もった落葉溜まりのなかにヤマネが潜り込んでいることもあった．このとき，落葉をめくるとひょっこり顔を出すこともあった．さらに，ヤマツツジがてんぐ巣病となった束状の小枝の間も利用し，そのなかで休んでいた．

その他，中空に浮かぶ朽ち木も利用した．主幹から折れた直径 18.0 cm のシラカンバの朽ち木が，落下途中で蔓に絡まり中空に浮いていた．ヤマネはそのシラカンバの柔らかい朽ち木を齧って穴を掘り，掘った木屑で穴の入口を覆ってそのなかにいた．まさに，"中空に浮かぶ朽ち木の城"にすむ住人であった．ほかにも，枝の重なる間，幹と蔓が重なるところにもいた．

地中にいたこともあった．長野県ではヤマネの地中利用について 123 回の定位のなかで 26.8%の利用があるが（Shibata *et al.*, 2004），山梨県の私たちの調査地では，135 回の定位のなかでは地中利用は 2.6%であった（饗場ほか，2010）．これは，調査場所の朽ち木の数，土壌の休み場所としての環境条件，捕食者の種類など，調査地環境のちがいに起因する可能性もあるが，体の構造が樹上行動に適応しているヤマネにとって，樹上の朽ち木利用は，

地上性捕食者の襲撃を回避するうえでも有効であると考えられる.

　ヤマネが特定の休み場所をつくらないのは，夜の活動を終えて休む際，あらかじめ把握していた場所を転々としながら，風来坊のように休み場所を変えるほうが，天敵防御の面でも安全だからと思われる.

　そして，休み場所に巣材をあまり運び込まないことも特徴的である．調査で確認した休み場所は，コケや樹皮などをヤマネが運び入れた形跡はあまりなく，巣材は少量であった．巣材には体温保持の役割があるが，ヤマネは活動期でも体温を下げて眠る日内休眠を行うことができるため，巣材は不要なのだと考えられる.

　このようにヤマネは，朽ちた枝や幹，樹皮の隙間，落葉溜まりのような小さな隙間などに潜り込み休息する動物である．これらは広大な森のなかに数多く存在するため，これらの場所を利用することは，天敵から逃れるための術ともなっている．そして，このことを可能にしているのが隙間に潜り込みやすい紡錘形の小さな体であり，体の形態や体色である．これらの身体特性と巧みな樹上行動能力を用いながら，広大な森のなかで天敵から身を守り，ひっそりと休んでいるのである.

　発信機調査を通して得られた，ヤマネが点々と変えている休み場所をつなげていくと，ヤマネのホームレンジ（行動圏）が少し見えてくる．清里では成獣雄のホームレンジは約2万m^2というデータが得られ，個体によっては4万m^2をはるかに超える場合もあった．育児中の母獣2個体のホームレンジは4000m^2と9200m^2であった．成獣雌では3万m^2を超える個体もあった．亜成獣のホームレンジは成獣よりも狭かった.

　とくに雄は5月に長い移動距離を示し，ほかの雄のホームレンジに入っていくことがある．5月というのは，清里のヤマネにとって交尾シーズンの始まりである．飼育下ではあるが，複数の雄が複数の雌と交尾している．このことから，雄が遠くへ移動したり，別の雄のホームレンジに侵入することは，複数の雌のリサーチをしたり，複数の雌との交尾の機会を数多く得ることが理由の1つであると考えられる.

　一方，雌どうしでホームレンジが重なることはない．また，同じ地域で毎年，出産哺育を行う個体が確認できたので，雌は同じエリアでの定住性が高い可能性が示された（図1.23）．かつて，ある成獣雌Bが捕獲されたエリア

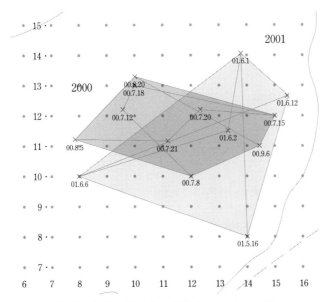

図 1.23 雌の同一個体の 2000 年と 2001 年のホームレンジ.

は，それ以前には別の成獣雌Aがホームレンジや冬眠場所として利用していた場所であった．先にいた個体Aはその後，姿を見せないので，死亡したものと思われる．そのため，この場所に新たな個体Bが入り込み，占有したと考えられる．この個体Bはその後も，同じエリアで複数回冬眠していることが確認できた．

　雌の個体を用いて一晩の行動観察を行った結果，体重25.0 gの成獣雌のホームレンジは2万1296.7 m²であり，一晩の総移動距離は1893 mであった．この日，採食が確認できた樹種は，アズキナシ，ズミ，リョウブであった．また，雌は餌以外の探索行動を9本の朽ち木（シラカンバなど）で行った．この日のヤマネにとっては，アズキナシのアブラムシとズミの樹皮が重要な餌資源であることを示した．夜間の行動は，移動と食餌の繰り返しであり，餌資源となる樹の位置とそれに至る樹上の枝の道を確実に把握していることを示した．

　樹上を移動する際，ヤマネは多くの場合，枝の上面ではなく下面を逆さまになりながら移動した．飼育下の実験でも樹上行動の逆さま率は80％であ

り，ニホンヤマネは逆さまに歩くのが1つの特性である．枝の上面より下面のほうが枝はすっきりしており，移動が容易であることが理由としてあるのかもしれない．枝のなかでも，カラマツのような水平に伸びる枝では，直線を高速で走るF1車のようにスピードを上げ，すばやく移動した．フジやヤマブドウのような蔓性植物で円形に伸びている茎を移動する場合は，まるでジェットコースターのようにぐるんぐるんと移動した．アズキナシの葉の裏にいるアブラムシをリサーチして食べるときは，葉の裏や小枝を面にして滑るスケーターのように進んだ．このようにヤマネは，夜の森を行く「F1」であり，「ジェットコースター」であり，そして，「森のスケーター」なのである．

　探索行動の対象には，食物だけでなく朽ち木もあった．ヤマネが昼間の休み場所に朽ち木の内部を利用しているので，夜間にこれらを探索しているものと考えられる．

　移動と採食を繰り返すヤマネの行動を観察していると，餌場は森のいたるところに分布しているわけではない．さらに，餌場は季節ごとに異なり，パッチ状に分布している．一晩に同じコースを3回ほどぐるぐる回り，同じ樹に何回も戻ってきて採餌をすることもある．これは，ヤマネが森の「枝の道路」を把握していることを示す．人間の道路に高速道路や国道・県道があるように，ヤマネはいろいろな枝の道を利用している．だから，森や枝がなくては生きていけないのである．

　雄のヤマネは，性行動のときに発する警告音を樹上でしばしば発していた．1頭の個体を追っているとたびたびほかの個体も見ることができたので，おそらく近づいてきたほかの雄への警告音かもしれない．また，樹上でしばしばグルーミングを行い，滞在して動かないときもあった．

天敵

　夜行性のヤマネにとってのおもな天敵は，フクロウとヘビやテンである．富士山麓のフクロウの巣に設置した自動カメラの調査でもフクロウによるヤマネの捕獲が確認された（阿部，1985）．一方，清里では調査地のなかにフクロウが毎年仔育てを行うダケカンバの樹洞がある．ある年，発信機をつけて追跡していたヤマネは，フクロウの巣から40-120 mほど離れたエリアが

ホームレンジであった．ところが，5月のある日，ヤマネの発信機からくる
はずの音が，フクロウの樹洞内から聞こえてきた．残念ながら，追跡してい
たヤマネはフクロウに捕食されたのであった．また，別のフクロウの巣箱で
も，餌として捕まえられたヤマネの姿がヒナとともに撮影された（鈴木，私
信）．

　このように，ヤマネにとってフクロウは天敵の1つである．一方，前述の
ダケカンバのフクロウの巣の周囲は，清里でもヤマネが多いエリアであり，
ここで定住し，仔育てをしているヤマネもいる．フクロウから逃れながら暮
らすヤマネと，不幸にも餌食となるヤマネがいるのである．

　ヘビの場合，とくにヤマネにとって脅威なのは，樹上に登ることができる
アオダイショウである．しかし，ヘビによる捕食は樹上だけでなく，以下の
ような事例もあった．秋の冬眠前から翌春の覚醒後にかけて発信機で追跡し
ていた個体がいた．普段は，地上高 3-7 m ほどの高さの地点で休んでいた
が，あるとき，嵐によってヤマネは幹の下部へと移動し，そこでヘビに襲わ
れたようである．それに気づいたのは，発信機音が地上からきて，私が近づ
くとそれが地中で移動したことにあった．私はおかしいと思い，鍬で地面を
掘りながら追跡するとヘビの姿が現れた．ヘビはネズミのトンネルを移動し
ていった．くやしくてつらい運命のヤマネであった．

　また，和歌山では昼間，カケスに追われていたところを保護したこともあ
る．テンも樹上を巧みに移動するので，ヤマネにとってはこわい天敵である．

　このようにヤマネの天敵は，鳥ではフクロウ，カケス，哺乳類ではテン，
爬虫類ではヘビ（とくにアオダイショウがあげられる）が確認されている．

　イタリアでは，ヨーロッパヤマネなどの天敵はフクロウなど14種があげ
られている（Scravelli and Aloise, 1995）．ベラルーシ，イタリア，ブルガリ
ア，リトアニア，ポーランドにおいては，ペリットの分析結果から，ヨー
ロッパヤマネのフクロウ（tawny owl）による捕食率は平均 1-2% であった
（Juškaitis and Büchner, 2013）．フクロウは，オオヤマネにとっても天敵で
ある（Morris, 2004）．一方，日本ではフクロウがヤマネを食べても，ヤマネ
の骨も毛も消化されて，ペリットとして出てこない（阿部，1985）．また，
哺乳類ではイタチやオコジョもヨーロッパヤマネの天敵である（Bright and
Morris, 1996）．そして，落ちた木の実を食べさせる伝統的な放豚も，浅い土

中で冬眠するヤマネをイギリスの多くの小さな森から絶滅に追い込んだようである（Bright and Morris, 1996; Morris, 2011）．スイスでは，アカギツネの糞から冬眠明けのヨーロッパヤマネにつけていた発信機が発見されたという報告もある（Vogel and Frey, 1995）．

（6）巣箱利用動物とヤマネ

巣箱といえば愛鳥週間を連想するように，日本では巣箱といえば野鳥のためのものだととらえられてきたかもしれない．でも，実際は鳥以外の多様な生きものも巣箱を利用している．森の動物たちにとって巣箱はどんな役割を果たしているのだろうか．

日本の国内40カ所ほどで行われてきた巣箱調査の結果と，スロベニア，イギリス，ハンガリー，リトアニアの巣箱を利用する動物たちの様子から，ヤマネや森の動物たちの暮らしの一端が見えてきた．

八ヶ岳南麓で春に巣箱を利用するのは，シジュウカラである（図1.24）．カラ類は蘚苔類を巣材として運び始める．巣箱の底の中心部を基点にして周囲から蘚苔類を積み上げるのが鳥類の巣の特徴だ．完成するとお椀型となる．巣材は蘚苔類がおもだが，シカなどの獣毛，タバコのフィルターなどが含まれ，コケでできたお椀型の巣は確実に鳥である．巣の底に淡いまだら模様をつけた卵が9個ほど並んでいる情景は，明るい春の到来を知らせてくれる．さらに，巣箱を開けたとたん9つほどのピンク色の口が一斉にこちらを向い

図1.24　巣箱内のシジュウカラの巣．

て鳴いてくる様子は，心をほほえましくしてくれる．そして，巣箱をのぞいている私たちをびぃびぃーと叱りつけてくる，戻ってきたばかりの夫婦の鳥からは，親の強さを感じる．巣箱を開けようとするとたまに「シャーシャー」と肉食獣のような声がする．それはヒナを守るための「警告音」．このような懸命な声を出し，ヒナを守る鳥たちが春の森にいる．

　標高 1500 m の清里の調査地では，シジュウカラがおもな利用者となるが，1000 m ほどからはヤマガラが登場してくる．兵庫県などの暖かい地方でもヤマガラがおもな利用者となる．清里の調査地は全体で 200 m ほどの標高差がある．だから，鳥たちは，春になると暖かく標高の低い地点の巣箱から高いほうへと順に営巣を開始する．そんな早春，鳥たちが繁殖を始めるころ，冬眠から覚めた食べものの少ないヤマネにとって，シジュウカラは重要で魅力的な食べもの資源となるのである．

　シジュウカラ同様，春から巣箱を利用する脊椎動物はヒメネズミだ．枯葉を用いて巣をつくる（図 1.25）．巣箱にぎっしりと枯葉を詰め込み，かつ，緩い球形となっていることがある．中心部の球形の巣材は柔らかく，幼獣たちにとって過ごしやすくなっている．枯葉を用いることは，ヒメネズミが地上で枯葉を探し，口にくわえ，枝や幹を登り，巣箱に運び込んでいることを

図 1.25　巣箱内のヒメネズミの巣．

意味している．また，私たちが巣箱を開けるやいなや，ポ〜ンと飛び出して脱出するのもヒメネズミの特徴だ．飛び出すとき，四足をピーンと張り，体をまるでパラシュートのようにし，約 1.5 m の高さから地面へと飛び降りていく．ときには，その母親の乳首にくっついている幼獣たちも母親と一緒に飛び降りる．降りるやいなや，お腹に子どもを抱えながら，地表面にある地下へと続くトンネルの入口を探し出し，あっという間に姿を消してしまう．ごくたまに着地したとき，母親の体から外れた幼獣がいることがある．その仔たちには触ることなくそ〜っとしておく．親を呼ぶ超音波を出しているので，親が迎えにくるにちがいないからだ．このことからも，ヒメネズミは，樹上空間と地上空間と地下空間の３つを利用していることがわかる．

　そして，５月くらいから巣箱を利用し始めるのがヤマネだ．６月初旬ごろから出産を開始し，６月末から７月初旬に出産のピークを迎える．最後は８月である．１年に２回出産する個体もある．

　ヤマネは，自ら作成した巣だけなく，ヒメネズミがつくった枯葉の巣のなかでも多く確認された．また，鳥の巣の後に，その巣の上にヤマネが営巣することもある．さらに，ヒメネズミ本体がいる巣にヤマネが同居していたことも３例あった．共通点は，３例ともヤマネは成獣であり，ヒメネズミは繁殖のために枯葉を用いた巣にいたことである．ヒメネズミがヤマネの巣に入ったのではなく，ヤマネがヒメネズミの巣に入り込んだことがわかる．ときには繁殖中の３頭のヒメネズミの巣のなかにヤマネがいたこともあった．ヒメネズミの生活圏は地下・地上と樹上であり，ヤマネと重なる利用空間がある．ヒメネズミは複数頭数を同じケージで飼育すると共食いを起こす種でもある．そんなヒメネズミが仔育てをする大切な繁殖用の巣にヤマネの「居候」や侵入を許すことは，ヤマネがアバウトなのか，図々しいのか，この２種の融和性を示すものなのか，ヒメネズミが太っ腹なのか今もってわからない．

　後述する，森を分断する道路上に架設した，樹上動物のための歩道橋である「アニマルパスウェイ」の上でヤマネとヒメネズミが出会った動画映像を７回確認した．２種はたがいに闘争することはなかった．これらから少なくとも闘争関係ではなく，ヤマネのほうが「フーテンの寅さん」のような「居候」を決め込んでいるのかもれない．"ヤマネの寅さん"が夜の活動を終え

る朝となり，ヒメネズミの家族がいる枯葉の巣をノックした．"とんとん"と入り込み，ヒメネズミ夫婦が「まあしかたないわね〜」といいながらヤマネを迎え入れる．そんな光景があるのかもしれない．

このように八ヶ岳では，鳥・ヒメネズミ・ヤマネが巣箱を利用する．そして，ごくごくたまに巣箱を利用するほかの脊椎動物は通常，生活圏が地上や地下であるアカネズミ，ヒミズである．こんな動物を見たときは「なぜ，いるの」とびっくりしてしまう．

また清里では，冬季の巣箱利用の特徴として，1つめは，鳥類が休み場所として利用している．冬季になると鳥の糞があちこちに残されていることから，最低気温−15℃になる清里において夜間の寒さをしのぐ場所として利用しているようである．2つめとして，ヒメネズミと思われる齧歯類の利用である．ササの茎を食べた食痕が置かれているのだ．おそらくヒメネズミであると思われるが，地面が凍る冬のレストランとして巣箱を利用していることになる．そして，ヒメネズミは巣箱を餌の貯蔵場所としても用いる．ドングリやマユミを貯食するのである．また，冬眠前のヤマネと思われる動物がヤマブドウなどの漿果をコケや枯葉の下に隠していたことがある．

その他，清里にて，齧歯類以外ではアリがこげ茶色の木屑を用いて，巣箱の底面や側面でトンネルをつくり，そのなかで白い卵を蓄え育てている．スズメバチも彼らの大事な卵が入っているワイングラスを逆さまにしたような巣を巣箱の天井からつりさげている．

カマドウマは巣箱ホテルの常客である．いつも複数でいる．毎月調査していると，初め小さかった体がすくすくと大きくなっていくことがわかってくる．いつも単独で，いばるようにいるのはコアシダカグモ．脱皮殻もあるので安心して巣箱内で脱皮し，成長しているのであろう．トックリバチも泥で巣をつくっている．幼虫たちがこの泥のなかで大きくなっていく．小さなクモが網を張って虫を待っている．

和歌山の子どもたちと行った巣箱調査では，スギの樹皮を用いたヤマネの繁殖巣，枯葉を用いたヒメネズミの巣，アマガエル，コウガイビル，コアシダカグモ，カマドウマ，ヤマゴキブリ，ムカデ，アリの卵，カメムシ，ゾウムシ，テントウムシの集団越冬などと約28種の生きものが利用していた．テントウムシの巣箱での越冬は三重県尾鷲でも見られたが，山梨などではな

い．これは環境温度のちがいによるためであろう．ヒメネズミは，巣箱内に
ドングリを食べた殻を残していた．おそらく，地上からドングリをくわえて，
天敵から内部が見えない巣箱を採食場所として使ったのである．隠岐ではツ
バキの種子の食べかすの殻を置いていた．このようにヒメネズミは，その地
域の堅果を巣箱内で食べるのである．

　大阪の箕面，兵庫の西宮・宝塚で新たに確認されたこれまでの地域と異な
る利用動物は，ゲジゲジである．多数の足を擁するその姿を初めて見たとき
は，大学生たちも驚き引いていた．ヤモリも登場した．ここの地域でのみ確
認できた種である．この地域で利用する鳥類で特徴的なのは，ヤマガラであ
る．その他，サシガメの仲間は巣箱の屋根に産卵していた．クモも白い卵嚢
を守っていた．

　このように，ヤマネやヒメネズミらにとっては，巣箱は繁殖場所・成長場
所・休息場所であり，鳥類にとっては繁殖場所・成長場所・冬季の休息場所
であり，昆虫類・クモ類にとっては，休み場所・産卵場所・成長場所・越冬
場所なのである．したがって，森に暮らす生きものにとっても巣箱は有益で
ある．そして，むやみにのぞかないなどのルールを守ってじょうずに使えば，
巣箱は森の生きものたちの営みの一部が見えてくる場所であり，森の生物多
様性を守るところでもある．このように森を観察するための「窓口」になる
巣箱は，環境教育ツールとしても使うことができる．

　また，スロベニアやハンガリー，イギリスでも巣箱を利用する動物は，鳥
類，*Apodems* 属のネズミ，ヨーロッパヤマネ，モリヤマネ，オオヤマネで
あった．

　イギリスでは，巣箱は自然樹洞の少ない森に対し，ヤマネ保護のうえでも
重要な保護施策であると考えられている．森の生きものにとっても，巣箱は
隠れ場所，休み場所，産卵場所，交尾場所，成長する場所，越冬場所である．
自然樹洞が少ない日本の森の動物にとっても，それぞれの生きものが生活史
を展開するうえで貴重なツールなのである．

第2章 フィールド
──ヤマネ調査紀行

2.1 ヤマネ国内調査紀行

私のヤマネの不思議を探る "帆船" は，山梨県三つ峠から出港し，国内外の多くの森を訪れた．それらの "航海記録" の一部を紹介する．

（1）山梨県──三つ峠（都留市・富士河口湖町・西桂町）

私が未知のヤマネの生態を探るために初めて乗った船の船長は，下泉重吉先生であった．都留文科大学2年生のとき，最初のフィールド調査で先生が私たちに示したテーマは，山梨県にある三つ峠の「ヤマネの垂直分布の変異」であった．このヤマネ研究には先輩・同級生・後輩たちが参加してきた．標高 700-800 m にある麓から 1785 m の頂上まで，南斜面と北斜面に標高差 100 m ごとに調査ポイントを設定し，巣箱を架設することになった．しかし，大学内に研究室というものはなく，あるのは壊される予定のぼろぼろの木造校舎だけであった（現在はそこに図書館が建っている）．最初の私たちの仕事は部屋掃除．格子のガラスの窓を開け，埃をはたき，なにもない部屋に，捨てる寸前のぼろぼろの机や椅子やソファーをかき集め，修理し，配置した．"埃" と "誇り" ある「動物学研究会」のスタートであった．研究室からは巣箱をつくる音が鳴り響いた．私たちは，たくさんの巣箱であふれるリュックを担ぎ上げた．標高 100 m ごとに巣箱を 10 個架設していった．汗をかきかき頂上に着くと，青空のなか，ぽ～んと目の前にそびえる富士山が，私たちの疲れを吹き飛ばした．高原には，薄紫のマツムシソウや葡萄色のワレモコウがゆれていた．

巣箱調査が始まった．「1 番な～し」，「6 番な～し」，「了解」の仲間の声が

響きわたっていった．そして開始から数カ月後，ヤマネが巣箱に入った．ついに私たちはヤマネを捕まえたのである．仲間がヤマネの尻尾をつかんだ．すると尻尾がとれてしまったではないか．尾を手袋のように脱ぎ捨て，ヤマネは近くの幹をするすると上へと登っていった．茫然と見つめる地上の私たちを残して．

巣箱では初めてヤマネの繁殖巣も見つけた．繊維性の樹皮で包まれたソフトボールのようであった．そ〜っとしておいた．しかし，翌月の調査では，そこにはもうヤマネの親仔はいなかった．巣を触られた母ヤマネは警戒して移動するといった習性を初めて体感した．数年間の継続調査によって，三つ峠では 800 m から頂上の 1700 m までヤマネが広く生息していることがわかった．そして，ヤマネは落葉樹林からブナ林，針葉樹林と各植生に生息していることもわかった．繁殖期・出産数・活動期間・冬眠期間も見えてきた．この調査によって，頂上付近の針葉樹林では，モモンガとヒメヒミズを確認した．麓ではヒミズが生息しているが，頂上では別種のヒメヒミズが生息していたのである．

（2）山梨県──大菩薩峠・御正体山（大学裏山）・清里

当時の田辺山梨県知事と下泉先生は，自然保護教育センターを実現させる夢をともにし，山梨県内の生物調査の指示を発した．これを機に，県内の総合的な自然調査を行うことになった．大菩薩峠で哺乳類調査を行うことになり，東京から専門家にきていただくことになった．山の間の小さな駅に降り立ったのは，茶色の古い背広に登山靴をはき端正な顔立ちをした土屋公幸先生であった．私たちはトラッピングと動物の扱い方，そして研究者としての幅広さを土屋先生から教わった．真っ白な霧氷が紅葉色の葉を彩る大菩薩峠ではカゲネズミ（当時の名前．現在はスミスネズミ），ヒメネズミなどを捕獲し，私たちは山をかけずりまわりながらネズミの調査を行った．

都留文科大学の裏山である御正体山に，巣箱を仕掛けて調査を重ねた．そして，この裏山でヤマネが確認できたことを学長室にて報告したとき，下泉先生は椅子を回し，裏山を見つめ「そうかここにもヤマネがいるのか」としみじみとおっしゃった．ヤマネが大好きで，東京から長野県の野辺山まで調査に通い，30 年以上ヤマネを求め，探り，冬眠実験を行い，自然保護教育

を文部省に提案し，学長となった先生が，自分の部屋からヤマネのすむ森をじっと見ていた．そのお顔を今も忘れることができない．（図 2.1）．

八ヶ岳南麓の清里では，自然保護教育推進のために人々が自然を体験・探索・学ぶための自然観察路をつくるにあたって基礎調査をすることとなった．清里駅前は数軒の喫茶店があるような素朴な通りであった．宿舎を目指し歩いていると，高さ 6 m ほどの奇妙な石の塔が踏切の向こうに立っていた．「なんだろう」と思い見てみると，それは「キープ協会」を示す石塔であった．まさか，ここに約 30 年後，「やまねミュージアム」を開設することになろうとは，そのときは夢にも思わなかった．

下泉先生は，鳥類研究の権威であった高野伸二先生も招聘された．その他，生態学の三島次郎先生，水生昆虫の専門家，昆虫のスペシャリストなどをつぎつぎと山梨県内に招聘し，生物調査が進められた．

"埃" ある研究室では，みんなでケージをつくり，冬眠生理の実験研究，ヤマネの知恵を探る実験，個体間の行動研究，繁殖研究，染色体抽出，そして，ヒメネズミの飼育，ヤマネより大きく，ケージをがさがさ動くモモンガの成長観察などが行われていった．

卒業論文提出を祝して，私たちは 12 月の三つ峠山頂に登った．このとき，

図 2.1 下泉重吉先生．八ヶ岳山麓にて 1963 年 8 月 10 日．

研究室の人数は後輩を含め，25名となっていた．夜の1785mの頂上の草原で霜柱をばりばり踏みながら，たくさんの星の下にずんとそびえる白い富士山を見ながら，それらの星に向かって私たちは叫んだ．「下ちゃん！卒論！やったよ」と先生が住む東京の方向に向かって呼びかけた．しかし，まさに，そのころ，先生は星のかなたに旅立たれていたのである．明朝，山小屋の奥さんから「湊さん電話です」の声．胸騒ぎをピンと感じた．受話器からは「下泉先生が亡くなられた」との言葉が聞こえてきた．山小屋ではうつむく顔，泣き出す声，うめく声．下山する私たちの前は真っ暗となっていった．

（3）和歌山県──本宮町（現・田辺市）皆地

ぴかぴかと緑に光る照葉樹林の山．樹冠がもこもことなっている森．やってきたフィールドは和歌山県の紀伊山地の山のなかにある本宮町皆地．大学を卒業した私は，故郷の和歌山に戻り，山奥で小学校教師となった．私のテーマは下泉先生の"遺言"となってしまった言葉でもあり，つねづね私におっしゃり続けていた「本州最南端の分布を探る」ことであった．赴任する前，教育委員会からは，実家近くの便利な海岸部の街の小学校を提示していただいた．でも，私はヤマネを調べるために山のなかの学校を希望し，教員が避ける傾向にある僻地の学校にやってきた．全校生徒36名．私の受け持つ初めてのかわいい子どもたちは3年生2名と4年生6名であった．子どもたちを連れてメダカ，オニヤンマのすむ田んぼや湿地での授業，森の神社でのターザンごっこやちゃんばらごっこ，川での水生昆虫観察と食物連鎖の授業，じょうずになれなかったピアノでの音楽指導など，子どもたちとともに過ごしていった．

そんな紀伊半島南端の熊野の山奥に赴任した年の夏休み，皆地小学校の講堂からは巣箱をつくるトントンという音と子どもたちの声が響いていた．いびつな形の巣箱も"力作"であった．私の教員住宅の隣に住んでいた，鹿肉・猪肉をよく持ってきてくださる名猟師のおじさんに「皆地にヤマネはいますか」とたずねると「ヤマネはここにはいないよ」といわれた．でも，私が「巣箱をつくり，ヤマネがいるかどうかを調べるんだ」と子どもたちに話すと，ほぼ全校の子どもたちが巣箱をつくりにきてくれた．材料の板は私の妻となってくれた"ちせ"さんの小さな車で運んだ．海岸部の知り合いの製

材所で安くいただいたものであった．その重い板を，峠の日陰で小さな車を休ませつつ山奥まで運んだ．

　9月になると，私と子どもたちは，夏につくった巣箱80個を学校周辺の山に架けた（標高170 m）．そして日曜日に集まり，月に1回の巣箱調査を始めた（図2.2）．シイ，カシのぴかぴか光る照葉樹林の森は，山梨の森と緑の色がちがう．11月の調査であった．「2番な〜し」,「5番な〜し」,「了解」の声．「先生，なにかあるよ」との叫ぶ声．ほかの子どもたちもぐわっと集まる．たくさんの顔が巣箱に集まる．蓋を開けると，山梨で見たあのソフトボール大の巣があった．子どもたちは巣箱をのぞき込み合う．コケの巣材を少しどける．なにも見えない．さらにコケをどけると，くりっとした目のヤマネが顔を出した．私は巣箱を宝物のように持ちながら，長い列となった子どもたちと山を下っていった．私は空に向かい，心に叫んだ．「下ちゃん，本宮町皆地が本州最南端だよ」と．「標高170 mだよ」と．

　この巣は繁殖巣であった．和歌山では山梨と異なり，11月も繁殖期であることを示す記録にもなった．巣材には蘚苔類と黒い糸のようなものがあっ

図 2.2　子どもたちの巣箱調査（岡本治，作）．和歌山県旧・本宮町皆地にて．

た．糸状のものは後の調査で長崎のヤマネも用いていた巣材であった．

　保護したヤマネの行動を観察するため，私と子どもたちは私の教員住宅の横に野外のヤマネ小屋を建設することになった．放課後や土曜日，日曜日につくるので，その許しを保護者からいただくために一軒一軒の家を回った．

　子どもたちと，小屋の土台づくりのために地面を掘った．土台に敷くコンクリートのつくり方は，隣の名猟師のおじさんから教わった．コンクリートをつくるための材料の砂と砂利は，約1km離れた川で河原を掘り，一輪車で運んだ．柱が建っていった．小さな大工さんたちは壁を板で打ちつける．柱に登り，屋根とする雨も降り込むようにするための金網をつけていった（図2.3）．そして，子どもたちは森から小屋まで一列に並び，腐葉土を小屋の下に敷き詰め，そのなかには，ヤマネが自由に動けるように樹を植えた．完成の日は，ジュースで子どもたちと笑顔の乾杯であった．

　ヤマネの飼育研究が始まった．セミが鳴くお盆も霜柱の立つ正月も途切れることなく毎日続き，飼育日誌は何冊にもなっていった（図2.4）．小さな研究者たちと私は年間の体重変化を調べた．どんな虫をどのように食べているのか，食性や食餌行動を観察した．性行動に出会い，成長を調べ，私はドリトル先生のようになりたいと，音声の研究も始めた．冬眠から覚醒するプロセスも子どもたちとともに調べた．これまでヤマネのわからなかったことが本のページを一枚一枚めくるように明らかにされていった．これらは私の

図2.3 ヤマネの小屋づくり（井戸三千春，作）．和歌山県旧・本宮町皆地にて．

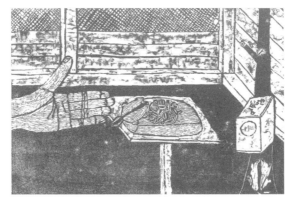

図 2.4 ヤマネの飼育（田中肇．作）．和歌山県旧・本宮町皆地にて．

後の学位論文の基礎的なデータとなっていった．

　本宮町皆地は，ヒューヒューと鳴くアオゲラやケッケッと鳴くオオアカゲラ，アカゲラの声が，村に響きわたる山あいにあった．その山間には「ふけた」という湿地があった．貴重なサナエ科のトンボのコサナエやモートンイトトンボ，オオコオイムシ，タイコウチなど湿地生物の宝庫であった．ここで私は理科の授業を行い，子どもたちに「ここはすばらしいところだから，大人になったら守るんだぞ」と伝えていた．ところが，国道工事のトンネルの廃土でそこを埋め立てる話が地区に持ち込まれた．子どもたちに守るようにと伝えた教師の私が保護をしなければ，子どもたちへの責任を果たすことができない．そして，湿地の生きものたちを守らないといけないと私は思った．自然保護運動が始まった．水生昆虫や植物，地質の専門家の方にふけたの自然を詳細に調べていただき，ふけたの自然と価値を紹介する科学冊子を作成し（図 2.5），地区の一軒一軒に配り，保護運動を進めた．

　そんな学校の帰り道，親しい地主の1人のおばさんが「先生すまんよ．うちのふけたの田んぼ，もう1時間ほどしたらトラックがきて埋めるんよ」とおっしゃった．国道用のトンネルを掘るときに出る土砂で埋めるので効率的なのだ．私は「ちょっと待って」といい教員住宅に走り込み，妻のちせに「田んぼを買ってもいいか」といった．ちせは「かまわんよ」といってくれたので，おばさんのところに走って戻り，「田んぼを売ってほしい．だから，

図 2.5　科学冊子『ふけたの自然』の表紙（平野国弘, 作）.

埋め立ては待ってほしい」とお願いした. おばさんは, 埋めるのを止めてくださった.

　それから私は, 自然のよさをまず地元の方に理解していただくことが必要だと考え, 皆地地区の方にふけたのすばらしさを伝える自然観察会, 地主さんへのふけたの価値の説明会, 自然保護を実施する仲間の会である熊野自然保護連絡協議会の結成, 町長さんにふけたの買い取りをお願いする具申書の提示, 県内の植物・動物研究者への科学調査の依頼と調査報告書のまとめ, 調査結果の行政への提示, 皆地区特産民芸品の営業, 環境庁へのお願い, マスメディアによる地区への外部評価と啓蒙などを展開していった. そして, この約 15 年間の自然保護運動により, ついに国・県・町がそれぞれ 6000 万円ほど拠出して「ふけた」を買い取り,「ふけた」は自然公園となった. 今も, ときおり家族で「ふけた」を訪れると, メダカやフナたちは群れで泳ぎ, アオゲラのヒューヒューという声が響いている. 地域の自然財産が残ったのだ. しかし, 湿地なので継続的な保護の施策がこれからも必要である.

　このころ, 山奥の学校にヤマネ好きのおもしろい教師がいるということが地域に伝わっていったので, 周辺の人々から親とはぐれたリスの仔やモモンガの仔, テン, ヒヨドリやオオコノハズクのヒナなどが持ち込まれ, 保護す

るようになった．獣医さんと相談しながらも，まるで家は動物保養所のようであった．

　私はヤマネと同時に紀伊半島南部のコウモリやネズミ類の調査も行った．下泉先生は冬眠生理の研究の関係で，コウモリの生態研究も行っていたのである．先生のコウモリ用のバンドは遺品として私に引き継がれていた．土曜日の午後，皆地小学校の前の道にはヒッチハイカーが現れる．自動車免許のない私が小学校勤務を終えた土曜日の午後に車に手を上げ，ヒッチハイクで洞窟調査に向かっていたのである．あるいは自転車で片道 25 km ほどの道を洞窟へと走った．初めて探検する廃坑内では，毒ガスに気づき，必死で入口まで戻ったこともある．竪穴に気づかず，落下しそうなこともあった．その後，車を得ると，紀伊半島の南全体の 10 カ所ほどの洞窟を毎月 1 回調べ，熊野川町では 200 頭のモモジロコウモリの繁殖を，白浜町ではユビナガコウモリの 1 万 2000 頭ほどの繁殖コロニーを確認した．また，古座川町では冬季にユビナガコウモリの 8000 頭ほどが冬眠し，熊野川町などの洞窟では春と秋に分散して移動することもわかってきた．海岸部の繁殖コロニー洞窟では，1 人で夜に入ると，天井には生まれた直後のピンク色した幼獣たちが並び，少し成長した幼獣の青くなった体がずらっと並んでいた．床には厚さ数十 cm のグアノが堆積し，その上には落ちてくる幼獣を待ち受けるのだろう，大きなヘビが這っている．そして，コウモリバエがまるでシャワーのように私の体に降ってきた．コウモリの幼獣を捕虫網で 200 頭ほど捕まえ，洞窟入口で体重，性，前腕長を測り，下泉先生のバンドをつける．夜明けが近づいてくると親のコウモリたちが洞窟に帰ってくる．空から急降下してす〜っと洞窟に戻るものや，浜に座って作業している私の真ん前をひらひら飛んでいく個体もある．コロニーを刺激しないように母獣が夜，餌を食べに出洞している間に調査をしていた私の仕事終了の合図でもあった．夜明けの波の音が「ごくろうさま」といってくれているようであった．

　これらの調査の結果，ユビナガコウモリは季節的に場所を変えながら，紀伊半島全体を飛翔していることがわかった．古座川町ではキクガシラコウモリ・ユビナガコウモリ・モモジロコウモリなどの異種群が高いドーム状の洞窟で繁殖をしていた．コウモリたちには下泉先生のバンドがついていた．ユビナガコウモリの体内からは奈良教育大学の沢田勇先生が新種の寄生虫を発

見され，私にちなんだ Minato を含む学名を記載してくださったようだ．

　ネズミ調査では，ワカヤマヤチネズミは皆地でヤマネの実験のためにお借りした家のなかで捕獲した．ジネズミ・ヒミズ・カヤネズミ・ヒメネズミ・アカネズミなどを子どもたちとともに確認していった．

　都留文科大学の「動物研究会」の指導は，下泉先生の遺志を継ぎ，弟子のペンギン研究者であり環境教育の指導者であった青柳昌宏先生が継いでくださった．その後，青柳先生が長期南極調査に行くため，つぎに今泉吉晴先生が着任してくださった．そして，下泉先生の自然保護教育の系譜は現在の高田研先生へと続いている．

（4）和歌山県——那智山（那智勝浦町）・小口（現・新宮市）・田長谷 （現・新宮市）・高田（新宮市）

　本宮町皆地でヤマネを確認した後，私はさらに紀州南部でのヤマネの生息を確認したく，海岸近くでは，日本一高い滝のある那智山を選び，滝壺から広がる原始林に巣箱を架設した．昼でも暗い森で，緑色，黄緑，淡い緑などいろいろな緑の葉で覆われ，大きなシダも茂る亜熱帯的な要素を含む森だ．腐葉土をめくるとカスミサンショウオが顔を出す．そこの巣箱にはヤマネが利用したと思われる蘚苔類が出た．

　山間部の熊野川町小口では，若いシイが茂る山に架設した．シイの葉が太陽に照らされてぴかぴかしていた．そこに登ると家族の住む家のほとりを流れる熊野川の青い流れが見えた．そのころ，ヤマネのホームレンジは広くないと思っていたので，巣箱を架設した範囲は 30 m×30 m ぐらいであった．その後，ヤマネの行動範囲を探るために 900 m×600 m の調査地をつくることになるとは，当時は夢にも思わなかった．毎月，勤務のない曜日に急な斜面に通った．でも，ヤマネの痕跡さえ得ることはできなかった．

　つぎに新しく選んだ調査地の熊野川町田長谷の森は，2 段となった滝が豪快に滑り落ちている鼻白の滝の森であった（図 2.6）．和歌山県の森は人工林率が高い地域で，場所によると 60％を超えていた．そのような場所は見渡すかぎりスギ，ヒノキが続く，動物たちにとっては厳しい森である．そんななかで広い自然林が残っていたのが田長谷だった．そこは，植林ができないほどの危険なエリアであったからである．森は大きなケヤキ，サクラ，太

図 2.6　鼻白の滝（和歌山県）．

い蔓が林冠を目指して伸びていた．その蔓にヤマネの糞を1つ見つけた．「ヤマネがいるんだ！」．

　私はここに巣箱を60個ほど仕掛け，観察基地とするためにテントも張ることにした．テントの前には観察用のビデオ・音響セットも置くことにした．それらに電気を供給し，動物を驚かせないような防音性の高価な発電機も買った．

　テントの前には，野生の雄ヤマネをおびきよせるための雌ヤマネを入れた1m×1m×1mほどのケージを置くことにした．ケージは2部屋からできていて，1つは雌を入れるためのもので，もう1つの部屋は野生ヤマネが入りやすいようにドアーを開けておいた．もし，雄ヤマネが部屋に入ったら，テントで観ている私が紐を引っ張ると，ドアーが閉まり，もう1つの紐を引っ張ると雌と雄の部屋の仕切り板が上面にスライドし，交尾できる手はずのケージであった．私の知恵と苦労の末の「作品」であった．

　観察場所は，道路から山道を登らないといけない．テント内にはビデオ

セットやシュラフがところ狭しと置かれていた．勤務のない土日の昼間は森の調査である．ある日，青空が林床からちらっと見える晴れの日なのに，ざぁーと雨音が聞こえてくる．その音はみるみる近づき，樹冠から雨粒が顔にあたってきた．なにか大きなものが近づいてくる．私は岩陰に身を潜め，そ～っとのぞいた．すると横倒しになっている太い幹を歩く茶色い動物がいた．サルであった．たくさんのサルがやってきた．昨夜，降った雨が葉についていて，サルたちが樹をゆすり，樹に飛びながら移動してくるので，葉のしずくが「雨」となって降り注いできたのだ．彼らは堂々と静かに目の前を通り過ぎていった．

また，小学校勤務を終えると私は夜，ここに通った．「観察基地」は私有の林道の奥にあり，侵入者よけの林道のゲートは夕方に閉じるため，国道との境にあるゲートから歩く．コウモリが夜空を飛んでいった．ノウサギが走っていく．シカの声が聞こえた．サルの寝言が谷向こうから聞こえてきた．基地に着くと発電機を回す．発電機の赤い光が森をぽわ～っと照らしている．じ～っとケージを見る．夜食を食べながら，岩の間に置いていたヒマワリの種にやってくるアカネズミたちと仲良しとなっていった．ヤマネはなかなか出てこない．

観察場所を変え，テントの近くの大岩に座り込み，ヤマネが通らないか枝を見ていた．バサッと音がした．どきっと鳥肌が立った．じっとしていた．すると目の前の樹幹を黒い影が樹冠から降りてきた．自分の心臓の音がどんどんと聞こえる．私がそ～っと照らしたライトにはモモンガの姿があった．目がすこぶる大きく，かわいいやつであった．

テントで夜を過ごした朝は，テントを覆うシートの上にだれかがサクランボの実を食べて，残った種子をばらばらと落としていたこともあった．夜明けのコーヒー用の水を水しぶきが飛び散る滝壺で汲み，朽ち木で火をぱちぱちおこした．焚火で餅を焼き，お皿代わりのアオキの葉の上に置いた醤油味の餅は香り高いこげた味であった．

こんな観察生活が何年も続いた．しかし，巣箱でも夜の観察でもヤマネ本体を見ることはできなかった．

皆地より南で，田長谷から南に隣接する位置に新宮市の高田地区がある．その僻地の村落の人家に近い川沿いの照葉樹林・スギ林，2つのエリアでも

巣箱を架設した．前者では巣箱を開けるとヒメネズミが飛び出した．なかには幼獣たちがいた．私は親ネズミが戻ってくるのを見たくて，巣箱の前で隠れて待ってみた．すると「かさこそかさこそ」と音が地上から聞こえてきた．親が現れた．すすーと幹を登り，子どものいる巣箱に入っていった．これ以上，親仔をおじゃましてはいけない．私は，そっとそこから去った．

　高田でも何年間もヤマネの痕跡さえ見つけることができなかった．しかし，ヤマグワが茂るころ，巣箱を開けると元気なヤマネがいた．やっと見つけたヤマネだった．網がなかったので，黒いゴミ袋に巣箱を入れて捕獲しようとした．ナイロン袋は破れ，穴からヤマネは逃げてしまった．ゆっくり青く流れる渓流を見ながら，私はとぼとぼ帰っていった．現在，新宮市高田が私の知る限りヤマネ本体が確認できた本州最南端の場所である．

　皆地の8年間の調査から，巣箱で確認したヤマネは2頭であった．そして，24年間の5カ所の紀州の森の巣箱調査で見つけたヤマネは，これで計3頭であった．毛色と目の形に特徴のあることがわかり，遺伝的にも他地域と異なることがわかってきた．

　しかし，紀州エリアにヤマネは生息しているが，個体数が少ないこともわかった．生態を探るには，ヤマネの多い地域で研究を実施する必要がある．森で動き回るヤマネの生態を知りたい．飼育下ではなく，森のなかでヤマネが動き，食べる姿を見たい想いが磯に何回もぶつかる白い波のように渦巻いてきた．「よし，生態調査地を探そう」．私の「ヤマネ探検船」は，和歌山の地からほかのところへ出航することになった．行先は日本最高峰の山である．

（5）富士山

　野外調査のテーマは「ヤマネに好適な植生を探る」であった．それを調査できそうなところが富士山であった（図2.7）．富士山は落葉樹林，ブナ林，針葉樹林がそろっている山だからである．私は富士山に行くことにした．

須走（静岡県小山町）──落葉樹林

　小学校の教師が調査に動けるのは，土日か長期休みだ．冬休みの1月．私の車は，富士山の静岡県側標高1400 mの須走にあった．和歌山の照葉樹林は緑で覆われているのに，ここは白い雪で覆われていた．巣箱を林内に運ぶ

図 2.7 冬の富士山（静岡県）．

予定で一輪車を積んできたが，積雪のためこれではできない．困った私はあるアイデアを思いついた．一輪車の台座を外し，ソリ代わりにするのだ．荷造り用のビニールテープをその台座に結びつけて，巣箱を山盛りに積み込み，一人で森のなかへと運んでいった．樹に巻尺を縛りつけながら，距離を測り，雪にまみれながら巣箱を架けていった．枝に積もった雪が頭に落ちてくる．車にいったん戻ると頂上方向から救助隊のジープがやってきた．「遭難した人を助けてきたところだ．なにやってんだ．気をつけろ」といって走り去った．雪はぱんぱん降ってくる．気温もどんどん下がってくる．温かい飲みものをと路上でガスバーナーをつけようとするが，あまりの寒さのため着火しない．「危ない」，このままいることは「やばい」と私のノーマルタイヤの普通車は，よろよろしながら下山していった．

明くる朝，青空の下，お借りしたジープのタイヤはシュルシュルと心地よく雪を分けていった．富士山での初めての巣箱架設は，紀州と異なり白い雪との格闘であった．

冬に架設した巣箱調査に行けたのは夏．ところが，泊まる予定の山小屋は，流砂でつぶされているではないか．さすがは富士山の自然である．私は和歌山ナンバーの"車ホテル"に泊まることにした．そして，森の巣箱ホテルでもヤマネが利用し始めてくれていた．

蘚苔類の巣のなかのかわいいお客さん．今回はついに日本で初めてのヤマ

ネの発信機調査に挑戦なのだ．ここにくるまで，京都大学の村上興生先生に淀川河川敷でハタネズミの発信機調査に連れていっていただき，その方法を教えていただいた．地中にいるハタネズミの追跡はアンテナを地面方向に向けることであった．それからヤマネ用の発信機をつくる会社を探し，レシーバータイプを求め，装着方法をあれやこれや試行錯誤した．そんな初めての発信機調査は雨であった．雨のしずくを顔にあてつつ，夜の森でアンテナを樹上に向けながら追った．雨合羽は新しいものであった．高価で入手できなかったゴアテックス雨合羽をトヨタ財団の助成事業のおかげで，やっと購入できた（この合羽はず〜っと使わせていただき，ぼろぼろとなり雨除け機能を失った後も，巣箱にペンキを塗る作業に使い，恩を忘れてはいけないと壁に飾っていた）．この間もヤマネは樹の上を移動し続けた．さすがは，ヤマネであった．夜明けとなり，"車ホテル"で足を縮めながら仮眠をとる．毎日，雨のなかの調査が続く私の発した言葉は「雨はやまね〜」であった．そんなとき，麓から思わぬ慰労者が来訪してくださった．ヤマネを撮る写真家のなかでもっともヤマネのやさしさをとらえている和田剛一さんであった．大学の同窓で大先輩でもあった．おいしいすき焼きセットを持ってきてくださった．壊れた山小屋の残っていた軒の下で，おいしいすき焼きをいただいた．雨音が屋根をたたいていた．このやさしさを今も忘れない．和田さんのやさしさが「動物の心・感性」を撮る和田さんの写真に写っていると思うのは私だけだろうか．

　繁殖用の球状の巣を見つけた．三つ峠などの調査で母獣は巣箱を開くと巣を移していたので，私は巣箱のある近くの樹に新しい箱を架け，そこに至る枝も道としてつけてやった．つぎの朝，その新しい巣箱には新しい巣ができていた．一晩でヤマネは巣をつくり，家族を移すことがわかった野外実験でもあった．このように富士山須走で9月初旬の出産を確認した．不思議な親仔とも出会った．1つの巣箱に出産された直後の幼獣たちと生後40日ごろの幼獣たちと1頭の母親が一緒にいたのであった．これはどう考えればよいのだろう．亜成獣はヘルパーなのだろうか．母獣と血縁があるのだろうか，ないのだろうか．この不思議を考えながら森を下っていった．これを解決するのは，十数年後の富士山とは遠く離れた九州は長崎の地での研究であった．

精進口登山道（山梨県鳴沢村）──ブナ林

　青木ヶ原樹海の近くにある精進口登山道沿いには，恐竜のような大きなブナが延々と続く森がある．これまで見たこともない森だ．なかに入ると直径1mもある大きい樹には樹洞があき，こぶが幹についている．林床には2mほどのササがびっしり生えているので，ふと振り返ると自分がどこからきたのかもうわからない．自殺の名所が近くにあることを思い出して考えた．「暗くなるまでに道に戻らねば」と．道に戻り，今度はところどころササの先端に目印のテープを巻きながら進み，巣箱を架設していった．

　巣箱ホテルをヤマネは利用してくれた．巣材は黄緑色のサルオガゼであった．ブナの枝からもぶらぶらとくっついているめだつ種であった．三つ峠の頂上付近でもヤマネが巣材として使っていたことを思い出した．2地点の共通の巣材だ．蘚苔類からヤマネの生態を見るとおもしろいと感じた．これについて私が後で研究することになり，蘚苔類の専門家である土永浩史さんと論文を書くきっかけは，ここだったかもしれない．ブナ林でもヤマネはいたが，予想よりも巣箱への出現回数は少なかった．これはブナの樹洞や幹にこぶがあり，こうした場所を用いるからかもしれないとも思った．

　夜も私はこの森にやってきた．餌の候補であるガの調査を行うためであった．和歌山では何年も山間部の自宅でブラックライトを使い餌となるガの調査をしてきたので，富士山でもガを調べたかったからだ．一人，暗闇で発電機を車から下ろし，エンジンをかけた．エンジン音が静かなブナ林に響いていく．恐竜のようなブナの幹と枝の影がシルエット状に映る．赤い電球で照らしながら青い光を灯し，白いシートに飛んでくるガを採った．ガはたくさんやってきた．すると森から「バサッ」という大きな音が響いた．「クマではないか！」と思い，私は一目散に車へ逃げ込んだ．どきどきしながら窓から暗闇を見た．しかし，なにもこなかった．明くる朝，音がした場所に行くと，なんとブナの幹のような大きな枝が落ちていた．こんなこともあったが，須走と精進口でガの採集を行った．シャクガ科ではウスハラアカアオシャクガ・ホソバナミシャク，カレハガ科ではヨシカレハ・リンゴカレハ，オビガ科ではオビガ，ヤママユガ科ではオナガミズアオ，シャチホコガ科ではゴマダラシャチホコ・エグリシャチホコ，ほかにドクガ科，ヒトリガ科，ヤガ科，ハマキガ科，メイガ科，トガリバガ科など50種ほどを確認した．それらは

ヤマネにとってうまそうなかたちであった.

富士吉田登山道（山梨県富士吉田市）──針葉樹林（シラビソ）

富士吉田口から馬返しを過ぎ，車の底を石にぶつけながら，悪路を登っていくと植林されたシラビソの針葉樹林が広がっていた．こんな人工の針葉樹林にヤマネはいるのだろうかと思った．同年齢の樹が続く．昼なお暗く，林床に草本は少ないが，とても柔らかい腐葉土の踏み心地がよい．ここでも巣箱を仕掛けていった．雄のヤマネが捕れた．性的にアクティブな個体．そこは森のなかに樹が倒れてスポット状になっていて，光が差し込むところであった．ヨーロッパヤマネは森のスポットのようなところにいるが，日本でもそうなのかもしれない．ヤマネは人工の針葉樹林の森でもいることが示されたことになった森でもあった．

山麓の別荘地周辺（山梨県山中湖村）──落葉樹林

ゴルフ場の横を通り，海外の高級車が停まっているような別荘の間の落葉樹林に巣箱を架設した．須走や精進口の調査地と比べ山麓に位置し，人の香りが漂う森．ここでは蘚苔類のヤマネの巣が現れた．雨の日は別荘の軒下でヤマネの体重を測らせていただいたこともあった．秋には巣箱の巣材をめくると茶色のドングリがちょこんと入っていた．ピンクのマユミの実も入っていた．ヒメネズミが冬に備え「貯食」をしているのだ．この森がヤマネの巣箱利用率が最大の地域であった．これからわかることは，ヤマネはそれまで深山の動物と思われていたが，ちがうのではないか，人里の近くでも暮らしている動物ということである．

このように和歌山と富士山麓の調査を通して，ヤマネは和歌山の皆地のような照葉樹林，ブナ林，落葉樹林，人工の針葉樹林などの各植生で生息していることがわかった．巣箱利用率を宮崎大学の坂本信介先生に統計分析していただき，照葉樹林，針葉樹林，落葉樹林の3つの植生タイプごとのヤマネの痕跡発見率を比較すると，針葉樹林よりも落葉樹林で痕跡発見率が高いとはいえないこと，照葉樹林よりも落葉樹林や針葉樹林で痕跡発見率が高いことが判明した．つまり，照葉樹林はヤマネの生息にとって最適ではないことが示された．この要因としてはつぎのことが考えられる．1つは照葉樹林

のある地域は冬でも暖かいことである．下泉先生の研究では，ニホンヤマネ
は平均気温 8.8℃ を境に冬眠に入り，冬眠から覚めるとある．つまり，環境
温度が冬眠へのトリガーとなっているということは，暖かいと覚めることで
もある．和歌山では冬でも気温が急に上がり，暖かくなることがある．そん
なとき，和歌山での飼育下の野外ケージ（雨も降り込み，気温・湿度も外部
と同じ状況のケージ）で，冬眠していたヤマネが覚めているのではないかと
調べてみると，やはり覚めていた．さらにヤマネは覚醒する際，エネルギー
を消費するので，安定した低温環境の少ない和歌山のような地域では餌が森
にない場合，冬季を生きぬくことは困難である．これは同時に，餌資源さえ
あれば暖かい地方では冬でも活動できることも示している．暖かい地方で大
切なのは，冬季の餌資源の有無なのである．2つめは，照葉樹林の主要な果
実はドングリのような堅果であることである．漿果を食べる顎の弱いヤマネ
にとっては外殻を割ることは困難であり，ドングリに含まれているタンニン
もヤマネにとっては消化困難なので，ドングリを多量に実らせるアラカシな
どが優占する照葉樹の森は，秋の餌資源の場としてはヤマネにとって魅力の
ない森なのであろう．

　調査を繰り返してきた富士山では，巣箱が人によって荒らされるように
なった．研究を続けられなくなった私は，新しい調査地を探す必要に迫られ
た．つぎに向かったのは，信州大学の先生方がヤマネの生息を報告していた
志賀高原であった．

（6）長野県──志賀高原

　5月の連休，新しい巣箱を持って長野県の志賀高原に向かった．志賀高原
の麓はピンクの桃の花が咲き，まるで桃源郷だ．しかし，紀州では5月は暖
かくシイの花が咲いていたのに，ここ志賀高原にはピンク色もなく，またも
白い雪の世界だ．しかも，ここは深い雪で，急斜面なので，巣箱を運ぶため
富士山で用いたような一輪車のソリも使えない．林床から伸びる1m以上
はある長いササは，槍のように横向きになって私の顔に突き刺さってくる．
困って宿のロビーで座り込んだ私の前に，クマの剝製の上に壁飾となってい
る"かんじき"が見えた．明朝，"かんじき"をはき，サンタクロースが持
つような袋のなかに巣箱を入れ，雪斜面を這い登る私がいた．"かんじき"

は初体験なので，ズボッと雪だまりのなかへ腰まで落ちてしまった．森の向こうから楽しそうな人声が聞こえたきた．スキーヤーたちがうれしそうに滑っていた．"雪鼠"のようになっている私は，思わず「人生ってなんだろう！」と思った．

　志賀高原では，鳥類学で高名な信州大学中村浩志先生，ナチュラリストでオコジョ研究家の野紫木洋さんにお世話になりながら，1年間，調査を繰り返した．しかし，ヤマネを巣箱で1頭も捕獲することも見つけることもできなかった．本体を捕獲しないと生態調査とはならない．困り果ててしまった．志賀高原から関西へ戻る途中の小さな喫茶店の公衆電話から，私は都留文科大学にきてくださっていた今泉先生に相談した．受話器からは「八ヶ岳南麓の清里に行きなさい．キープ協会の杉山さんに会ったらどうですか」とのことばをいただいた．

（7）山梨県──八ヶ岳南麓清里

　1998年9月，たどり着いたのは，八ヶ岳南麓の清里（図2.8）．キープ協会ネイチャーセンターのレンジャーであった杉山慎二さんが案内してくれたのは，標高1500 mの落葉広葉樹林であった．試験的に16個の巣箱を架けてみた．そして11月に再度，訪れると，ヤマネの巣材があちこちの巣箱に入っていた．ここの巣箱利用率は高く，あの富士山麓のトップの別荘地周辺に匹敵する．

　私の生態研究の大きな目的の1つは野生のヤマネを直接，夜，森のなかで見ることであった．和歌山の森でそれをやろうとした．でも，紀州の山は急斜面で大岩がごろごろの場所だったので，夜，ヤマネを一人で追跡することは危険であり，何年もの調査でも野生のヤマネを捕まえることはできなかった．私は，ヤマネが多く夜間追跡するのに安全で容易である平坦な森を探してきたのだ．ここ清里の森は平坦で樹高も高くないので，樹上のヤマネを夜間追跡するには適しているようであった．紀州で数年間通い，その後，遠征して富士山で何年間か追跡し，さらに遠くの志賀高原で1年間調査をし，成果を得られずにいたが，やっとたどり着いた理想の森であった．

　さらに，キープ協会は，ボランティアさんたちが利用する古い山小屋の「八峰荘」の使用を許可してくれた．ぼろぼろのドアーを開けると煙でいぶ

図 2.8 八ヶ岳（山梨県・長野県）．

された香りがほのかにした．赤色電球を点けると，土間には小さな薪ストーブがあった．歴史のありそうな畳部屋の隅に積まれている毛布には，ネズミたちの黒い糞が点々と並んでいた．床が落ちそうな"危険なトイレ"に，割れたガラス窓を補修しているビニールの布はぴらぴらと風に揺れていた．しかし，私には"豪華な宿"であった．富士山の"車ホテル"と比べると，足を伸ばして眠ることができるではないか．布団があるなんてとてもぜいたくだった．電気まである．水道もある．しかも無料で宿を提供してくださったことは，研究費の乏しい小学校教師にとってありがたいことであった．この八峰荘を基地に，求めていた本格的な生態調査が始まった．

清里での第 1 ステップは，調査地をつくることであった．生態研究の目的の 1 つはホームレンジや移動距離をつきとめることであった．それには，ヤマネのいた位置や餌の場所をきちんとマッピングしないといけない．そのころ，GPS は森林内では約 20 m の誤差を生じるため，使用することを早々にあきらめていた．それで森のなかにコドラートをつくろうと考えた．正確に 10 m 間隔で測量し，そこに杭を打つ．杭の 2 点からヤマネの位置や餌となる樹を測ればマッピングでき，距離やホームレンジを分析できる．まず，手伝ってくれたのは，日本環境教育フォーラムの若林千賀子さんであった．そのとき杭がなかったので，麓の園芸店からポールを買い求め，$1:1:\sqrt{2}$ の

比率で紐をつくり，平行になるようにし，ポールを 100 m×100 m に打ち，できたのが初代の清里調査地であった．

清里での巣箱調査で初めに巣箱を利用したのは，「せいこ」さんと命名した妊娠雌であった．そのころアイドルで登場した松田聖子さんからいただいた名前であった．富士山でやったように，その巣箱から枝の道をつくり，5 m ほど離れたところに新たな巣箱を置くと，「せいこ」さんはそこで出産してくれた．「よしこ」さんも清里巣箱ホテルや樹洞を使い出した．でも，その調査地からはみ出す個体が現れた．100 m×100 m では狭いのだ．和歌山で巣箱を架設していたころは，30 m×30 m くらいで十分と思っていたので，こんなに広いヤマネのホームレンジは驚きであった．そこで私は調査地を 300 m×300 m に拡大し，杭を 20 m 間隔で打ち，巣箱を 40 m 間隔で設置することにした．それにはたくさんの杭と巣箱が必要であった．和歌山で準備が始まった．幸い安く木材を入手できた．父の正一が杭の角棒の端を鉈で細くして杭にしていく．母の三代と義母の杉浦郁代と妻のちせは，金槌でトントンと巣箱をつくっていく．小さな長男の大地と次男の悠平は，できた杭と巣箱を抱えながら家の外に運び出し並べていく．家族総出の作業．そして，私とちせは，完成した巣箱と杭を車に積み込み，いざ出発しようとした．すると，車の後部に杭と巣箱を入れ過ぎたため，車の前部が浮き上がるではないか．そのため，和歌山から清里までの約 550 km を 2 回に分けて運んだ．清里ではボランティアとして小林美博さん，笹原久男さんたち約 10 名の方々とポケットコンパスで一定の方位を定め，20 m の距離を測り，杭を打ち込み，20 m 間隔で巣箱を架設していった．夜は，八峰荘の古い薪ストーブの紅い炎と青い煙とみんなの笑い声が，森のなかの一軒家から響いていた．清里 II 期の調査地はこのようにできあがっていった．

それからも毎月，和歌山から金曜日，学校の仕事を終えて 22 時 30 分ごろに出発し，朝 10 時 30 分ごろに清里に着き，巣箱調査・発信機調査などを重ねていった．すると，その範囲をはみ出すヤマネたちがまたも現れてきた．これでもヤマネのホームレンジを正確に覆うことはできなかったのである．私は 900 m×600 m の広さに拡大することにした．でも，それには膨大な作業が必要となるので困っていたときに出会ったのが，国内外の研究者のフィールドワークを支援する団体のアースウォッチ・ジャパンの小林俊介さ

んであった．小学校の一教師の研究を快くサポートしてくれることになった．電気会社，車会社，保険会社，商社，教員，化学会社，IT 企業などから多くの方がボランティアとして清里に集まってくださった．みなさんは杭を何本も背負い（図 2.9），巣箱・ポケットコンパス・巻尺・かけやを持ち，森に入っていく．霧が深くて 20 m 先のポケットコンパスも見えないときは，メンバーが懐中電灯を点け，その灯りが霧のなかからコンパスを見る者に方位を示した．食事は八峰荘でみんなによる自炊であった．

　こうして，約 1350 本の杭と 340 個の巣箱で構成されている清里 III 期の調査地ができあがっていった．遠くリトアニアでヨーロッパヤマネを研究しているリムヴィーダス博士の，平坦な森にある約 1 km × 1 km の調査地にはおよばないが，家族とたくさんの方たちの力・エネルギー・笑顔の賜物の山麓の調査地である．感謝してもしきれない．ここに，和歌山からヤマネを探るための冒険船のような車でやってくる私がいた．土曜日の朝に着き，月曜日の夕方まで森にいることができる．その間が大切なとき．火曜日の朝には教壇に立つ 12 年間の調査が続いた．

　春の清里の森，雪が残る森を雪どけ水が小さな小川となり流れている．桃色のショウジョウバカマが地面からぽこっと花を咲かせ，まるで「春ですよ」というかのように顔を出す．落葉樹の森は，新芽も出ておらず，葉もな

図 2.9　アースウォッチ・ジャパンのみなさんによる巣箱架設（山梨県北杜市清里）．

い「はだかんぼうの森」なので，林床から白い八ヶ岳がばっちり見えてしまう．

初夏の清里の森は，新鮮な黄緑色に全体が着色される．そこから湧き出してくるのがエゾハルゼミの合唱だ．八峰荘では布団にくるまっていると，窓ガラスをたたいてだれかが起こしにきてくれた．シジュウカラがトントンと窓ガラスをたたいてくれていたのである．夜の帳に窓に飛来したガなどを食べにきた音であった．ピンクのサラサドウダンの花の蜜の香りが，透明の「香り部屋」のように森のあちこちに用意されていた．

夏の清里の森，緑色の葉を茂らす広葉樹の林床からはもう八ヶ岳は見えない．エゾゼミの声が響き渡るなか，白いリョウブの花の強い香りがミドリヒョウモンたちを誘い寄せている．

フィールド調査とともに，性行動の野外実験をここでも行った．八峰荘の外側に2つの部屋からなるケージを置いた．1つには雌ヤマネを入れた．野生雄が隣のケージ部屋に入ると，八峰荘にいる私が紐を引っ張れば雄の侵入口は閉まり，もう1本の紐で部屋の仕切り板が上がる．そして，2頭が同室となり出会う仕組みであった．超音波録音システム，動画ビデオカメラシステムも整えた．わくわくしながら幾晩も過ごしたが，やってきたのはケージ下を歩くアカネズミだけだった．

でも，別の夜，薪ストーブの横でしゃわしゃわと音がする．ときどきその音が発生する．なんだろうと見ていると，目の前の壁にかけてあるスーパーでもらったようなナイロン袋にヤマネが入っていくではないか．ナイロン袋をヤマネが触るので，しゃわしゃわと音がする．袋のなかには，なんと赤ん坊ヤマネたちがいた．

また，薪ストーブを囲んでみんなで楽しんでいると，屋根板の下の敷居を母親らしいヤマネの後を亜成獣たちがとことこ歩いていくのが見えた．私はとっさに飛び出し，2頭の亜成獣を捕まえたが，母親は開いた屋根板の穴から屋根裏へ逃げていった．私はその穴の下に布団を敷き，2頭の亜成獣を小さなケージに入れ，台に置き，お母さんが逃げた屋根の穴から「枝の道」をケージの上にかけ，布団から親がくるのを待った．しばらくすると，お母さんが屋根の穴からするすると子どもたちのところへやってきたのを私は布団からじ〜っと見ていた．母親の麗しい大きな目がはっきり見えた．

秋の八ヶ岳. 高速道路を降りると, まるで長いスカートのような八ヶ岳南麓は, 黄色, 紅色, 茶色のカラーで染められている. 巣箱に入るヤマネたちの体重が増えていく. そして, 一人, 夜の八峰荘にいるとサラサラサラという音が外から上から聞こえてくる. なんだろうと外へ出ると, たくさんのカラマツの葉がシャワーのように降ってきていた. その音が聞こえてきていたのだ. 星がまたたき, 向こうの森からは, 雄ジカが雌を呼ぶ「クォー」という声が聞こえてきた.

冬の清里. 八峰荘に着くと, 2つのポリタンクが置かれていた. キープ協会の若林正浩レンジャーが置いてくれていたのだ. 1つは水, 1つは灯油であった. 水道も凍り, 灯油ストーブも必要だからである. このやさしさが遠くからきた私を温かくしてくれた. 冬季は八峰荘のなかでもヤマネ調査を行った. 部屋に山積みしている布団をぱっと開く「調査」である. すると毛鞠がとことこと転がることがある. ヤマネが八峰荘の布団に潜り込んで冬眠しているのだ. 山梨の方言でヤマネを「マリネズミ」という由来がよくわかった瞬間であった.

1988年から始めた八ヶ岳清里の調査を進めていくと, 食物やすみかなどのヤマネの不思議のドアーがだんだん開かれていった. 初めはわかったことが「点」だったのだが, つぎに「点」と「点」を結ぶと「線」となり, 「線」と「線」を結ぶと「面」となってきた. ヤマネ像を立体的にとらえようとすると, 月に1回の調査では困難であることを感じていた. そのころ, キープ協会環境教育事業部の川嶋直さんから, これまでの私のヤマネ研究成果を紹介する「やまねミューアジム」をつくるから館長としてこないか, とのお誘いを受けた. 培ってきた環境教育もできそうだが, 子どもたちの進学もあるので迷った. でも, 妻のちせからの「働いてサポートするから」という言葉で教師を辞し, やまねミュージアムにくることができるようになった. 現在, 清里には落葉樹林の約54 haの調査地とやまねミュージアムの横にも16 haの調査地がある. そして, ヤマネは, 本州・四国・九州・隠岐に生息しているので, 日本のヤマネを守るには, 北から南までの異なる環境・植生でのヤマネの生態を知ることが必要と考え, 清里を中心としながら, 北から南までのヤマネの調査をやまねミュージアムの岩渕真奈美さん・饗場葉留果さんらと取り組んでいる.

（8）秋田県仙北市——田沢湖近くのブナの森

　田沢湖は波もなく小さな魚が群れ泳ぐきれいな湖だった．田沢湖の近くに地元の鈴木篤弘さんが案内してくれたブナの森があった．富士山のように恐竜のような大きなブナではないが，きれいなすべすべとした幹のブナが平坦な地に続いていた．ここなら夜間追跡観察もできると感じた．秋田はマタギの故郷でもある．秋田の方言でヤマネは「コダマネズミ」だ．マタギがコダマネズミとするヤマネの民話が残る由緒ある地でもある．ここできちんとした調査地をつくるべく，たくさんの杭と巣箱を清里から送った．岩渕真奈美さん，鈴木篤弘さんと3人で森を這いずり回るように，20m間隔で測量し，杭と巣箱を設置していった．鈴木さんは定期的に巣箱調査に行ってくれた．東北のヤマネは巣をつくりだした．ところが，思わぬ問題が発生した．巣箱が何者かに壊されるのだ．杭まで破壊された．なんと，その犯人はクマだった．巣箱にきちんとクマの爪痕が残っていたのである．クマはペンキのにおいが気になるのか，巣箱の板を爪でひっかけながら破壊し（図2.10），杭までやっつけてしまうのであった．さらに，地主さんから調査地を返却するようにとの決定的な知らせがきてしまった．これ以上，調査を継続できなくなったが，ここ東北のブナ林でヤマネ生息を確認できたことは幸いであった．

図 2.10　クマの攻撃を受けた巣箱（秋田県）．

（9）栃木県鹿沼市

　栃木県はダム建設を計画していた．そこではヤマネの生息が確認されたので，ヤマネを保護するために栃木のヤマネ生態調査に協力することになった．ヤマネを守るにはその地域ごとの生態を知らなくてはならない．だから知るための調査が必要なのである．石壁のお蔵がめだつ鹿沼の街を過ぎて，川を上り奥地へ進むと，日光杉が高くそびえる森があった．標高は500-600 m．私たちは地形と地図を見ながら，巣箱調査ポイントの川沿いに巣箱10-12個をランダムに架設していった．栃木でも巣箱ホテルにはたくさんのヤマネが利用客として訪れた．ある巣箱では，ヤマネを1頭ずつ取り出しても取り出しても終わらない．9頭ものヤマネが入っているではないか．山梨でもたくさんのヤマネが一緒に入っていたことがあり，新潟でも5頭の仔を産んでいたことがある．この9頭は親仔なのか，出産後交尾で育った兄弟姉妹なのか，秋だったので冬眠前で保温のために集まったものなのかわからなかったが，これにはみんなびっくりしてしまった．栃木のヤマネが巣箱に森から運んでくる巣材は，スギの樹皮やコケであった．清里ではスギは自生していないので巣材にスギはないのだが，ここではスギの樹皮が頻繁に用いられた．ヤマネはコウモリ用の巣箱にも営巣した．

　発信機調査を行うと，6月に谷沿いでキイチゴがたくさん実るエリアがあり，多くのヤマネが集まり繁殖もしていた．それらのヤマネのなかには，約1.3 km離れたところの森からきている個体もいた．夜，ヤマネが棘のあるイチゴの茎をなんなく歩き，キイチゴを食べる瞬間を見ることができたのもここ栃木であった（図2.11）．秋にはマタタビが豊富に実るエリアにも，多くのヤマネたちが現れ，その糞からはマタタビの種子がたくさん出てきた．これらは，キイチゴやマタタビをたくさん実らせているエリアに周辺のヤマネが集まってくることを強く示していた．また，前年マーキングしたヤマネが再捕獲された．ヤマネは川に沿った河畔林に沿いながら移動していた．昼間の休み場所にはスギの木を利用していた．清里では朽ち木が重要な休み場所であることを解明してきたが，栃木での数年間におよぶ調査でも，朽ち木利用は行われていた．奈良でも例があるので，これはヤマネの生存要素として「朽ち木」が重要であることを示すものとなり，今後のヤマネ保護策を実

図 2.11　ノイチゴを食べるニホンヤマネ（栃木県）．

施するうえで重要なポイントとなった．

　ある夜，私たちは清里と同様にひたすらヤマネを追った．樹から樹へとぐるぐる回っていく．するとヤマネは 20 m 以上はある高いスギのてっぺんにず～っと滞在し，なにかを始めた．食べているのだろうか．地上からしばらく仰ぎ見ていた．しかし，残念ながら高すぎて詳細な行動を観察しきれない．もし，気球のようなものがあればす～っと上がり，スギとヤマネとの関係をより多面的にとらえることができるのにと思った．いつかトライしたいものである．

　また，日光でも朽ち木のなかで冬眠していた．現・国際航業株式会社の鶴間亮一さんと株式会社 PCER の吉川一意さんが清里ではヤマネが朽ち木で冬眠することを知っていたので，よさそうな朽ち木を割ると，まん丸いヤマネがいたそうである．すごい出会いであった．石の下や山のなかの人家でも冬眠していた．昼間の休み場所も朽ち木であることが多かった．清里では多く巣箱を利用するヒメネズミやシジュウカラは，この森ではほとんど利用していなかったのも不思議の 1 つであった．そして，栃木県はダム建設を中止

した．これらのなかで，私たちはヤマネの新たな生物的不思議を発見するとともに，ヤマネを守るためのダム工事の方法もまとめることができた．

(10) 新潟県魚沼市

新潟県の魚沼市（旧・入広瀬村）の調査地はブナ林である．積雪が5mもある．初めて訪れた冬は，たくさんの黒色のセッケイカワゲラの行列が白い雪の表面を黒い流れのようになって上流を目指していた．延々と続く行列だ．上流で産卵するためである．雪どけ後，上流で孵化した虫たちは成長しながら下流へ下る．成長した虫たちは繁殖のために，再び上流を目指し雪上を行軍しているのである．これがかれらの"生きる論理"である．そして，新潟の黒いカワゲラたちが行軍する深い雪の下でヤマネは眠っているにちがいない．ここのヤマネはどんな"生きる論理"を持っているのだろうか．

雪がとけた魚沼の森を歩くと，多くの樹木が根元付近で曲がり，L字型の樹形となっている．これは，強い雪圧のため若い幹は地面上に寝てしまうが，成長するにつれて根元を曲がった状態としながら幹を直立させていくからである．ここの植物の"生きる論理"もほかとは異なるのだ．これは深雪の日本海型気候への適応だ．和歌山でも山梨でもこんなのは見たことがなかった．樹木がそんなことをするなんて．私たち調査者にとってはこの森を歩くのは

図 2.12 豪雪地帯の調査地（新潟県）（饗場葉留果，撮影）．

図 2.13　ニホンヤマネの親仔（新潟県）.

一苦労であった．あちこちの幹がカーブして曲がっているため，行く手を妨げてくれたからだ．林床をきれいな小川があちこち流れていた．

共同研究者は新潟県立浅草山麓エコ・ミュージアムの桜井伸一さんであった．キープ協会環境教育事業部で学び，故郷で環境教育・調査に取り組んでいる方である．桜井さんは晩秋に入ると雪が降る前にいったん巣箱を取り外してくれる．冬季は約 5 m の積雪となるため，そのまま巣箱を樹木に架設していると，雪の重みで巣箱が損傷を受けるからである．雪がとけた 7 月に，また再架設をしてくれる．だから，巣箱調査はほかの地域より短く 7 月から 10 月となる．この森で測量しながら巣箱を架設していった（図 2.12）．清里から何年もここに岩渕真奈美さん，饗場葉留果さん，古川絵里子さん，高瀬桃子さんらと通った．

2005 年 10 月にはヤマネの 2 つの家族（母獣と幼獣）を発見した．1 つめの巣は母 1 頭，幼獣 5 頭の計 6 頭の家族であった（図 2.13）．巣はコケと樹

皮で，内部は樹皮を球状に編み込み，外壁はコケで覆いカムフラージュして
いた．この構造は清里のものとそっくりであった．2つめの巣は母1頭，幼
獣3頭の計4頭の家族であった．巣材は樹皮と枯葉で，おもに樹皮でできて
いた．このタイプも清里で見られるものであり，これらの巣材のタイプは清
里とほぼ共通であった．清里と少し異なっていたのは，これら2つの家族が
水平距離で約50mと近い位置で営巣していたことであった．清里ではこの
ようなたがいに近い距離での繁殖巣例はあまりないのだ．保護したヤマネ家
族を水槽に入れて，ブナの実を食べるかどうかを調べるとヤマネは食べた．
ヤマネがブナの実を食べることの初認事例となった．ドングリやクルミを割
れないヤマネも，ブナの実なら割ることができることを知ったのは収穫で
あった．スロベニア国立博物館のボリス博士から，オオヤマネはブナの実の
豊凶によって個体数を変動させると教えていただいた．新潟での数年間の調
査でヤマネの繁殖を初めて確認した年は，ブナの豊作の年だった．清里や和
歌山と異なる植生であるブナの森では，ブナの豊凶がヤマネの生息に影響を
与える可能性が大きいと感じた．

（11）石川県七尾市・宝達志水町

　北陸地方の森の生態調査も重要である．2006年3月，石川県七尾市の落
葉樹林の積雪60cmの森に，巣箱25個を石川の共同研究者の山崎美佳さん
と岩渕真奈美さんとで架設した．山崎さんは新潟の桜井さんのところにボラ
ンティアできてくださり，故郷の石川でヤマネ調査を始めた方である．七尾
や能登半島は学生のころ，自転車旅行した場所でもあったので，なつかしさ
も漂うエリアであった．七尾の南にある白山では，この地域だけでヤマネの
地理的遺伝子集団の1つを確立しているので，遺伝学的にも分布的にも重要
な地域なのである．石川県金沢市の北の宝達山（標高637m），七尾市の南
の石動山（標高564m）において，山崎さんは4月から10月にかけて，毎
月巣箱調査を行ってくださった．加えて巣箱の近くにセンサーカメラを設置
し，付近を通る動物の撮影も試みた．巣箱はヤマガラ，昆虫類が利用してい
た．ヤマネの利用を確認することはできなかった．センサーカメラではリス
の撮影に成功し，リスの分布の確認を行うことができた．しかし，ヤマネの
確認はできなかった．

ヤマネの分布や生息の情報を集めると，能登半島からの情報はない．本調査でこの能登半島の付け根の森にもヤマネはいないようであることがわかり，大事な結果となった．下泉先生はゼロも大事なデータであることを教えてくださったが，ここのゼロのデータは貴重なものなのである．自転車旅行のとき，輪島など能登半島の峠道で夏の太陽の下，ペダルをふみ汗をかきながら走ったあの森になぜヤマネはいないのだろうかと思う．

（12）大阪府箕面市

大阪府の箕面市でも調査を行った．市街地に囲まれながらも一部の森が周囲の山系と連なり，コナラ，アケビなどが繁茂する森であった．巣箱100個以上を架設し，2年間，巣箱を調べた．しかし，ここではヤマネの巣材などの痕跡もヤマネ本体も確認できなかった．伊丹空港から飛び立つ機上からこのエリアを見ると，この周辺はもともと森や豊かな自然があったところへ住宅を建設し，多数の道路を敷き，線路を延ばし，激しい都市化を進めた地域であり，自然開発の歴史が野生動物に大きな影響を与えている地域であることが見て取れる．地中海の島では人の活動でヤマネが滅んだが，そのような危険性をわれわれ日本人に啓示してくれるエリアであった．

（13）兵庫県西宮市

甲山は六甲山系の端にあり，関西学院大学の裏山となっている小さな富士山のような形をしている山である．頂上からは瀬戸内海が見える．ここに巣箱60個を架設し，約2年半，関西学院大学の阪井博紀君，久米諒君，足立美希子さん，柳川真澄さん，角田皓太君，為久亜由美さん，河野真之君，川西流姫乃さん，古曽尾胡桃さんたちが調査した．ここでも巣材などの痕跡もヤマネ本体も確認することはできなかった．この山は，7300万年ほど前の花崗岩が基盤岩となり，それを安山岩が貫入し，大阪層群などを形成する地層などから成っている．豊臣秀吉は大阪城築城の際，「武庫山の樹木伐採勝手足るべし」の布令を出し，その後，入会権の発生とともに，過度の伐採や山火事によって六甲は荒廃し，江戸時代には六甲山一帯は禿山で，ところどころ芝草が生育している状況であったそうである．一方，六甲山は明治時代に冒険家のスミス氏が捕獲したスミスネズミのタイプ標本の産地でもある．

明治以降，六甲は植林，造林事業が行われてきた．甲山もかつて人の活動で禿山の状況となった．ここの巣箱ではヒメネズミも確認することはできなかった．このように六甲山系の森は開発の影響を受けてきた歴史を持っており，それらがヤマネの分布にも影響を与えてきた可能性がある．

(14) 兵庫県宝塚市

関西学院大学の千刈キャンプ場の森に巣箱60個を架設し，3年以上調査した．コナラが主体の森である．しかし，ヤマネの痕跡も本体も確認できなかった．ここの森も伐採などの人のプレッシャーが顕著なエリアである．日本各地で巣箱を繁殖場所としているヒメネズミもここにはいない．箕面・西宮・宝塚のヤマネの生息不在とそれに呼応するようなヒメネズミの不在は，森林性哺乳類の生息・生存への人の活動の圧迫の歴史を示しているのかもしれない．

(15) 島根県隠岐の島町

ヨーロッパでは地中海やバルト海の島々にヨーロッパヤマネやオオヤマネ・メガネヤマネなどがすんでいる．日本の離島ではヤマネは佐渡島・淡路島で生息せず，隠岐だけにすんでいる．それも隠岐諸島の最大の島である島後だけである．私は京都大学の研究室で音声分析を徹夜でやっていたとき，偶然見つけた動物地理学の資料で島後の大満寺山や中村地区や湊地区にヤマ

図 2.14　隠岐の島（島根県）（饗場葉留果，撮影）．

ネの生息する記載を見つけた．それでいつか行きたい，生活史的にも遺伝学的にもぜひ調べたいと教師のころから願っていた．

　そして，轟音をたてるプロペラ機で青い日本海を越え，妻のちせとともに隠岐空港のタラップを降りたったのは 2003 年の冬であった（図 2.14）．教育委員会の方々の協力で隠岐諸島最高峰の大満寺山（標高 608 m）の麓から頂上近くまでと，山系の谷筋に巣箱を背負い，ともに架設した．夏，森の景色は激変していた．林道にはマムシが這っていた．道路際の林縁部は藪が茂り，森に入ることをガードしていた．初めはマムシを気にしながら藪のなかへ分け入っていったが，もう気にしても仕方ないので，藪のなかに突撃し，巣箱を探した．大満寺山を麓から登っていくと，緑々としていた照葉樹林の林層がどんどん変わっていき，落葉樹林要素となっていく．その変貌が日本海に浮かぶ島の植生の特性でもあった．大きいヤブツバキがめだつ峰道をたどりたどり着いた頂上のがれ場では，約 3 m ごとに鎌首をあげたマムシが並びながら"歓迎"してくれた．

　大洪水後の調査では林道が寸断されていた．片側が崩壊している道路の残っているほうを車で走り調査地にたどり着くと，林内でも土石流が起こっていた証拠がまざまざと目の前にあった．地上高約 2 m の巣箱の天井には，小石がぽこんと乗っかっていた．土石流の痕跡であった．私とやまねミュージアムの岩渕真奈美さんは流された巣箱を架け換えた．島の北に位置する都万地区にも巣箱を架けた．渓流では隠岐特産のオキサンショウウオを見つけた．また夕方の林道では，のんびりして私たちからも逃げない隠岐特産のオキノウサギとも出会った．しかし，何年も何年もヤマネの巣材は見つけたものの本体を見つけることはできなかった．さらに，やまねミュージアムの饗場葉留果さんとともに巣箱架設地を大満寺山麓の渓流沿いに増やした．

　2010 年 12 月 24 日，新雪の森には灰色の雲から雪がしきりに降り注いでいた．隠岐での共同研究者の八幡浩二さんとちせとともに巣箱を探していた．本土では冬季にヤマネが巣箱に入ることはないが，1 つの巣箱を開けるとコケと樹皮が巣箱にぎっしり入っている．一瞬，鳥の巣かなぁと思った．と，巣材から「コロッ」と"毛糸玉"が出てきた．まん丸の冬眠ヤマネだった．ついに見つけた，やっと出会えたヤマネだった（図 2.15）．雄で体重 15.0 g．背中には黒いラインがきちんと入っている．尾もふさふさ．毛色は全体に灰

図 2.15 隠岐のニホンヤマネ（齋藤正幸，撮影）．島根県島後隠岐の島町産．

色が濃いように見えた．長年，隠岐に通い続けた私たちへの"クリスマスプレゼント"であった．この個体の遺伝子分析から，ヤマネの地理的遺伝子グループに9つめの「隠岐集団」があることが解明された．また，隠岐でもヤマネは12月に確実に冬眠することがわかった．さらに発信機調査では，ヤマネは渓流沿いに移動していった．その後，繁殖用の巣も渓畔林の冬眠巣から3m離れたところで見つかった．隣の谷でも渓流沿いで巣が発見された．清里との共通点は，巣材では蘚苔類と樹皮を用いていること，異なるのは樹皮がすべてスギであることであった．ここには，清里では利用するサワフタギはない．スギとサワフタギの共通点は樹皮の剝ぎやすさと繊維性なので，巣材として適しているのである．さらに，隠岐でめだつのは，ツバキが多いことである．ツバキは花期が長く蜜と花粉を出すので，隠岐のヤマネにとっては重要な餌資源であると思われる．また，ツバキの樹洞でたびたび発見されているので，営巣場所も提供してくれる．この樹が隠岐での1つの生存の鍵と考えられる．

　日本海に浮かぶ離島の隠岐は，島全体が森でほぼ覆われている．だから，

森林性ヤマネが生き残ってこられたのだ．それは島全体が急峻なため，大規模な開発を進めることができなかったことが要因と思われる．日本列島も小さな島国であり，地球的視点からは隠岐と同じような島である．開発に対し森の保全を確実に行うことがヤマネの未来を握る鍵であることをこの隠岐は語っている．

(16) 高知県須崎市と徳島県

　私を乗せたバスは愛媛県松山から四国山地を縦断しながら南下していった．四国の山々がこんなに急峻で山深いとは思わなかったほど，バスの車窓からは千尋の谷のような峡谷が見えた．お世話になったのは高知県の森畑東洋一さんご一家である．奥様が私の高校の先輩というだけで，お顔も見たことがないというのに，私は図々しく巣箱の材料の板を送り込み，仕事を終えたご主人と夜，庭で巣箱をつくらせていただいた．調査地はカワウソが観察されたこともある川を遡った源流部にあった．はるかに見える山々は石灰岩が採れるとのことであった．森畑さんご夫婦との巣箱が四国山地に架けられていった．この高知から，後にヤマネの四国集団の最初の遺伝子サンプルが得られるようになるのである．また，高知市の動物園の中西安男さんたちが四国山地でヤマネの調査を始める際，私もヤマネについてお話しさせていただいた．徳島では井口利枝子さんがヤマネを調査される際，お手伝いにうかがった．愛媛の黒田久さんからはツバキの病葉にヤマネがいることを知らせていただいた．下泉先生の生まれた徳島は，ヤマネのタイプ標本の産地でもある．四国はヤマネと縁の深い場所である．

(17) 長崎県多良岳と轟の滝

　1993年8月，トンネルを越えると長崎ではウスバキトンボの群れが飛んでいた．翼は広く，体も軽く，移動能力に優れ，東南アジア周辺から産卵・羽化を繰り返しながら，風に乗ってやってくるウスバキトンボ．こんな大きな群翔は，「長崎は南国の地」であることを示していた．

　ここ長崎は古い文献に多良岳にヤマネが生息するとあり（兼松，1972），遺伝学的にも調べたく，いつか行きたいと思っていた地である．共同研究者は教員をされている松尾公則先生と田中龍子先生であった．諫早湾の干拓が

目の前に近づき，水門は残念なことに閉じられていたが，道路ばたでバケツ単位で貝類を炭火焼きで売っている暮らしは，豊かな自然の姿が残っている地域であることを表していた．教育委員会で，保存されていたヤマネの剝製を見せていただくと，毛色などは紀州とも信州とも異なっていた．「これはちがう」と感じた．剝製から遺伝子を分析する許可をいただいた．後に，この剝製が大隅半島から山口県にまで至る遺伝子における九州集団の初めてのサンプルとなった．

　長崎では，生息が確認されている佐賀県境の多良岳（標高800 m）と麓の轟の滝（標高460 m）に巣箱を架設し，調査地を設けた．多良岳にはキツネノカミソリの花が咲き，豊かな水量を誇る轟の滝では砕け落ちる水の音が谷に響いていた．斜面の多い場所での20 m間隔の杭打ちは，斜面の角度から補正しながら行っていった．

　こうして架設した「長崎巣箱ホテル」にもヤマネたちは泊まりにきてくれた．ここの巣材は蔓植物のキダチニンドウの樹皮であった．山梨や長野でも蔓植物を用いていたが，ここでも蔓植物を用いていた．なにより驚いたのは，そのヤマネの形態である．捕獲した長崎のヤマネは，濃い茶色が特徴で，目の周囲の黒毛の幅が広かった．紀州産のヤマネは信州産と比べると茶色が明確だが，長崎の濃い茶色は目を見張るべきものであった．轟の滝の調査地でヤマネの親仔も確認された．その体重から出産は10月初旬と推定された．さらに，この地では富士山の須走で亜成獣と新生仔が同じ巣箱にいた不思議が解けたのである．松尾先生が，仔育て中の親仔（3頭）を保護されて飼育していた．しばらくしてその巣箱を見ると，巣箱には亜成獣と幼獣がいるのであった．先生はびっくりされた．母獣は飼育中なので，雌は雄と交尾するチャンスはなかったからである．つまり，母獣は出産後に交尾し，それからわれわれに保護され，幼獣は育って亜成獣となりつつ，母獣は新たな幼獣を出産し育んでいたのである．だから，富士山でも発見したような出産された直後の幼獣と亜成獣がともにいたのである．このような事例はまれであるが，富士山と九州のヤマネの双方が行っていたことになる．冬眠期以外の短い活動期間に仔育てをこなすヤマネにとって，出産の回転率を上げるための術なのである．

　轟の滝にはヤブツバキが生えていた．私はツバキを見て，愛媛県の宇和島

図 2.16 ヤブツバキの病葉（松尾公則，撮影）．

を思い出した．それはツバキの葉に菌が入り込み，そのため葉がふくらみ，その間に空間ができ，宇和島ではそこにヤマネが入るというのである．宇和島出身の黒田さんからお聞きしていた情報であった．そこでツバキの葉に注目しながら轟の滝付近の森を歩いていると，ここにもふくらんだ葉があるではないか．どきどきしながらのぞき込む．空間がある．そこには樹皮の一片があった．まさしく，ヤマネの痕跡であった（図2.16）．宇和島と長崎から確認されたツバキ利用であった．ツバキの花は，蜜も花粉も豊富で花期も長い樹種である．隠岐にもツバキは多い．ヤマネにとってここ長崎でもツバキは貴重な餌資源となり，営巣資源でもあるのだ．また，長崎ではイスノキの虫えいにできる小さな空間でもヤマネは確認されていた．これは，ツバキの病葉やさらにイスノキにできた小さな樹上空間をヤマネはぶらぶら揺れるのを楽しむかのように利用していることを示していた．

　巣箱に営巣していた5つの巣から5種の蘚苔類が確認された．このなかで，どの巣でも用いられた巣材がコバノイトゴケであった．人気のある建築材なのであった．本種は糸状なので，ボール状に巣を編み込むときに便利だからである．松尾先生は林道を車で走っていると目の前にちらっと走る両生類や鳥類をすばやく見つけ，車を止め，走り出し，探る熱心なナチュラリストで

あり，田中さんは先生の教え子であった．

(18) 岐阜県白川郷

トヨタ白川郷自然学校校長の西田真哉先生から，白山スーパー林道の入口
近くにある自然学校周辺のヤマネの生息状況調査の依頼をいただいた．アニ
マルパスウェイ建設も想定される場所であった．西田先生は日本の環境教育
の先駆者で，企業やアジアでの環境教育にも取り組んでおられる方であった．
白山では，別の斜面に生息するヤマネのサンプルから白山だけの遺伝子集団
を解析しており，深雪地域なのでその生活史を探ることはおもしろそうだっ
た．清里から巣箱を妻のちせと運び込み，ブナが茂り，マタタビの白斑入り
の葉がひらひらとたなびき，クマのとても新鮮な痕跡もあり，かれらの完全
な活動範囲の森に，トヨタ自然学校のスタッフの方たちと架設した．深雪地
帯の新潟のように，雪が巣箱を壊さないようにスタッフの三宅信さんたちは
初夏に架設し，秋に外すまで，数年間毎月，巣箱を調査した．本体も巣材の
痕跡さえもなかったが，スタッフの加藤春喜さんからついにヤマネ本体が
入ったとの連絡が届いた．ブナの葉やミズナラの葉でヒメネズミが作成した
と思われる巣のなかに，ヤマネがデイリートーパー（日内休眠，第6章参
照）していたそうである．デイリートーパーは山梨・宮崎や各地で確認され
ているが，岐阜でも観察されたこととなる．

(19) 長野県霧ヶ峰・原村

小学校の研修旅行において，みんなであこがれの長野へ行ったときである．
偶然，霧ヶ峰自然保護センターに入った．するとヤマネのよい写真が展示さ
れているではないか！　もうびっくりである．施設の方に撮影者のお名前を
聞くと，その方が西村豊さんだった．しばらくして私は西村さんに連絡し，
訪ねさせていただいた．プロの膨大な量の写真には，ヤマネのいきいきとし
た姿がとらえられていた．西村さんにヤマネのすむ霧ヶ峰を案内していただ
いた．和歌山とは異なる高原の森であった．そして，西村さんに案内してい
ただき，ヤマネ情報があるという著名な俳優さんの別荘へ行った．駐車場に
はモスグリーンのジャガーが停まっていた．2人で玄関を開けると，徳川家
康を演じた端正な顔立ちのあの方が出てきてくださった．ヤマネ調査のお願

いをすると快く引き受けてくださり，キッチンのサランラップの芯のなかで
巣をつくるとか，風呂場によく現れることを教えてくださった．「庭の小屋
を調査用に使っていいよ」ともおっしゃってくださった．2人でまわりを調
べていると，ざるそばとビールまでご馳走になった．あの味とご親切を今も
忘れない．

　その後，原村からは別荘のソファーで仔育てしていたなどの情報がやまね
ミュージアムに寄せられている．

(20) 鳥取県若桜町

　鳥取県立氷ノ山自然ふれあい館響の森からヤマネの調査と調査方法指導の
依頼をいただいた．市民の方々と巣箱を架設した森は氷ノ山であった．ここ
のヤマネの遺伝子が，福井産ヤマネと同じ山陰集団を形成することとなった．
ここは草原があり，そこのウサギをねらって来襲するのがイヌワシである．
向こうにそのイヌワシが飛んでいく．そして，氷ノ山からすぐ南の岡山で，
発信機調査を行うようになった．

(21) 岡山県

　岡山の森は向こうに氷ノ山が見える位置にある．優占的な人工のスギ林に
自然樹が混在している森やミズナラなどの自然林である．スギ林の林床には
ウスゲクロモジが多い．この調査地のほとんどのポイントでヤマネの巣が見
つかった．巣材はほとんどスギの樹皮であった．ここでも渓流沿いのマタタ
ビが熟すころ，ヤマネたちがその付近の巣箱に営巣する傾向が見られた．日
光と同様で，マタタビを食べに移動してくるのである．ここのヤマネの遺伝
子は隠岐と共通のものがあり，また，氷ノ山とまったく同じではない．この
あたりが1つの地理的遺伝子の境界線となるかもしれない．向こうに氷ノ山
が見える．遠くには日本海が青い．青い空からイヌワシが急降下してくる中
国山地の峰々が並んでいた．

(22) 静岡県青崩峠

　高速道路建設にともなうヤマネの分布調査協力を依頼され，静岡県青崩峠
へ出かけた．私は自然林とスギ林の境目に巣箱を架設するよう提案した．ヤ

マネは巣材にスギを用い，餌場として自然林をおもに利用するだろうと推定したためである．その後，斜面での巣箱調査に行くと，ヤマネはスギ樹皮を用いて巣をつくっていた．

(23) 三重県尾鷲市

熊野の尾鷲はスギの人工林と照葉樹林の森である．ヤマネのいた標高は約70 m で，青い太平洋も見える位置であった．ヤマネの巣材はスギの樹皮と蘚苔類であった．11 月に出産した可能性があり，発信機調査から冬季でも活動することが明らかにされた．冬季の餌候補を調べるとイズセンリョウがあった．それらをヤマネに与えると和歌山と同じように食べた．ここの冬季の活動を支えているのは，イズセンリョウの結実にあると考えられた．

このように私と多くの仲間たちとで，北は田沢湖から南は宮崎まで巣箱を架設し，巣箱をのぞきながら調査を進めてきた．それらのたくさんの巣箱は，家族，やまねミュージアムのスタッフ，アースウォッチ・ジャパンの方々，そして，それらの巣箱を作成してくださった大成建設・日建連や三井物産の社員とご家族のトントン・コンコンの巣箱作成作業のおかげである．

みなさんの力とエネルギー・温かい支援のおかげで，日本全国のヤマネの不思議が 1 ページずつ開かれてきた．感謝してもしきれない．

2.2　ニホンヤマネの分布

分布を知ることは動物を保護するうえでも重要な要件だ．イギリスでも継続的に全国調査を行うことで分布変動を調べている．ニホンヤマネも現在の分布状況を多様な情報をもとに把握し，保護のために活用する必要がある．ヤマネの分布は，近年いくつかの報告（杉山・門脇，2014；船越ほか，2014；安田・松尾，2015）があるが，私たちも前述の日本国内 23 カ所以上の地点で行った実際の調査結果に加え，関西学院大学の柳川真澄さんたちが中心となり，既存の文献，私個人ややまねミュージアムに長年の間，寄せられてきた情報，環境省いきものログ，全国各地の図書館・博物館から提供いただいた文献と情報，信頼できる新聞記事の発表などをもとに，複数の文献

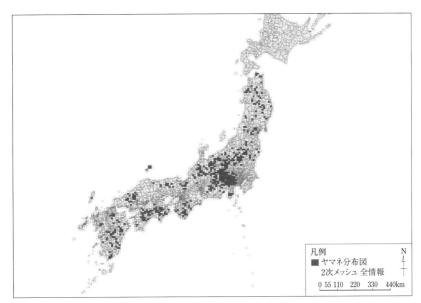

図 2.17　ニホンヤマネの分布（柳川真澄，作成）．

で同じことを記している情報を精査し，分布を整理した（図 2.17）．

　ヤマネの化石は，青森県，岩手県，岐阜県，岡山県，広島県，山口県などの約 50 万年前から縄文時代に至る堆積物中から出ている．このことは，ヤマネは古来からこれらの地域を中心に各地の森に生息していたことを証左している．

　現在の日本列島におけるヤマネの水平分布は，本州・四国・九州・隠岐（島後）で，北は下北半島から南は大隅半島までの間である．九州は，薩摩半島では確認されていない．本州最南端では，個体確認は和歌山県新宮市高田の森である．巣材確認を和歌山県那智勝浦町の那智の滝の滝下の森で行ったので，巣材確認を指標とすれば本州南限は那智の滝の森となる．高田の森は山を越えると那智山へと連なる山塊なので，つながっている森でもある．

　離島の分布は，隠岐諸島の島後地区にある．島後では，私たちの巣箱調査で確認した地点と隠岐ジオパークツアーデスクの齋藤正幸さんに収集していただいた地域の方々による情報をまとめると，最高峰の大満寺山が中心的な生息エリアであることが把握されてきている．

110 第2章 フィールド——ヤマネ調査紀行

　垂直的な分布の標高の下限は，巣材では日本海の隠岐（島後）の都万，標高約20mの海岸林であった．夏はウミホタルがぴかぴか光る，なごやかな湾がすぐそこにある森で，波の音がヤマネまで聞こえそうである．また，太平洋側では，個体を確認した下限は，前述のように，太平洋海岸に近い三重県尾鷲市の標高約70mであった．確認した地点からブルーの海が見え，海まで車で7分ほどの森である．その他，紀伊半島南部の新宮市では，海から離れた森の標高170mや200mのところでも個体を確認した．

　隠岐の島後地区では海から離れた標高約120mの森では，繁殖・冬眠を確認している．尾鷲でも標高70mの地点に亜成獣がいたので繁殖を行っていることになる．下北半島の平地や，岩手県の標高200m地点にいたという記録もある（下泉，1958）．

　標高の上限は八ヶ岳連峰の天狗岳の2640mである（今泉，1960）．私たちが行った山梨県三つ峠山での垂直分布調査でも，800-1700mの各標高に生息していた．また，日本各地から集めた情報でも，さまざまな標高の場所でヤマネは確認されている．

　ヤマネはカモメが飛ぶ照葉樹林の海岸部から，ホシガラスの飛ぶ雪と寒風が激しい標高2600mほどのハイマツの森まで広くすんでいる．標高が異なるということは，気温が異なることでもあるので，環境温度に影響されるヤマネは，標高や地域によってその冬眠時期や生活史も異なると考えられる．

　加えて，ヤマネは深い山だけに生息している動物ではなく，山梨県では別荘の近くの森にも生息し，小屋の布団や押し入れで冬眠や繁殖をし，長野県原村ではサランラップの芯で巣をつくり，和歌山では家の裏の森に生息している．このように人の活動している場所のすぐ近くにもすむ，親しみ深い動物でもある．

　一方，国内の巣箱調査では，石川県の能登半島の基部に位置する七尾市や宝達志水町，大阪府箕面市，兵庫県西宮市・宝塚市ではその生息が確認できなかった．また，それ以外にヤマネの生息が確認されていないのは，関東平野とその周辺，房総半島，越後平野周辺，伊豆半島の基部，濃尾平野，能登半島，静岡県の太平洋側地域，四国の香川県，そして，大阪平野，兵庫・岡山の瀬戸内海側の地域などである．これらからもヤマネは現在，日本全国に一様に分布しているわけでないことが見える．

2.2 ニホンヤマネの分布

では，ヤマネの分布を決定する要因はなんだろうか．北海道大学の安田俊平さんはヤマネの系統地理学的研究報告のなかで，標高・地形の視点を記したが（Yasuda et al., 2012; 図 2.18），愛知教育大学の三宅明先生により作図された地形図（図 2.19）と分布図を並べると，ヤマネの分布は標高がある程度，高いところ（山）に生息していることが見て取れる．つまり，現在，ヤマネは山の森林に生息し，低地や平野部にはすんでいない．現在の分布を遺伝学的，古生物学的に見ると，ヤマネの種内系統の 1 つである赤石集団は，標高 3000 m 級の赤石山脈（南アルプス）付近に分布が限定される集団である．この赤石集団は，約 90 万年前ごろに関東集団から分岐したと推定されている．

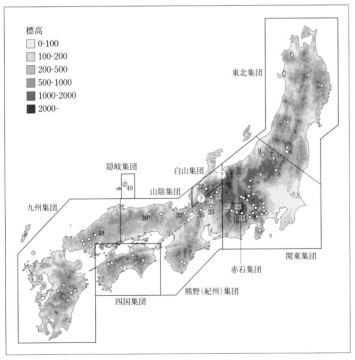

図 2.18 ニホンヤマネの地理的遺伝集団．遺伝子のサンプリング地点と日本列島の標高分布．サンプリング地点の番号は図 1.14 と同じ．各母系集団の分布境界を枠線で示し，集団間の遺伝的流動が推定される境界は点線で示した（Yasuda et al., 2012 より）．

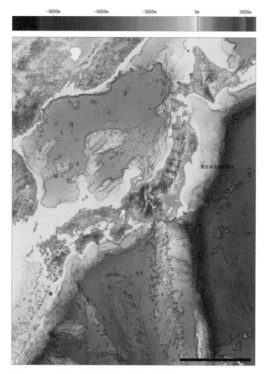

図 2.19 日本の地形（三宅明，作成）．

　また，ヤマネの別の種内系統である熊野集団は，紀伊半島南部から岐阜まで広がる集団であるが，地形を見ると紀伊半島と岐阜をつなぐ回廊が鈴鹿山脈となっている．東北集団と関東集団は，猪苗代湖などから日本海へとぬける地域がおよその境目となっている．

　南アルプスは，約 100 万-140 万年前に本格的な隆起を開始した（菅沼ほか，2003）．遺伝的データから赤石集団が分岐したのが約 90 万年前なので，山脈の隆起とそれにともなう気候変化や森林の変動が移動のバリアーとなり，分岐の背景となったと思われる．現在，標高 3000 m 以上の山々は，北アルプスより南アルプスのほうが多く，森林限界を超え，森のない峰々がヤマネの移動を阻んできたと思われる．そして，木曽谷と甲府盆地，富士川，天竜川などの大きな川が近隣の森とのつながりを分断してきたと考えられる．つ

まり，高山や大きな川，平野，盆地などによる森の分断が分布のバリアーとなり，遺伝的分化へとつながっていったと考えられる．

関東平野・房総半島では，縄文海進のころは海であったことが，現在のヤマネの分布の背景の1つにあると思われる．また，ヤマネの生息しない地形図における標高の低い地域や平坦な地域は，人の活動が古来から活発な地域で，平坦なところに森があっても人の活動により減少し，さらに，近年の都市化により森は消失している．現在の植生図（環境省，https://www.biodic.go.jp/reports2/5th/vgtmesh/map/shokusei.gif）でもヤマネのいない平野部や低地は，耕作地植生やその他となっており，人間の活動が森を減少させ，ヤマネをさらに追いやったのではないかと考えられる．

一方，房総半島は縄文海進後，いったん森が回復しリスは生息している．しかし，ヤマネはいない．ヤマネの生息している隠岐の島（島後）の面積は241.6 km^2 に対し，房総半島は5034 km^2 である．ヤマネが生息できるだけの広さはあるが，ヤマネが入ってこなかったのは，回復した森は堅果を実らす照葉樹が優占する森であるため，ヤマネにとって食物条件がよくなく，また，暖地のため安定した冬眠ができず，かりに冬季覚醒しても冬の餌のない森であったことなどが要因なのかもしれない．

瀬戸内海を囲む地域や中国山地は，たたらや塩田による森の伐採などの森林への圧力の歴史もある地域であり，近年の開発・都市化が著しい地域である．

このようにヤマネの分布は，ヤマネの冬眠特性や食性などの生物的特徴，標高，地形，地史，食性，人による都市開発・道路拡充・森林開発などの要因がさまざま関与していると考えられる．

佐渡島・淡路島・対馬などではヤマネは生息していない．海外では，地中海ではシチリア島にオオヤマネ・メガネヤマネ・ヨーロッパヤマネ，マルタ島・サルディニア島にオオヤマネ・メガネヤマネ，コルシカ島にオオヤマネ，クレタ島にオオヤマネ，イギリス海峡の南部にあるワイト島にはヨーロッパヤマネが生息している．しかし，モリヤマネは，島に生息していることはほとんどない．

人の活動で最近滅んだヤマネがバレアレスヤマネ属（*Hypnomys*）である．更新世中期と後期に，スペインの地中海側に浮かぶバレアレス諸島に生息し

ていた. *H. morphaeus* はバレアレス諸島のマジョルカ島（面積 3620.42 km²）に，*H. mahonensis* はマヨルカ島（面積 695.7 km²）に暮らしていた．両島とも隠岐より大きい島である．しかし，拡大する人の活動で生態系が破壊され滅んだ．

　現在の日本でも，九州では英彦山地，九重山，多良岳および胆属山地の 4 つの周辺個体群については，コア個体群から地理的に離れているのみならず，市街地や農耕地，草地，河川，海といったヤマネにとって不適なハビタットや移動障壁によって隔てられており，孤立している可能性が高く（安田・坂田，2011），保護の施策を行う必要がある．

　生物多様性保全の柱の 1 つが，遺伝子の保全である．ヤマネの地理的遺伝子集団保全の視点からすると，熊野集団は紀伊半島から岐阜に至っている．もし岐阜と紀伊半島をつなぐ回廊の森が喪失すると，集団は孤立し，熊野集団の遺伝子保全は危機を迎えることとなる．しかし，ヤマネの現在の分布図を見ると，その回廊が危機を迎えようとしている可能性がある．関東集団の地域は伊豆半島から富士山なども含むが，富士山と伊豆半島を結ぶ伊豆半島基部の地域からはヤマネ生息の情報がないので，集団の分断が危惧される．これらの森の喪失の危機は人間活動によるものと考えられる．遺伝子は長い歴史の生物多様性の賜物なので，早急な保護対策が必要である．

　地中海の島のように人の活動でヤマネが滅ぶことのないように，島国の日本のヤマネ保護を実施しなくてはならない．保全につなげる地道な努力と適切な判断がますます必要となってきている．

2.3　海外ヤマネ遠征調査

　つぎに私は国内の調査を進めながら，海外のヤマネとの比較でニホンヤマネをより深く知りたく，異郷のヤマネの森を訪れた．

（1）リトアニア

　レニングラード（現・サンペテルスブルグ）から夜行寝台列車で向かったのは，リトアニアであった．これはソ連科学アガデミーのフォーキン博士による私のための視察ツアーの一環で，通訳のイェン・センさんも同行してく

だった．首都ヴィリニュスの駅には，現在，ヨーロッパヤマネの指導的研究者である若きリムヴィーダスさんが迎えにきてくれていた．彼はアイラペッティンさんやフォーキンさんからこれまで研究の薫陶を受けていて，知己の関係にあったからだ．案内していただき彼のフィールドに行って驚いたのは，まず調査地が1km×1kmと非常に広いことである．こんな広いヤマネ調査地は日本にはない．そして，森は山にはなく平地にあることである．日本では森といえば山とほぼ同義語であるが，ここでは平地に森があるのである．そこに，リムヴィーダスさんはたくさんの木製の巣箱を架設していた．陶器製の巣箱まであることには発想と文化のちがいも感じた．ヤマネの体重を測る携帯用の体重計はコンパクトであった．もっとも驚嘆したことは，巣箱に入るヨーロッパヤマネの数である．日本のヤマネと桁がちがうほどたくさん捕獲できる．彼は巣箱で捕まえると携帯用の天秤ですばやく体重測定し，性比の判定，マーキングを行っていた．彼のフィールド宿泊所は森のなかのバスを改良したハウスであった．朝は，隣のウシを飼っている農家から新鮮なミルクとヨーグルトをいただいた．夕方は，水道のない宿なので，石鹸1個を持ち，目の前の湖に飛び込み，泳ぎ，体を石鹸で洗った．リムヴィーダスさんは，今やヨーロッパヤマネ研究の最前線で働き，たくさんの論文を書き，ヨーロッパヤマネの新知見をつぎつぎに出している．後に，私が清里でヤマネ調査地を広げていった背景には，この学びが大きい．"ヤマネ一筋"の彼の人生と彼の"ヤマネ魂"から学ぶことは昔も今も大である．

（2）スロベニア

　スロベニアの国際空港に向けて飛行機が降りていく．窓からは，ヨーロッパの緑の森と畑が見えてきた．緑がきれいだ．私はそのとき，青い空に突然，稲妻が走るかのようにひらめきでわかったことがあった．「日本の緑は森と田んぼからできている．でも，ここヨーロッパの緑の構成要素は，森と畑・牧場なのだ」と．田んぼ・湿地の保全と環境教育に取り組んできた私には，同じ緑でも緑を構成する要素のちがいがアジアとヨーロッパでは異なることに気づいた一瞬であった．

　空港に着くとボリス博士が迎えにきてくれていた．ボリス博士はヒゲが立派な紳士で，分類が専門であり，ヤマネやヨーロッパの多くの哺乳類の論文

を執筆されている方である．

スロベニアには，大きなビルディングのような高層建物が首都にはなく，家々の窓には紅・黄色と鮮やかな花が置かれ，森と牧草の緑は明るく，ブドウ畑が丘に広がり，大きな湖の向こうにはアルプスがある．ヨーロッパでもっともきれいな国であった．調査地のスロベニア中央部のポゴリレッツアの森にはクマ，オオカミ，ヤマネコなど多様な哺乳類が生息し，牧草地と森の境の樹にはハンター用の木製の塔が建っている．牧草地に出てきたクマなどの獲物を狩猟するための塔である．動物の骨があたりに転がっていた．ポゴリレッツアの森には，石灰岩地帯のため川がなく驚いてしまった．石灰岩地帯なので雨は地盤にしみ込んでいくのである．だから，あちこちにすり鉢状の大きな皿のようなドリーネ（石灰岩地帯に存在するくぼ地）があった．お世話になっている地元の方たちから食事と差し入れをいただきながら，巣箱調査を進めた．（図 2.20）

私たちは日本と同じく夜間観察を行い，発信機でも調査を行った．マーキングにはタットウを耳に行った．巣箱調査ではオオヤマネ，モリヤマネを捕獲できた．オオヤマネは巣材として落葉を，モリヤマネは蘚苔類を使用していた．

夜，オオヤマネは樹上をリスのようにすばやく移動していく．林床の私たちは行く手を阻む幹をよけながら懸命に追ったが，オオヤマネは速く樹上を

図 2.20　ボリス博士らによる調査（スロベニアのポゴリレッツア）．

移動していく．すると1本の樹に留まった．ヤマネはそこにいた．その際，観察にはドリーネがよいと感じた．すり鉢状の斜面に樹があるので，斜面の上に私が位置すれば，斜面の下の樹冠に接近するため，そこにいるヤマネを見やすくなるのだ．まるでオペラ座だ．

オオヤマネはニホンヤマネのように逆さまに枝を移動することはなかった．可聴音でさかんに声も出した．ボーカライゼーションが多様であることに驚いてしまった．1本の木に何頭ものオオヤマネが集まり，樹冠へ登っていくではないか．まるで，宣伝マイク棟であった．私は林床に背中をつけて仰ぎ見ながら観察していった．これが後の空港でのハプニングにつながることもそのときは気づかず．

昼間の発信機調査は，クマやオオカミもいる森なので，いつ彼らと出会うかもしれずスリルあるものであった．モリヤマネは夜間，地面も走って移動していた．

また，ボリス博士のお弟子さんと私と岩渕さんで巣箱をつくった．顎の強いオオヤマネが巣穴の入口を齧り，巣穴を広げすぎるためヨーロッパヤマネ利用の障害にならないように巣穴入口にサークル状の金具も取り付けていった．

ポゴリレッツアの森は，石灰岩地帯の地面の下には洞窟が発達している．ボリス博士に連れていっていただいた大きな洞窟では，ドリーネの底部の端が高い洞窟の屋根部（地表に近くなる）につながっている．その穴からやってきたオオヤマネやテンの足跡が洞窟内にあった．ここスロベニアの暗闇の洞窟をヤマネたちはどのように使っているのだろうか．さらに奥へ進むと，洞窟内にはきれいな川が流れていた．ゴムボートで移動した．大きな洞窟の出口から川が外へと流れ出していった．山の麓では透明の水をたたえる泉が湧いていた．

帰国するとき，空港のトイレにいくとダニが腕についていることに気がついた．もしもと思いシャツを脱ぎ，鏡で見ると背中には点々とダニがいた．あの林床で背中をつけて観察したときについたものであった．あわてて空港スタッフにお願いし，背中のダニを退治した．“ダニの関所”を無事通りぬけ，日本へと向かったスロベニアであった．

（3）イギリス

　イギリスのモリス先生にご案内いただき，ロンドン近郊の森でオオヤマネを多数観察することができた．ここの森の集団は，大富豪のロスチャイルドが大陸から持ってきたヤマネが森へ逃げ，増えている集団である．それらのオオヤマネをモリス先生と関係者とボランティアさんたちがチームを組んで研究しているのである．巣箱はニホンヤマネ用と異なり，大きい．その大きな巣箱を私たちは，梯子をかけながら見て回る．灰色の大きなヤマネに私たちは心が躍った．体重を測り，マーキングし，巣箱をもとに戻し，リリースしていく．高い確率でオオヤマネが入っていた．1日で約200頭となった．ニホンヤマネの調査の10年分ほどの数が1日で見られてしまうのである．その多さに初めは喜んで観察していたみんなも，どんどんヤマネのいる巣箱が運び込まれ並んでいくのを見て疲れが出てくるほどであった．同時に，これはニホンヤマネの密度の低さと個体数の少なさが浮き彫りにされるものでもあった．巣箱ではオオヤマネの幼獣をたくさん観察できた．生まれてから開眼するまでの間，さかんに超音波を発していた．ニホンヤマネと同じようでもあった．

　調査の帰りの楽しみは，ボランティアのブライアンさんのお宅でのティーと奥様自慢のケーキであった．イギリスでヤマネを研究し，保護する人々の層の厚さとやさしさを感じた調査であった．

　夜も，岩渕さんたちとこの森で調査である．樹上行動を見るためだ．森の入口にくると，遠くの枝先からギャーという声がする（図 2.21）．スロベニアでも聞いたオオヤマネの声．オーストリアのヤマネ研究者のリリ・ケーニヒさんが児童文学で書いていたあのオオヤマネの声の大きさをロンドン近郊でも実感した．でも，25 m もある枝先で鳴き，森中に響き渡るオオヤマネの声は，どこかさびしそうでもあった．異性を求めている声なのであろうか．

　イギリスでのヨーロッパヤマネの調査地は，ドーバー海峡近くのヘスティングスの森にあった．私たちはここの環境教育センターを根城にしながら調査を行った．森の上空を飛ぶのは日本ではキジバトやトビだが，ここではカモメであった．驚いたことに，森には日本特産のスギが生えていた．しかも大きい．日本から移入したのだ．和歌山や静岡などのニホンヤマネはこのス

2.3 海外ヤマネ遠征調査　119

図 2.21　オオヤマネ（Alenka，撮影）．

ギを巣材として用いる．そして，ヨーロッパヤマネもこのスギの皮も巣材として利用していた．日英のヤマネが同種の巣材を利用している．ヨーロッパヤマネは巣材として草も枯葉も利用していた．幼獣からはさかんな超音波が発せられていた．ここでは，ヨーロッパヤマネの巣材特性と幼獣の超音波発声と海岸部での生息も確認できた．日本でも隠岐のヤマネは，波の音とカモメの声を聞きながら生きているが，イギリスでも海辺の森は大事な生息地なのである．ドーバー海峡特有の白壁を背にして，海岸でモリス夫妻と青い海を見ながらランチを楽しんだ．波の音の向こうにはフランスがあるのだ．

　イギリス南西部のチェダーは，ヨーロッパヤマネ研究の発祥の地である．モリス先生と弟子のブライトさんがボランティアのダッグ・ウッズさんらの協力を得て，長期間ここで研究し，多くの成果を論文として発表した．それらの論文群がその後のヤマネ科研究の大きな礎となった．前述のように，ダッグさんはヤマネ用の巣箱を開発し，それをヨーロッパ・世界各地の研究者が使ってきた．彼のアイデアが世界に広まったのだ．ここではヤマネ国際

学会が開催された際，森を歩いていると，モリス先生が研究の初期のころに用いたセメント製の巣箱があった．今は亡きダッグさんに感謝しながら，モリス先生とそこで写真を撮った．ヤマネ科研究の発祥地に立つ私の記念であった．

（4）ハンガリー

現在の私たちのおもな海外調査地はハンガリーのブタペストの北30kmにあるバーツの森である．オオヤマネ，ヨーロッパヤマネ，モリヤマネの3種が生息する森である．ここを選んだのは3種のすみわけや栄養段階を調べるためである．日本では1種しかないのにここには3種もいる．共同研究者はクリストフさんで，彼の調査地を使わせてもらっている．丘の上の調査地の麓にはドナウ川が流れ（図2.22），ブタペストへと流れていく．巣箱架設地は12カ所あり，私と妻のちせ，岩渕さん，饗場さん，クリストフさんと回った．巣箱は2タイプ架設していた．1つは木製の大型巣箱で，もう1つはチューブ製の直方体型巣箱である．後者はモリス先生が開発したもので，安いため多数使用でき，持ち運びも便利である．オオヤマネは大型巣箱をおもに使いつつ，チューブ製もたまに用いていた．クリストフさんは，巣箱で個体を見つけると，すばやく布袋に入れ，ばね式秤で体重を測る．マーキン

図 2.22 ドナウ川を見下ろす調査地（ハンガリーのバーツ）．

グと性を確かめ，森へとリリースする．オオヤマネの巣材は，スロベニアの調査と同じで枯葉や青葉を積んだだけの状態である．オオヤマネは林縁部でも奥のカシの森でも巣箱に入った．ここでは5月ごろに冬眠から覚め，9月には冬眠に入るのである．まさしく7カ月間眠るジーベンシュラファー（「7人の眠り聖人・ねぼすけ」の意）である．この大型のヤマネが冬眠から覚める前にモリヤマネは冬眠から覚めてくるとのことである．覚醒期をずらす，時間的なすみわけも3種が生息できる1つのシステムである．ヨーロッパヤマネは，この調査地の果物畑が森へと変わりつつある低木林と奥のカシの森でも確認された．私にとっては，同じ森で異なるヤマネと出会えることがびっくりであった．ヨーロッパヤマネはチューブ製の巣箱をよく利用した．巣材は草，枯葉，コケなどで，樹皮を使うことはほとんどなかった．低木林に沿った松林にもっともよく営巣していた．

　夜の観察も行った．オオヤマネのいる巣箱の下で4人は陣取った．太陽が沈み，森を暗闇が覆っていく．いつ出てくるのだろうかと思っていると，オオヤマネが巣穴から顔をヒョンと出した．巣穴付近でうろうろしていると隣の枝へ移動した．すぐに4人は追跡のため動き出した．しかし，オオヤマネはあっという間に姿を消してしまった．周囲を探したが，見つけることはできなかった．観察終了であった．スロベニアでも，イギリスでも，ここハンガリーでも夜のオオヤマネの追跡は，非常に困難であることを理解した夜でもあった．うなだれながら下山するとき，オオヤマネの果実を齧る音がガリガリガリと響いてきた．いつか夜のオオヤマネの野生の姿をじっくり見たいものである．

　ヨーロッパヤマネの夜間追跡には成功した．枝をとことこ歩いていく．幹を登り，幹を下り，枝先に移動すると，隣の木へと渡っていく．その姿・行動はニホンヤマネのそれと類似していた．私たちは，深夜まで観察したが，これ以上追うのは刺激が強いと考え，調査地を去った．ヨーロッパヤマネは野生下でも枝の上を通ることが確認された．

　つぎに，ハンガリーでは異種が生息できる要因を食べものの視点から見るために，ヤマネたちの森林内での生態的地位や栄養段階を安定同位体により調べることにした．8カ所の調査地の植物の葉，花を採集した．また，ヤマネが利用すると思われる樹にいる昆虫・クモ類をビーティングして落とし

図 2.23　夜の樹上の昆虫・クモ類の採集調査（饗場葉留果,撮影）.

（図 2.23），分析した．体の大きいオオヤマネは，栄養段階の下位に位置しているようだ．体は小さくてもヨーロッパヤマネ，モリヤマネは高い位置にあるようである．このように，オオヤマネとほかの 2 種のすみわけができることが生態的地位からも示唆できた．

　今後，さらに調査・分析を積み上げながら，ヤマネ科の栄養段階を調べ，ハンガリーのすみわけの原理を調べていきたいものである．

（5）スイス・フランス——IENE

　ジュネーブ空港前のバスには，世界各国から IENE に参加する多くの人々がすでに座っていた．IENE とは Infra Eco Network Europe のことで，交通インフラと動物たちとの共生を考え，提案し，動物を保護するための学会である．学会中に案内していただいたのは，高速道路上に架かっている動物たちのための幅 20 m ほどの大きな橋で，土があり，樹が植えられ大型動物も利用できるものであった．また，カエルが道路下を通過できるトンネルも見せていただいた．カエルをトンネルに誘導する木板も設置されていた（図 2.24）．このような現地視察後，フランスのリヨンで世界 44 カ国から 450 人以上が集まり，発表が展開された．参加者は研究者，コンサルタント関係者，行政関係など，研究・保護設計・実施者などがそろっていた．日本からの参

2.3 海外ヤマネ遠征調査　123

図 2.24　カエルが道路の下を渡るためのトンネル（スイス）.

図 2.25　IENE でアニマルパスウェイを発表.

加者は 7 人で，アニマルパスウェイと野生生物の会事務局長の大竹公一さんと私は，ヤマネブリッジ・アニマルパスウェイのポスター発表を行った（図 2.25）．ヤマネのぬいぐるみやアニマルパスウェイを渡るヤマネの動画などを用いてへたな英語でプレゼンした．数日後，それはベストポスター賞をい

ただき，受賞する大竹さんの笑顔がすてきであった．日本からの環境保全技術を世界に普及するきっかけの1つになれば幸いだ．

第3章 繁殖
——飼育研究と野外研究

3.1 繁殖行動

繁殖は動物の一生のなかでの重要なイベントの1つであり，ヤマネにとっても同様である．私は，ヤマネの繁殖を飼育研究と野外研究の両輪で探ってきた．飼育についてはヤマネと出会った学生のころ，下泉先生が自宅でもヤマネを飼育されていて，「ついに人工的に飼育できる餌（練り餌）がわかった」と喜んでおられたほど，ヤマネの飼育方法が未確立の時代であった．私は飼育のノウハウをつかみながら，大学卒業後に和歌山県で，子どもたちと野外に大型ケージを建て飼育した．野外大型ケージは，できるだけ自然状態で観察するため，側壁，屋根の3分の2は金網であり，雨も降り込むようになっており，気温も野外と同じであった．このケージは学校の小さな研究者たちとつくった"研究作品"で，子どもたちとの日々の地道な営みが「繁殖解明」の堅いドアーをノックすることとなった．

（1）性行動の発見——ヤマネ語との出会い

大学卒業後，山奥の小学校に赴任した．昼にはアオゲラの「ヒューヒュー」という声とドラミングが響き，夜にはシュレーゲルアオガエルの声が心地よい，本宮町皆地の山中の地区であった．この赴任地で，野外に前述の大きな飼育ケージ（1.8 m×2.4 m×2.2 m）を子どもたちとともに教員住宅の畑に建てた．

3月の卒業式が迫った夜，6年生の梶栄裕幸君がヤマネとの別れを惜しんで夜の観察にやってきた．私は家でのんびりコーヒーを飲んでいると，裕幸君が玄関をがらんと激しく開けていった．「先生，ヤマネが鳴きよる」と．

126 第3章 繁殖——飼育研究と野外研究

「そんなばかな！」大学時代からヤマネを研究しているが，いまだ声など聞いたことがなかった．ケージに入ると，確かにヤマネは鳴いていた．「きゅるきゅるきゅる」と鳴きながらヤマネはさかんに追いかけ，追いかけられていた．私と裕幸君はケージのなかに入った．なにかが起こるのではないかと感じたそのとき，懐中電灯をぐるぐる照らしていた裕幸君が「先生，ヤマネがさかりよる」と叫んだ．ライトをあてるとヤマネが交尾していた．私は裕幸君にいった．「おまえは，世界で初めてヤマネの結婚を見た人や，先生は2番目や」と．性行動研究と繁殖学へ誘いのドアーが"ぎぃ〜"と開く音が聞こえてくる夜であった．

（2）交尾パターン

裕幸君との観察後，私は性行動の観察の回数を年々少しずつ蓄積し，20例ほど観察を行った．交尾行動を観察する野外ケージは，高さ3mで樹を何本か植え，その間に枝を架け，ヤマネの枝の道をつくった．ケージの天井には赤色球を点灯させて観察できるようにした．交尾パターンの概要はつぎのようであった．

雌が発情すると複数の雄が雌に集まってくる．雌は初めのうちは，拒否したり，逃げたり，葉の裏に隠れたりする．雄は逃げる雌を探索し追尾する．雌を求めて接近した雄たちの間には，闘争が起こる．耳介が傷つき，尾から出血している雄もいる．枝にも血痕がついている．優位雄と劣位雄は明確で，優位雄は劣位雄を追尾して攻撃する．そのようなとき，「きゅるきゅるきゅる」と鳴く．ふだん鳴かないヤマネがこのときはさかんに鳴く．逃げていた雌は，雄を受け入れ始める．先に交尾するのは優位雄で，雌の背中に乗り，マウントする（図3.1）．雌の首を嚙みながらマウントする場合もある．雄はスラストしながら交尾し，雌と雄がくっついたまま天井や側壁の金網を2頭そろって移動することもある（天井の場合は逆さまの姿勢で）．しばしば，劣位雄が交尾中のカップルのところにきて，カップルに向かって口を開け，手をかけて干渉する．すると，交尾中の優位雄は，その劣位雄を追い払うために追尾していく．すると雌が1頭となってしまい，そこに劣位雄が先に戻ると2頭は交尾をする．そこへ優位雄が戻り，再び追尾が始まる．ときには，追跡で1頭になった雌に第3の雄が現れ，漁夫の利のごとくちゃっかり交尾

図 3.1 ニホンヤマネの交尾.

することもある.

　だんだん，雌は一定の場所に留まり，移動しなくなり，ロードシス行動（雌が交尾をしやすくする体勢をとる行動）をとりながら雄と交尾する．交尾行動の後半，雄がマウントを止めて背中から降りると雌は雄を攻撃し，雄は再び，マウントするような状況も観察できた．

　このように雌雄は交尾，干渉，追跡を繰り返しながら，マウンティング回数を増加させる．けっきょく，交尾に参加した雄はすべて交尾に成功し，雌は複数の雄を受け入れ交尾した．

　さらに，交尾減衰期になると雄の追尾，干渉，発声は少なくなる．雌は雄に対して拒否するようにもなる．マウント後，雌雄ともに自分の性器付近をきれいにセルフグルーミングする．これが頻繁になるころ，性行動は終焉となる．

　ある夜のマウント回数は，優位雄で70回，劣位雄は88回と大きな差はないが，スラストを含むマウントは優位雄で17回，劣位雄で3回と優位雄のほうが多かった．すべての交尾回数に対するスラストを含むマウンティングの割合は，優位雄で24%，劣位雄で3%であった．一方，劣位雄による優位雄と雌との交尾への干渉が見られない性行動も観察された．優位雄の交尾終了後，劣位雄は交尾に成功した．この場合，マウンティング回数は優位雄で4回，劣位雄で9回であった．

ヤマネの雄は１頭の雌と交尾した明晩，別の発情した雌と交尾した．このように雄も雌も複数の異性と交尾するのがヤマネの性行動のパターンである．

「不思議の繁殖」のドアーを開けて判明したことは，ヤマネの性行動は，いくつかの行動要素から成立していることであった．つぎにそれらについて述べる．

（３）マウンティング行動

交尾行動を記録したビデオを分析した．何回も再生し，スロー再生しては，行動を繰り返し見つめ，解析した．雄が雌に近づきマウンティングする前には，以下のような行動がビデオ映像から見えてきた．

①雄は雌に近づくと，雌に対して口を開けるマウスオープニングを行い，マウンティングした．雌はマウスオープニングに対し，顔と尾を上げロードシスの反応を示すことがあった．

哺乳類の性行動の１つにフレーメンという行動がある．フレーメンは，哺乳類の雄が性行動で発現する行動で，発情した雌に向かい頭部を上げ首すじを硬直させ，上唇を曲げて口を半開し，上口蓋を露出させた状態をしばらく続ける行動である（正木，1992）．ニホンヤマネの雄のマウスオープニングは，これに類似しているように見えた．私は，このマウスオープニングは雄が雌に対して交尾行動要求の高まりを伝える信号であり，雌に交尾体勢を用意させる働きがあると考えた．それは，雄がマウスオープニングすると，雌は雄を受け入れ，交尾をしたり，ロードシス状態になったからである．また，干渉しにきた雄のマウスオープニングは，交尾中の個体への割り込みの意志を伝え，威嚇の意味がある可能性がある．それは，干渉にきた雄がマウスオープニングしたことで，交尾中の雄がマウスオープニングを止めたこともあるためである．

②雄は雌に近づくと両者は鼻先を近づけ，その後，雄はマウンティングした．

③雄は雌に近づくと，雌の腹，顔，首，臀部，肛門付近にスニッフィングし，マウティングした．つぎに，雄はペニスを挿入する．雄のマウンティングは，スラストを含むものと含まないものがあり，スラストを含む場合は腰を小刻みにピストン状に振る．雄は雌の口に鼻先を近づけたり，首に噛みつきながら，マウンティングした．雌が鳴き声をあげても，首に噛みついて交尾行動

を継続するすることもあった．ある交尾では雌が暴れたため，2頭が交尾場所から落ちたこともあった．

　雌はマウンティング中に，尾を上げてロードシスの行動をとる．雌は雄が首元へ鼻先を近づけ，雄が雌の脇腹に前足で触ると，雌はロードシス行動をとった．雄と雌は，干渉を受けても，くっついたまま離れることなく移動することもあった．雌雄ともに交尾後，性器をセルフグルーミングすることが確認された．

　このようなニホンヤマネの雄のマウンティング行動は，ほかの齧歯類（Eisenberg, 1983）やヤマネ科のオオヤマネ（Koenig, 1960）とも類似しているものであった．

（4）雌の行動

　雌は交尾行動中，以下のような行動類型を示した．
①拒否：雄が交尾しようと近づいたとき，雌は前足を雄に向かって振ったり，雄を下へ落としたり，あるいは雄から逃げた．
②隠れる：枝の間を探し回り追跡してくる雄から逃げるために，雌はめだたない木の枝に静止して隠れた．
③交尾：雌は拒否行動と隠れる行動をするが，複数雄と交尾した．
④ロードシス：雌はマウンティング中，顔を少し上げ，腰をそらせ，尾を上げるロードシス行動を行った．雄に前足で触れられると，この行動をとることもあった．
⑤一定のところで留まる：交尾行動が活発になってくると，雌が一定の場所に留まるようになった．交尾はそこで行われた．
⑥攻撃：雌はマウンティング中，干渉にきた交尾中以外のほかの雄を攻撃することもあった．
⑦交尾の催促の可能性：雄の交尾行動が減衰期になった場合，ロードシス行動を示している雌は，雄がマウンティングを止めると雌が雄を攻撃した．雄は再びマウンティングした．
⑧交尾を受けつけない：雌の交尾行動が減衰すると，雄が近づいても腹這いになったり，うずくまったり，体を曲げて雄を受けつけなくなる．

　このように交尾行動の初期から終了までの間，雌の行動は大きく変化した．

性行動を導き，展開するのは雌であると考えられる．

（5）雄の行動・雌雄間の行動

交尾行動中，雄と雄との間，雄と雌との間には以下のような行動が示された．

雄が雄を，雄が雌を追跡する行動は地上で行われることはなく，枝・巣箱・大型ケージの敷居や金網などの樹上状のところで展開された．追跡行動の発生は，優位雄が劣位雄の交尾を発見したときと，劣位雄が優位雄の交尾を干渉したときと，雄どうしが枝上などで偶然，出会ったときなどに起こった．追跡された劣位雄は，ジャンプして優位雄を回避することや高さ約1.5mの枝から地面に落下することもあった．落下した劣位雄はすぐに走り始めた．ある劣位雄は，追われて地面へ落下する途中で約1m下の枝に巧みにつかまり，枝を渡っていくこともあった．みごとなアクロバット的な行動であった．劣位雄には尾を噛まれて出血した個体もあった．2頭が追跡行動を展開する際，音声がさかんに発せられた．音声の詳細は別の章で述べる．

降伏行動も見られた．劣位雄は地上で闘争したとき，仰向けとなり，腹部を見せる降伏行動を見せた．優位雄は不思議なことに劣位雄の体のすぐ近くでジャンプした．

交尾中の干渉（交尾行動への妨害）が頻繁に発生した．別の雄が交尾中の個体を干渉するための行動が以下であった．

①雄と雌に向かってマウスオープニングする．

②雄の背中に前足をかけ，交尾中の雄を下ろす．

③雄を押しのける．

④雄の口に鼻先を近づける．

⑤雌の鼻にスニッフィングする．この行動が多い．

⑥雌の顎を持ち，雌の鼻にスニッフィングする．

⑦雌の顔を前足でなでる．

干渉後，交尾をしていた雄が干渉してきた雄を追跡する行動が発生した．その際，「きゅきゅきゅ」との声がまわりに響いた．

（6）セルフグルーミングの発現

　セルフグルーミングは，交尾の合間と交尾終了後に雄と雌ともに１例のビデオ記録で以下のことが記録された．

　雄のセルフグルーミングは，交尾直後と交尾活動の減衰期に観察された．
①性器を舐める．スラストを含むマウンティングの直後に多く現れた．
②前足，後足，尾を舐める．
③両前足で顔，腹部をかく．
④左後足で背中をかく．
⑤右後足で首をかく．
　②-⑤のセルフグルーミングは，交尾行動減衰期に多く現れた．

　雌のセルフグルーミングも，交尾直後と交尾活動の減衰期に以下のように観察された．雌は，片足で枝にぶら下がったりしながら，また巣箱の天井でセルフグルーミングを行った．
①性器を舐め，噛んだ．これはマウンティングの直後に多く現れた．
②左後足で左前足をかく．
③左後足で右肩付近をかく．
④左後足で左肩付近をかく．
⑤左後足で脇腹をかく．
⑥右前足で右目付近をかく．
⑦前足で頭をかく．
⑧両前足で顔，腹をかく．
⑨尾を顔の方向に曲げながら，右前足で尾を持ち口に近づけて舐める．

　グルーミングは，性行動以外のときはヤママユなど鱗粉を多く持つ昆虫を食べた後，体表面についた粉をとるグルーミングが見られるが，性行動の際のグルーミングの多くは，性器部分を対象にしたものであった．

（7）交尾栓・重婚

　清里の森では５月29日，巣箱にヤマネ成獣雄１頭と成獣雌１頭が入っていた．ペアーで巣箱にいる事例はまれなうえ，雄の耳介には長さ２mmほどの歯で切られたような生々しい傷痕があった．闘争があった証拠であり，そ

れは雌をめぐるものであったのではないかと想像された．そこで，雌の性器の状況を確認するために，腹部をそらせると膣部からクリーム色で棒状のものが出てきた．こんな経験は初めてであった．それは長さ7.9 mmで直径は細いところで3 mm，太い部分で4 mm，縦に溝がある（図3.2）．交尾栓であった．交尾栓とは雄の射精後に膣のなかで精子が固まり，ワインの瓶の栓のようになり，別の雄の精子の侵入を防ぐ働きをするものである．

　これらの状況より，前夜，この雌と雄は交尾を行い，巣箱で休んでいたのではないかと考えられた．ある雄のホームレンジを調べたところ，5月に長距離を移動した．これは繁殖活動を行うためではないかと推測している．その後，私たちは1頭の母獣から産まれた，複数の幼獣の遺伝子から複数の異なった父親の遺伝子を確認した（安田，未発表）．同様に，ヨーロッパヤマネでも遺伝子分析から雄の3頭かそれ以上から起因する幼獣が確認されている（Naim *et al.*, 2011）．これは，ニホンヤマネもヨーロッパヤマネも重婚することを示している．複数雄による交尾参加は，雄にとっては自分の遺伝子を残す絶好のチャンスであるため，繁殖活動に参加することは意義があることと考えられる．そして，雌は膣内で遺伝子競争を起こし，よりよき遺伝子を獲得しようとしていると考えられる．

　重婚について，アニマルパスウェイの活動にもご協力いただいている森

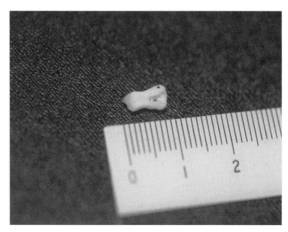

図3.2　ニホンヤマネの交尾栓．

林総合研究所多摩森林科学園の田村典子先生は，クリハラリスの重婚の意味を以下のように述べている（田村，2001）．1つめは遺伝的な変異を大きくし，さまざまな環境変動や病気への耐性のバリエーションを子どものなかでつくることである（Halliday and Arnold, 1987）．2つめは複数の雄の精子を受け入れることによって，精子競争を促すことである（Parker, 1970）．3つめは精液に含まれるタンパク質が雌の体のなかで吸収され栄養となることから，多回交尾を積極的に行う例が昆虫類でも報告されている（Thornhill, 1976）．4つめは父親の隠微（Taub, 1980）である．私もヤマネの性行動にはそのような役割があると考える．

交尾栓のあった雌の体重は 13.5 g で雄は 15.0 g であった．したがって，この体重で性成熟に達している成獣であることを示している貴重な情報でもあった．

このような複数雄との交尾をニホンヤマネができる要因は2つある．1つめは雌の発情時間が雄より長いことであると考えられる．ある事例では優位雄の発情時間は3時間58分，劣位雄は3時間42分とほぼ同じなのに対し，双方と交尾した雌は5時間11分であった．雄が交代するように，交尾が可能なのは雌が雄を受け入れることが可能な時間が長いためである．2つめは雄の干渉である．優位雄が交尾中，干渉されると劣位雄を追跡していく．すると雌が1頭となるので，優位雄が再び戻るまでの間，劣位雄は雌と1対1となることやほかの第3の雄が漁夫の利を得るように，交尾の機会を持つことができる可能性が生じる．つまり，干渉が複数の雄に交尾ができる機会を多くしている可能性がある．劣位雄としては，とにかくじゃまをしてチャンスを広げることが重要となる．しかし，そこに闘争が起こることは避けることができない．

ヤマネは，冬眠期以外という制限された活動時間のなかで，自らの遺伝子・子孫を残していく必要がある．また，雌が発情するのは活動期のなかで1回か多くて2回，そのなかでも交尾が可能なのは1回あたり最長5時間ほどの発情をしている間である．

（8）交尾期間・交尾時間・交尾場所・交尾年齢

和歌山県の飼育下ではヤマネは春，冬眠から覚めて 1-2 週間ほど経過した

ころから，第1回目の交尾を開始した．ニホンヤマネの冬眠覚醒直後の雄の
ペニスは勃起せず，細く白色であった．それが1週間ほど経過すると繁殖活
動が可能となる．私は，ヤマネの雄の発情の度合は，ペニスの状態と色で判
断している．発情時期のペニスは勃起しやや紅色となるが，発情時期でない
ときは，勃起せず白色である．飼育下の和歌山では交尾期間は3-7月であっ
た．ピークはおよそ3月中旬から4月中旬と6月中旬から7月中旬ごろで
あった．

　私は何回か交尾行動に関して観察を繰り返すうちに，夕方になるとその日
の夜に交尾活動が行われることが，空気の状態からその気配を感じることが
できるようになった．ある夕方，暖かく，湿った空気の状況から交尾がある
と直感し，観察道具をそろえ野外ケージに入ると，ヤマネたちはもう交尾を
始めていた．

　これまでの観察で発情時間帯は21-23時ごろが多く，交尾開始時刻は20-
21時ごろから始まることが多かった．交尾終了時刻は0時前が多かったが，
遅く活動が始まった雌雄は午前3時前ごろまで交尾をした．

　交尾活動は樹上状態のところで行われた．地上で行われたのは，全観察事
例のなかで，2例のマウンティングのみであった．野外ケージ内で，ヤマネ
は水平で外部と少し遮断される平らな場所を好んで交尾をした．したがって，
野外でも葉に隠れたような水平な枝や樹洞のなかで交尾していることが想像
される．

（9）出産直後の交尾

　ニホンヤマネが出産直後に交尾を行う事例は，富士山の須走の馬返し（静
岡県側）と長崎県轟の滝の個体で確認した．さらに長野県の浅間山でも出産
後の交尾・育児の可能性が示唆されている（芝田，2008）のを合わせて計3
例であるが，南方の九州と本州中部で出産後の交尾・妊娠が展開されていた
ことは，ニホンヤマネはときにこのような型の繁殖行動も行うことを示して
いる．ヨーロッパヤマネの妊娠した雌が初めの仔たちと一緒にいたことがあ
る（Juškaitis, 2008）．ヨーロッパヤマネでも出産後5-12日で交尾するとの
記述がある（Rossolimo et al., 2001）．冬眠のために活動期間に制限のあるヤ
マネにとって，この出産直後の交尾・妊娠・育児は時間的に効率的な繁殖方

法である．同じ齧歯目であるラットは後分娩発情によって妊娠するため，哺乳中に追いかけ妊娠させることは可能であるが，母ラットの消耗が著しく，受胎率が落ち，仔の発育も良好でない場合が多いとあるように（正木，1992），この行動類型は，ヤマネにとっても母獣への負担を大きくするものであろう．これに加え，雌は秋に体重増加が遅い傾向があることからも，繁殖が雌に負担をかけていることが示される行動現象でもある．

3.2　出産期と交尾期

（1）八ヶ岳南麓──清里の出産シーズンと出産回数

　八ヶ岳南麓清里高原の 1988 年以来の巣箱調査の結果，出産は早くて 5 月下旬から始まり 9 月初旬まで続くことがわかってきた．出産期のピークは 7 月であり，清里ではリョウブの花が咲いているころである．通常，ヤマネの出産は 1 年に 1 回であるが，発信機調査の結果，1 年に 2 回出産する個体も観察された．その個体の 1 回目と 2 回目の出産場所の距離は約 44 m であった．和歌山県の飼育下でも同じ個体が，通常は 1 回で，たまに 2 回出産していたのも確認した．ヤマネの妊娠期間は平均約 32 日（最短 30 日から最長 39 日；Minato, 1996）であるため，清里で交尾が開始されるのは，早くて 4 月中旬，あるいは 4 月末ごろからで，終わるのが 7 月末か 8 月初旬ごろとなる．冬眠覚醒が 4 月中ごろから起こることがあるので，冬眠から覚めて早い段階で交尾することを示している．ヨーロッパヤマネも冬眠覚醒後，繁殖を始める（Juškaitis, 2014）．冬眠する小型哺乳類のなかでもコウモリ類は，冬眠前に交尾をする種類があるが，ヤマネの仲間は冬眠覚醒後に交尾をスタートさせるのである．

（2）繁殖の地理的変異

　ヤマネには地域により遺伝子も体色も異なる集団がある．出産シーズンはどうなのだろうか．それについて 2 つの情報源で整理した．1 つは私たちの 1976-2016 年の各地（秋田県，栃木県，新潟県，山梨県・富士山，山梨県・清里，山梨県・三つ峠，静岡県，岐阜県，長野県，和歌山県南部・中部，大

阪府, 兵庫県, 島根県 [隠岐の島], 高知県, 長崎県, 岡山県, 三重県南部) の巣箱調査や生態調査の結果である. このうち数県では出産を確認した森の食物調査を行った結果を参照した. もう1つはほかの研究者が行った高知県 (中西ほか, 2002), 長野県 (中島, 1993；芝田, 2000), 徳島県 (井口ほか, 1996) などの情報である.

　長崎県では9月と10月であった (松尾ほか, 1998). 高知県では春の5月と秋の10月に幼獣が確認され (中西ほか, 2002), 1年に春と秋の異なる季節で行う年に2回の出産シーズンを有する集団である. 徳島県からは冬の2月の出産例がある (井口ほか, 1996). 冬季の出産は, 本州南端の和歌県南部で11月中旬から12月初旬での出産2例と (Minato, 1996) と和歌山県 (旧・本宮町) での巣箱調査において11月に繁殖巣を発見した. 徳島県と和歌山県の結果から, 暖帯地域において, ヤマネは冬季に出産することを示している. さらに, 和歌山県南部では, 山道で11月初旬に生後40-50日の亜成獣が発見された. この事例から9月下旬ごろの出産も推定される.

　中部地方の山梨県・清里では5-8月末ごろまで出産し, 出産ピークは6月末から7月初めを示した. 連続的に出産期を移行する. 個体により2回の出産を行った.

　長野県の浅間山では, 発情期は4月下旬から7月下旬までの3カ月間であり, 5月と7月に2つのピークを持つ (芝田, 2000).

　富士山須走 (静岡県側) の6月 (今泉, 1949), 富士山麓の山中湖での9月ごろ (大島, 1980), 長野県宮ノ越村での9月ごろ (五味, 1928), 栃木県・新潟県では, 数年間の巣箱調査で幼獣を確認したのは9月と10月初めの秋であった.

　これらの情報から日本全体で総覧すると, 遺伝子や毛色などと同様にヤマネの出産期は地域により異なっており, その期間は2月から11月の間と多様であった. 秋が出産時期のところがめだつ.

　これら多様な出産期についてとくに不思議なのが, 冬眠動物といわれているヤマネの冬季の出産行動である. それは餌資源を供給する森とヤマネが持つ体内機能の適合性に要因があると考えられる. 和歌山県では, 11月に出産した個体 (Minato, 1996) の生息していた森の餌資源を調べると, ヘビイチゴやイズセンリョウなどの漿果が豊富にあった. しかし, そこでのブラッ

クライトによる昆虫調査で，飛来したのは少数のガガンボのみであった．11月に出産した母獣にイズセンリョウを与えると食べたため，この母獣はイズセンリョウに依存して出産と育児を行っていると考えられた．さらに，2014-2015年の三重県南部で発信機調査を実施した場所は，イズセンリョウの果実がパッチ状に結実しているところであり，ヤマネは12-1月の冬季でも活動することを確認した．そして，飼育個体にイズセンリョウを供すると，それを食べた．このような観察からイズセンリョウは，南部の森では重要な冬季の餌資源となっていると考えられる．

　新潟県で10月初めに出産を行ったのも，森の餌資源の存在が要因かと推定される．2004-2007年の巣箱調査期間のなかで，出産を確認したのは2005年の10月初めだけであったが，この年はブナが豊作年で，ヤマネにブナの実を供すると食べた．海外のオオヤマネは，種子の乏しいときには繁殖はしないという報告もある（Kryštufek, 2010）．これらから，ニホンヤマネにおいても食物と繁殖は関係していると思われる．そして，餌資源があれば冬季の育児を行うこともあると考えられる．

　しかし，山梨県のような地域では，雪が森を覆う冬季は柔らかい果実も昆虫も存在しないため，出産・育児は不可能である．ただし，イズセンリョウも紀伊半島南部ではどの森のどこにでもある植物ではなく，偏在的に繁茂している．三重県南部でも冬季に山仕事をされている方などの小屋のやかんのなかでヤマネは冬眠していたこともあり（堀口，私信），和歌山県南部での野外で飼育下のヤマネは冬眠したので，紀伊半島南部のすべてのヤマネが冬眠せず繁殖をしているとは限らない．宮崎県・長崎県でもヤマネは冬眠するが，鹿児島県の大隅半島では冬眠しない個体がいることが示唆されている（安田ほか，2015）．

　ヨーロッパでも地中海のシチリア島産のヨーロッパヤマネは，冬季も含め1年中繁殖を行う（Sarà and Sarà, 2007）．ヨーロッパヤマネの繁殖も地域で異なり，暖かい地方では冬眠せず，繁殖も行う．

　これらのことから，日本でも南に生息するヤマネは，食物を得ることが可能な場所であれば繁殖する可能性があると考えられる．さらに，繁殖の地理的変異を創出している要因は餌資源のほかにもあり，それはヤマネが持つ体内機能が関係していると考えられる．1つめは出産後に交尾ができることで

ある．2つめは仔が早く成長することである．この2点は，短い活動期間の
なかで子孫を多く残す機会を増大させている．3つめは，冬眠衝動を超える
"繁殖・成長スイッチ"のようなものの優位性である．和歌山県で，11月下
旬に出産した紀州産の親仔を野外の寒気にさらされる大型野外ケージ内の小
型ケージに入れ，飼育した．冬季の低温下では，ほかの山梨県産系統由来の
ヤマネは冬眠していたが，紀州産の母獣は冬眠することなく育児を行った．
これは私にとって衝撃的であった．そして仔は成長し，体重が約20gと
なった個体から冬眠に入っていった（Minato, 1996）．さらに母獣も冬眠に
入った．このことから，繁殖・成長をするスイッチは冬眠スイッチより強い
ことが考えられ，冬に産まれた仔は餌の供給があれば，冬眠に入るまで餌を
獲得し，体重を増やした後，冬眠に入ることを示している．

　繁殖行動を通して見えるヤマネの生きざまは，ユーラシア大陸の端っこの
南北に長い島国の森において，それぞれの地域の気候と食物を提供する森の
特性と自らが持つ生理的特性とを複合させながら，巧みに子孫を残している
姿である．

3.3　繁殖巣

　繁殖はその種の生きざまと特性を見せてくれる．そうであるならば，繁殖
巣からもヤマネの生きる姿勢と特徴が見えてくるのではないかと考え，私た
ちは巣箱につくられる繁殖巣とてんぐ巣病などの枝間につくられる繁殖巣に
ついて探った．

（1）巣箱での繁殖巣

　繁殖巣のサイズは，ソフトボール大の12 cm×12 cm×9-11 cmほどであ
る．繁殖巣の材料には3つのタイプがある．1つめは樹皮だけでつくられた
巣，2つめは蘚苔類だけでつくられた巣，3つめは蘚苔類と樹皮との混合巣
である．たまに，巣の屋根部を青葉で覆っていることもあった．

　巣の外側は硬めの樹皮で囲まれている．触るとごわごわで樹皮の幅は広い．
内部に指を入れると暖かく，内側は細くした柔らかい内樹皮で幾重にも重ね
て層状につくられている．これら47個の巣を分析した結果，清里でヤマネ

は7種の樹種の樹皮を用いていた（湊，2000）．使用頻度がもっとも高かったのはサワフタギで，つぎにズミ，そして，ヤマブドウ・カンバ類であった．それぞれの樹皮の共通性は，柔らかい・細い・長い・薄い・剥ぎやすい・繊維質であった．ヤマネが巣材を採取した場所としてもっとも近かったのは，巣をつくっている巣箱を架設している樹であった．

　繁殖用の樹皮は，地域によって異なっている．山梨県の三つ峠ではボタンヅルを多く用い（湊ほか，1976），隠岐や中国山地ではスギやヒノキを用い，浅間山ではボタンヅルを用いていた（中島，1993）．それぞれの地域の繊維として使用しやすい樹種を選択している．

　巣の作成時間は，前述したように，野生の母獣は一晩で作成する．飼育下での観察も行った．母親がどれぐらいの時間で巣をつくるかをビデオで撮影した．巣の材料として大量の蘚苔類を大型ケージのなかに入れた．すると蘚苔類だけの巣を新しくつくるのに要した時間は203分であった．その間，蘚苔類を懸命に口にくわえて運んだ運搬回数は108回であった（Minato, 1996）．これからヤマネは繁殖巣を一晩で作成することができることが確定された．したがって，巣の材料を採る場合，巣箱を架設している木のように巣材の採取場所が近いところから採ることは，運搬距離を短くし，効率的であるばかりではなく，天敵を防ぎ安全であると考えられる．

　つぎに用いた樹皮の特徴について記載する．八ヶ岳山麓で用いられたおもな樹皮の特徴を共同研究者の小山泰弘さん・若林千賀子さんに分析していただいた．

　サワフタギは，樹皮の色が白っぽく，白木の家具のようである．外樹皮，内樹皮ともに柔らかく，非常に細かく縦に裂けるため，嵩を増やすことができる．とても柔らかくふんわりしているので，幼獣の体が触れるベッドに最適の材料である．

　ズミの樹皮は黒っぽく，オークなどの家具に似ている．外樹皮，内樹皮とも硬さがあり，ぱさぱさした印象を受ける．樹皮は剥ぎやすく，量を多く採ることができるが，紐状でも幅5-10 mm程度となり，細かい繊維にはならず，細長い紙のようになる．

　ヤマブドウは，細長い繊維は採取できるが，外樹皮は硬い．内樹皮は細長い繊維を採ることはできるが，サワフタギほどの柔らかさはなく，量もあま

り採取できない.

カンバ類では，シラカンバ，ダケカンバ，ウダイカンバの 3 種類の樹皮が用いられていた．外樹皮は薄く，横に裂ける点で共通している．ほかの樹より非常に薄く剝げるので，ふんわりとした皮とならないため，すぐにぺったんこになってしまう．このため内部に使用しようとすると，空気層を保持できないと推測され，保温には適しないと思われる．

リョウブは，外樹皮が容易に剝げるので，この部分をブロック状に採取して使用することが多い．枝などの細い部分からは，細いブロックが採取できる．しかし，樹皮自体はごわごわして硬い．

その他，アカマツの外樹皮をブロック状に剝ぎ，内樹皮を薄く剝いだものやノリウツギの外樹皮を用いていた．ノリウツギは薄く剝げ，細くて「てかり」のある赤い皮が採取できる．比較的容易に採取できると考えられるが，使用例は 1 例のみであった．サワフタギの使用頻度が高かったのは，剝ぎやすく・細く・柔らかく・量を多く採取できるからである．シラカンバの外樹皮は剝ぎやすいが，硬いためサワフタギなどの樹がないときに用いるのかもしれない．

サワフタギの樹皮を剝いだ痕が，枝に残っている場合がある．門歯で剝ぐのでレールのような傷が枝に残るのである．幅約 1 mm，長さ 5 mm ほどである．この痕跡を探すことでヤマネの生息を確認することもできる．このようにヤマネは「樹上世界」から樹皮を巣の材料として得ているのである．

つぎに，蘚苔類の材料はどうだろうか．共同研究者の土永浩史さんに調べていただいた．富士山と八ヶ岳南麓の清里の 29 個の巣では，ヤマネは蘚類で 48 種，苔類で 16 種の計 64 種を用いていた（土永・湊，1998）．これらの蘚苔類は樹幹に着生する種，または樹幹や岩上にも付着する種が多く，匍匐性の蘚苔類であった．

乾燥重量は平均 11.1 g で，そのうち蘚苔類が 4.9 g，樹皮や落葉，枝などが 6.2 g であった．これらのなかで蘚苔類の平均出現種数は 6.1 種であった．蘚苔類のなかでヤマネが積極的に巣材として利用したと考えられるのは 20 種（蘚類 19 種，苔類 1 種）で，これらの種のなかで乾燥重量が 5 g 以上巣材として用いられたおもな蘚苔類は，シダレヤスデゴケ（ヤスデゴケ科），クサゴケ（ハイゴケ科），コクサゴケ（トラノオゴケ科），オカムラゴケ（ウ

スグロゴケ科）、イトハイゴケ（ハイゴケ科）、ヒメコクサゴケ（トラノオゴケ科）、コバノイトゴケ（シノブゴケ科）の7種であった．

これらの種の共通点は，「樹幹などに着生」し，「まとまって生え」，「繊維性」であり，「地上性の蘚苔類ではない」ことである．苔類で使用されていたのは，シダレヤスデゴケのみである．苔類は一般的に蘚類よりも小型の種が多く，量的にも群落としてまとまりが小さいため，蘚類のほうをヤマネは選ぶものと思われる．しかし，シダレヤスデゴケがおもに用いられているのは，この種が純群落を形成しやすく，量的にも豊富に産することが要因と思われる．さらに，長崎県轟の滝のヤマネの巣材からもシダレヤスデゴケが出現したので，ヤマネにとって本種は好適な巣材なのである．

このように，ヤマネがおもに巣材とする蘚苔類と樹皮の共通点の1つは繊維質であることである．ヤマネは階層を重ねて繁殖巣を編み込むため，繊維性の材料が適しているのである．層状の巣は保温効果ももたらす．ヤマネの幼獣は，母獣の保護を誘発する超音波を，生後0日から開眼して外出を始める約15日ごろまで発するため，それまでは少なくとも巣には保温効果が必要と考えられる．加えて，層とすることで防水効果が生まれる．人間が利用する茅葺屋根のように，重ねて重ねて雨露を防いでいるのである．

これら繁殖巣の材料である樹皮と蘚苔類の特性から，ヤマネの生活圏は樹上であることが示された（Minato and Doei, 1995）．ヤマネは森の枝の世界で生きる住人なのである．

巣と糞の関係も驚かされることがある．ドーム状の屋根に緑色や黒色の糞がどんと乗っかっていることがある．巣箱内の隅や壁板に糞がたくさんあることもある．同じ巣箱を用いるシジュウカラなどの鳥類は糞を巣外に出すが，ヤマネは巣の上や内部に置くことがある．この行動をより大胆に行うヤマネがオオヤマネであり，ハンガリーでもかれらの巣箱にはたくさんの糞が入っていたり，巣箱の前の枝に置いていることがあった．これはヤマネどうしの社会的コミュニケーションの役割を果たしているとの報告がある（Morris, 2011）．自分の家だと主張する“標識”代わりなのか，社会的な意味でコミュニケーションのシグナルとして用いているのか，天敵に対してだいじょうぶなのかと心配してしまう不思議な糞である．

（2）自然繁殖巣

　和歌山県・富士山（須走，精進口，富士吉田，山中湖）・志賀高原の森と
フィールド調査を重ねて清里の林にやってきた私は，ある日，地上高80cm
ほどの枝先に長さ10cm，幅5cmほどのコケのかたまりを見つけた．「なん
だろう」．入口が開き，のぞくと中空であった．だれもいない．でも，なに
かの巣にちがいない．「まさか，ヤマネではないだろうね」と思っていた．
これまで，和歌山県でも富士山でも志賀高原でも，山梨県の三つ峠でもこん
なヤマネの巣を見たことはなかったからである．すると，別の日に同じよう
なものを発見した．地上高1.8mほどの高さのヤマツツジの枝が束状になっ
ているところに，コケのかたまりがあるのである．ドーム状の巣である．入
口はあちこち探るが見当たらない．巣の壁をこじあけてコケを少しどけよう
とすると，巣は層状になっている．あけた隙間から小さなピンク色の鼻とか
わいいヤマネの目が見えた．驚いた．私にとって，ヤマネの自然巣の初めて
の発見であった．ヤマツツジの枝がてんぐ巣病となり，小枝が束状に出て，
その枝の間の狭い空間にコケで巣をつくっていたのである（図3.3）．私が
こじあけた巣の隙間をヤマネはコケでふさいでいる．ヒメネズミは，人に見
つかるとすぐに巣からジャンプして飛び出すが，ヤマネはまるで「いない，
私たちはいない」というかのようにふさぐのだ．内部の部屋は暖かかった．
ピンク色で，毛のまだ生えきっていない幼獣たちがいた．この巣は枝先にあ
り，風があると気持ちよさそうにふんわり揺れるので，私たちは「ハンモッ
ク巣」と命名した．まるで赤ん坊のゆりかごのようであった．

　こんな発見から，饗場さんを中心として私たちは自然の樹上の繁殖巣を
35例観察した（表3.1）．ヤマネの自然の樹上繁殖巣はソフトボール大の球
形あるいは楕円形で，乾燥重量は19.6 ± 4.9 g，その大きさは長径11.1 ± 1.8
cm，短径8.8 ± 1.4 cm，高さ9.8 ± 2.1 cmであった．

　ほかのヤマネ科の巣の大きさと比べると，ヨーロッパヤマネの繁殖用の巣
でおよそ10cm以上なので（Kahmann and Frisch, 1950; Wachtendorf, 1951;
Berg and Berg, 1998; Foppen *et al.*, 2002; Wolton, 2009），ニホンヤマネと似た
サイズである．モリヤマネの巣は，イスラエルでは直径15-25cmと，ニホ
ンヤマネよりやや大きめとなっている（Nevo and Amir, 1964）．

図 3.3 ニホンヤマネの自然繁殖巣（饗場葉留果，撮影）．

表 3.1 ニホンヤマネの樹上の繁殖巣の重さと大きさ（饗場ほか，2016 より改変）．

計測項目	計測個数(n)	Mean ± SD
乾燥重量(g)	10	19.6 ± 4.9
長径(cm)	30	11.1 ± 1.8
短径(cm)	29	8.8 ± 1.4
高さ(cm)	25	9.8 ± 2.1

　ヤマネの自然巣は，巣材を何層にも編み込んでいる頑丈なものであった．雨のなかで確認した1例では，外部は濡れていても内部は乾燥していた．巣を取り囲むてんぐ巣病の小枝や葉も雨や風の影響を緩和すると考えられた．

　28例の巣材構成を検討すると，巣材として利用されていたのは樹皮が26例（92.8%），蘚苔類が24例（85.7%），枯葉が3例（10.7%），青葉が2例（7.2%）であった（饗場ほか，2016）．これらからもヤマネが繁殖巣に用いる主要な巣材は樹皮と蘚苔類であることが示された．ニホンヤマネが利用する蘚苔類は樹上に着生する種であり（Minato and Doei, 1995），樹皮もおもな巣材である．これらの巣材からヤマネが樹上空間を行動圏として利用する動物であることがあらためて示された．

　繁殖巣の巣材・構造については以下のようであった（饗場ほか，2016）．

巣は外壁と内壁から構成されていた．巣の外壁と内壁に用いられた巣材の種
類により巣を7つのタイプに分けた（表3.2）．ヤマネはおもに外壁に蘚苔
類，内壁に樹皮を用いた．外壁はさらに外層に粗い蘚苔類を，その内側の層
には樹皮つき蘚苔類の2層で構成されていることもあった．これらの巣材は
いずれも森林内に多く存在するためにめだちにくく，天敵から巣を隠微する
のに効果的と考えられる．内壁の巣材としてはおもに樹皮を用いていた．樹
皮は外壁に使用するものよりも細く繊維状とし，何層にも編み込まれて，内
壁の樹皮は細かく裂かれ，柔らかくされていた．巣の内部は暖かく，保温と
防水効果があり，少し湿り気もあり，体温調節ができない幼獣を育てるため
のよき部屋となっていた．

　清里で9例の樹上繁殖巣に用いられた樹皮の樹種の出現頻度を検討した．
サワフタギは9例（100%），カンバ類は8例（89.0%），ズミは1例，ヤマブ
ドウは1例，カラマツは1例であった．加えて，清里の9例の巣のうちの2
例はサワフタギの樹皮だけでつくられていた．清里ではサワフタギはヤマネ
の繁殖にとって重要な巣材を提供する樹種なのである．

　長野県では巣箱の繁殖巣の内部にオニヒョウタンボク・シラカンバ・ダケ
カンバ・ヤマブドウ（芝田，2008），和歌山県の繁殖巣ではスギ（湊，1984），
長崎県ではキダチニンドウ（松尾，2010），高知県の繁殖巣ではヒノキ（中
西ほか，2002）の樹皮がそれぞれ用いられている．これらとサワフタギの共
通点は繊維質であることである．巣を幾層にも編み込み，堅牢な層構造の巣
をつくるには繊維質の巣材が不可欠なのである．したがって，日本各地域に

表3.2　ニホンヤマネの繁殖巣の巣材と構造（饗場ほか，2016より
改変）．

巣材	巣の数 (%. 同列の合計から算出)	
	外壁の蘚苔類利用	内壁の樹皮利用
樹皮・蘚苔類	12(75.0)	1(68.4)
樹皮・蘚苔類・枯葉	1(6.3)	1(5.3)
樹皮・蘚苔類・青葉	1(6.3)	1(5.3)
樹皮・枯葉	-	2(10.5)
樹皮のみ	-	2(10.5)
蘚苔類・青葉	1(6.3)	-
蘚苔類のみ	1(6.3)	-
合計	16	19

おいて，ヤマネは繊維性の植物材料を繁殖巣の巣材として用いていると考えられる．

ニホンヤマネは，通常，繁殖巣の出入口をふさぐ．明確な出入口を巣の側面に確認した6例中，5例では枝の基部周辺に，1例では枝先周辺に開口部があった．出入口のサイズは平均 2.1 ± 0.2 cm（範囲 2.0-2.3 cm，$n = 5$）であった．ヨーロッパヤマネも巣の出入口を側面につくる（Juškaitis, 2008）．

ヤマネは巣の底の床部に，より幅の広いカンバ類の樹皮（3.0-7.3 cm）を使用していた．ハンモック巣はヤマツツジの枝の間につくるため，枝と枝との間に隙間があり，隙間が広いと巣が不安定となることが予想される．人の家も床部には板を用いるように，ヤマネは幅の広くて，採取しやすいカンバ類の樹皮を床材として敷いて，隙間を埋めているのである．ときには，青葉を同じように床材に用いることもあった．目的に応じて巣材を選んでいるのだ．

巣はヤマツツジの小枝の間にすぽっとはめ込まれるようにつくられているが，外壁材の樹皮をヤマツツジの小枝に巻きつけて落ちにくいようにしていることもあった．また，てんぐ巣病の小枝には齧り痕があった．これは，ヤマネが小枝を齧り，底の部分を広げる作業をしたことを示している．工夫しているのである．巣箱内の巣の真上にはポンと糞を1個置いていることもあったが，自然巣のドーム状の屋根にも糞が見られることがあった．1例の繁殖巣では，内部に母獣と幼獣のため糞を確認した．ハンモック巣は，栃木県でも見つけたが，山梨県清里と栃木県那須町のハンモック巣をつくる営巣樹は，ヤマツツジ（$n = 34$）とウラジロモミ（$n = 1$）であった．ヤマツツジが圧倒的に用いられている．

一方，同じ日本産樹上動物の巣と比較すると，ニホンリスの営巣樹は巣を天敵から隠微するため常緑樹アカマツ，クロマツ，スギ，スダジイにつくり（矢竹・田村，2001），ニホンモモンガの営巣する樹洞の樹種は，スギやヒノキであり（鈴木ほか，2011），ムササビの営巣する樹洞の樹種は，社叢林巨木のスギなどである．

ヨーロッパヤマネは，若いトウヒ（spruce）やキイチゴ（bramble）などに営巣する．キイチゴの葉は雨をよけるシートとなり，撚るように組み合わせられた枝は，敵が侵入してきたときに，その震動が伝わるのでのアンテナ

の作用がある（Juškaitis and Büchner, 2013）．キイチゴは餌資源ともなる．私もドイツでそのような藪のなかの巣を見たが，敵が侵入すると伝わる振動で，これなら敵の到来を察知できると感じた．蔓はまるで「鳴子」なのである．

モリヤマネは，イスラエルの個体群ではホルトノキ科アリストテリア属の低木を含みながら，ナラ属の樹（*Quercus calliprino*s）に営巣する（Nevo and Amir, 1964）．モンゴルの個体群は，砂漠に囲まれたオアシスのような川の畔畔林のヤナギの仲間に営巣している（Stubbe *et al.*, 2012）．

つぎに，山梨県清里では地面のくぼみに地上巣を作成した1例が見られた．ヤマネの樹上自然巣の地上高は 1.85 ± 0.79 m（範囲 0.65-3.65 m, $n = 32$；図3.4）で，自然巣の営巣樹は低木のヤマツツジであった．このことはヤマネが営巣樹として，森のなかで低木層の位置を利用することも示している．

ヨーロッパヤマネの自然巣の地上高は平均約1mである（Juškaitis, 2008）．これはヨーロッパヤマネが巣材の1つとして枯草を利用することに起因しているのかもしれない．ニホンヤマネは草を用いることはない．このことはヨーロッパヤマネが地上も活動圏としていることを示唆している．茶色の背中と白色の腹部も巣材もまるでカヤネズミと類似していると私は思っている．

モリヤマネの自然巣の地上高は，イスラエルの個体群で平均 3.3 m（最大

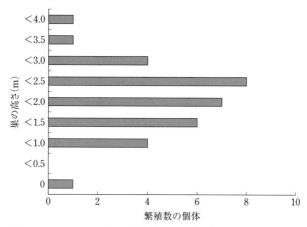

図3.4 ニホンヤマネの繁殖巣の地上高（$n = 32$）（饗場ほか，2016より改変）．

7 m；Nevo and Amir, 1964），モンゴルの個体群で平均 3.97 ±1.28 m（最低 1.40 m，最高 7.00 m）である（Stubbe *et al.*, 2012）．また，ニホンリスの巣の地上高は 4-18 m の範囲で平均 10 m であり（矢竹・田村，2001），ニホンモモンガの営巣する樹洞の地上高は 6.2 ±0.6 m である（鈴木ほか，2011）．長崎県・愛媛県でヤマネが自然巣をつくるヤブツバキも低木である．したがって，日本の森に営巣する樹上性哺乳類のなかでヤマネは，ヤマツツジのような低木を利用し，低い位置でも営巣し，繁殖を行う動物であることがわかる．モモンガ，ムササビは滑空するので，このような低いところに営巣することが形態上，移動上も困難となる．同じ樹上圏を利用するヤマネ，モモンガ，ムササビは，繁殖場所の高さと場所を異にしていると考えられる．

（3）ヒメネズミのハンモック巣

ヒメネズミもヤマツツジのてんぐ巣病にハンモック巣を作成した．ヒメネズミの特徴は，巣材がササや広葉樹の枯れ葉であることである．たまに青葉でできていることもある．そして，外装は青葉で覆い，カモフラージュの役割に使っていることもある．中心部は球巣を呈していることもある．まわりの小枝を齧り，スペースを広げるようである．作成の仕方は，枝を押し広げ，葉を横に置き，つぎに縦に置き，斜めに置いていくようである．入口は丸くつくられていた．

ほかにヒメネズミの自然巣は，樹洞のなかでも観察されることがある．巣材は枯葉である．また，朽ち木の表皮を剥ぐと，ヒメネズミの枯葉巣を発見することもあった．まさかヒメネズミの巣があるとは思わなかったので，驚きであった．針葉樹の水平な枝上に作成することもある．このようにヒメネズミは，自然巣をてんぐ巣病，樹洞，朽ち木のなか，針葉樹の水平な枝の上につくる．ヒメネズミのヤマネとは異なるてんぐ巣病の使い方は，食物の貯蔵場所にも使用することである．ヒメネズミは，秋になるとヤマツツジのてんぐ巣病の小枝が密集しているところへ，しばしばドングリやツルウメモドキなどの果実を隠して貯食場所にする．ヤマネは栄養を体内にため込むが，ヒメネズミは地面に隠すと同時に樹上の「倉庫」に食べものを貯蔵するのである．

ヒメネズミとヤマネは似た体形であり，同じ森にすみ，樹上をともに生活

148　第3章　繁殖——飼育研究と野外研究

圏とする動物である．しかし，用いる巣材は，ヤマネはあくまで樹皮やコケであり，ヒメネズミはあくまで葉なのである．ヤマネは樹上を生活圏とし，ヒメネズミは地下・地上・樹上を生活圏としているというちがいが背景にあるが，巣材選択と使い分けは両種の生きる「流儀」や「文化」のようなものだと思う．

　このように和歌山県の小学校の小さな研究者たちと繁殖の堅いドアーをノックして始まった繁殖研究のドアーは開き，ヤマネの生きる姿と特徴が霧が晴れるように見えてきた．するとまたドアーがいくつも現れた．堅そうで茶色のドアーの"表札"には，それぞれ「気温・気候と繁殖の関係」，「植生・食べものとの関連」，「他種との共生・競争」，「地理的変異の原因解明」などがある．どれも魅力的な表札だ！

第4章　育児
──仔育てと成長

4.1　妊娠・出産・産仔数・性成熟

（1）妊娠

　ヤマネは天然記念物のため，子宮内の胎児の位置を見ることはできない．
偶然，事故死した出産前の雌を調べた結果をいただいたことがある．右の子
宮に2個体，左に2個体の胎児であった．

　一方，モリヤマネの胎児数は，平均5.7頭（範囲3-9頭）と幅が広い
（Stubbe *et al.*, 2012）．私にとって，これまで観察困難だった交尾を確認でき
たことは心躍るものであったが，出産日を確定することができれば妊娠期間
を知ることになる．そこで，私は交尾後10日ほどして母獣を隔離し，巣材
となるスギの枝や蘚苔類とともに中型ケージに移した．出産後は仔の形態・
行動成長過程も観察したいので，母獣から幼獣を取り出さないといけない．
人工的な刺激で母獣が仔を食べたり，育児放棄するようなことを避けないと
いけない．そこで成長観察をスムーズに行うには，母獣と私との"信頼関
係"が鍵と考えて，妊娠雌に毎日，「元気な子どもを産めよ」などとやさし
い声をかけ，"片思いの信頼関係"をつくり，産んでいないかを見させても
らった．しばらくすると，雌は巣材を編み込んだ巣をつくるようになった．
出産が近い兆しであった．

　出産の前日，私がそ〜っと巣材をどけると母獣は人がソファーに座るよう
に腹部を上にして座ったような状態でいた．出産間近である証拠であった．
オオヤマネの出産においては，母獣は座るように背中を下にして出産するが
（Koenig, 1960），それに似た姿勢であり，ほかの哺乳類でも見られる姿勢で

あった.

　出産当日の朝，7時半ごろ，登校前の子どもたちと雌を見ると，雌は前足で幼獣を抱え，赤い血が表面についている内臓のようなものを食べているではないか．私はあわてて母獣から仔を離したが，赤ん坊は動かない．死んだかとがっかりした私と子どもたちは学校へ持っていった．しかし，再度じっくり見ているとピクっと動くではないか．母獣は胎盤などの後産を食べていたのであった．それに気づいた私は約500m離れた親のいるケージまで仔を持ちながら走りに走った．それはヤマネは朝，出産することがわかったときでもあった．その後，ヤマネの仔は無事に育っていった．このような失敗をしながらも，交尾から出産までをモニタリングし，妊娠期間を5例確定できた．春の3月末から4月初旬の交尾の際の妊娠期間は32-39日であり，夏の6月末から7月初旬の交尾の際の妊娠期間は30-32日であった．平均32.8日（範囲30-39日，$n=5$）であった．そして，和歌山県南部での飼育下において，出産を確認したのは15例以上で，出産時期は4月初旬から8月初旬であった（Minato, 1996）.

（2）産仔数

　産仔数は，和歌山県南部の飼育下では平均2.8頭（範囲2-4頭，$n=15$）で，和歌山県南部の野生下での産仔数を1例確認することができ，その数は5頭であった．山梨県八ヶ岳南麓の清里高原の野生下では，23腹から87頭の幼獣を得た．平均産仔数3.8頭（範囲2-6頭，$n=23$）であった．日本全体での最大頭数は，長野県佐久市の10頭（中島，2006）と兵庫県の宍粟市立繁盛小学校に保護された家族の仔の10頭（春名，私信）であったため，産仔数は2-10頭の範囲となる．哺乳類では昆虫や魚で見られるような完全な多産戦略をとる種は見当たらないが，地上で繁殖する種は一般に多産で中間戦略をとり，樹上，崖上，洞窟などで繁殖する種は少産が多く，保護戦略をとる場合が多い（正木，1992）．樹上で出産・保育をするヤマネは産仔数を多くできないと考えられる．

　ヨーロッパヤマネの産仔数もアルプス，モスクワ地区，ポーランドなどの地域で異なり，平均数値の変異は2.9-5.8頭の幅がある．リトアニアでは4頭の事例がもっとも多く，産仔数のちがいは雌の年齢により，若い雌ほど多

いという（Juškaitis, 2008）．モリヤマネの産仔数もカザフスタン，モルドバ，モンゴルなどの地域で異なり，1頭から8頭の変異がある（Stubbe *et al.*, 2012）．イスラエルのモリヤマネの産仔数は3.0頭の例が多く，1-4頭の範囲であった（Nevo and Amir, 1964）．メガネヤマネの産仔数は，スペイン南西部では平均5.54頭である（Moreno, 1988）．北モラビアでは，ヤマネ科の産仔数はオオヤマネで平均4.5頭（範囲2-8頭），モリヤマネで2.8頭（範囲1-5頭），ヨーロッパヤマネで4.7頭（範囲3-6頭）である（Gaisler *et al.*, 1977）．このようにヤマネ科の産仔数は地域で異なる．

（3）性成熟・出産回数

ヤマネの性成熟は，雌の場合，2つのことが飼育下で観察された．1つめは早熟例である．その雌は4月21日に誕生し，6月20日に交尾し，7月21日に出産した．このような生後2カ月で交尾した事例は，これまでの全観察中1例のみである．2つめは，通常の事例で性成熟は約11-14月齢である．ある雌は，5月9日に誕生し，明くる年の4月13日に交尾し，5月13日に出産した．雄の場合，約11カ月で成熟する．たとえば，7月25日に誕生した雄は，明くる年の6月13日に交尾した．最終の交尾齢は雄で5年，雌で7年であった．

1年間の出産回数は，ヤマネにおいては同じ個体で通常1回である．ただし，和歌山県の飼育下では1年に2回出産した個体がある．そして，八ヶ岳南麓の野生下でも2回出産した個体がいた．

4.2　仔の形態と行動の成長

（1）体重の成長

交尾観察から始まり，待望の赤ん坊の成長の観察ができるときがやってきた．私は小学校へ出勤する前に自宅で観察し，土曜日，日曜日も記録していった．コンピューターなどはない時代，観察記録用紙をガリ版で印刷し，カメラを準備した．学校の子どもたちが見にくると，彼らは助手となった．成長の研究手法は，フランスのボードアン先生のメガネヤマネの成長論文を

参考にした．幼獣の日々の形態・体色・体重・行動・音声の成長を記録していった（Minato, 1996）．

観察のプロセスは，育児中の巣箱を開ける前に母親の糞を私の手に塗りつけ，母親のにおいをつけることから始まる．私は，「キク〜」などと母親の名前を小さな声で呼びながら，巣材を静かにどける．母親は警戒している．私はそ〜っと人さし指1本で母親の頭部に触り，なでていく．つぎに2本の指でなでる．母親が安心したところできゅっと首をつかみ，ナイロン袋に入れ，温かい巣材を入れている別の巣箱にすばやく入れる．母親は，仔が心配のため，巣箱のなかでがさがさしている．そのためできるだけ早く，計測・観察・記録して母親に仔を返す必要がある．

生後0日齢の幼獣の体重は2.0-3.0 g（平均2.4 g, $n=17$）であった．1円玉2枚分ほどである．開眼するころの生後14日齢で6.0-8.5 g（平均6.7 g, $n=17$），生後20日齢で7.3-10.9 g（平均8.3 g, $n=17$），生後72日齢では24.8 gに達する個体もあった．幼獣のこのような体重増加傾向は（図4.1），ほかのヤマネ科のオオヤマネ（Koenig, 1960）やメガネヤマネ（Valentin and Baudoin, 1980）と類似していた．そして，生後0日から生後16日までの授乳期間中は，1日平均約0.3 gずつ体重を増加させた．ただし，開眼後

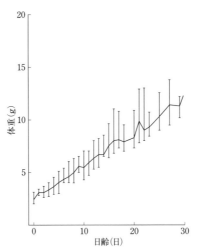

図 4.1 ニホンヤマネの仔の生後0日齢から32日齢までの体重増加（$n=17$）．各プロットは平均値と最小値，最大値を示す（Minato, 1996より改変）．

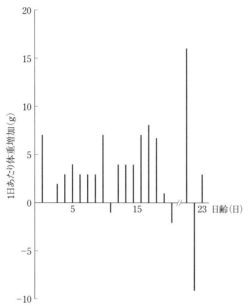

図 4.2 ニホンヤマネの仔の生後 0 日齢から 23 日齢までの 1 日あたりの体重増加（生後 19 日，20 日は除く）（Minato, 1996 より改変）．

に体重増加率が低くなる時期が 2 回あった（図 4.2）．それは離乳期に移る時期と，自ら採餌し始める時期と重なった．自ら採餌することに不慣れな時期のために，一時的に体重増加が止まるのではないかと思われる．このような一時的な体重増加のストップは，メガネヤマネでも報告されている（Valentin and Baudoin, 1980）．幼獣たちをもとの巣箱に入れ，母親のいる横の巣箱に置き，母親のいる巣箱の入口をふさいでいた軍手を外す．すると，母親は仔のいるもとの巣箱に戻っていく．「また，明日なあ」と声をかける．このような観察がヤマネの出産するたびに続いた．

（2）形態の成長

成長の観察ポイントは，体の各部の成長と感覚器官の変化である（図 4.3；Minato, 1996）．私はじ～っと赤ん坊たちの体を見つめ続けた．感覚器官の成長では，目は出生当日，閉眼で黒味を帯び，眼裂は桃色であった．開眼はおよそ 14-15 日齢（11-16 日齢）で起こった．最初片目が開き，それか

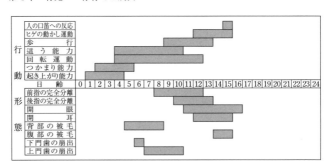

図 4.3 仔の形態と行動の成長（Minato, 1996 より改変）.

ら両目へと続くこともあった．耳介は出生当日，すでに頭部より離れており，ヒメネズミなどの出生獣のような 2 つに折れている状態ではない．ヤマネの耳介はすでに立った状態で産まれてくる．耳輪の色は薄い灰色を呈している．耳孔はふさがっている．9 日齢でそのくぼみが明確となり，12-15 日齢では完全に耳孔が開いた．

口の周囲の上唇触毛は出生当日，短くて白い．5 日齢では白く伸びてきて，9 日齢では長くなり，16 日齢では根元が黒くなった．7 日齢では，上唇触毛の生え出る皮膚は煉瓦色を呈していたが，15 日齢では黒くなった．

運動器官の成長では，出生当日，ピンク色の前足・後足とも指はたがいに癒着していたが，爪は生えていた．前足の背面と後足では，血管が透かして見え，後足の足底にはパッドが見られた．前足の指の分離が始まるのは 2 日齢であり，すべての指の間の完全な分離を終えるのが 8-12 日齢であった．

後足の指が分離を始めるのは 6 日齢で，完全な分離を終えるのが 10-13 日齢であった．色は 2 日齢では前後足とも桃色であったが，4 日齢では手根と手掌の背面や足底付近では，黒い色素が透き通って見られた．10 日齢の前足の基部では，背中から薄茶の毛が約 1 cm の部位まで広がっていたが，その長さは背面の毛ほど長くはない．11 日齢では手根と踵の付近まで胴部と同じ薄茶の毛が生えてきた．指の癒着が後足より前足のほうが早く開くのは，乳首をつかむのに有効なためだと考えられる．同様のことが，オオヤマネ（Koenig, 1960），とハタネズミ（小原，1975）についても知られている．

門歯では，下顎門歯が萌出し始めるのが 6 日齢，上顎門歯が萌出し始めたのが 7-10 日齢であった．下顎門歯は 15 日齢では伸びて，少し薄黄色味を帯

び，22 日齢では 2 つに分かれ大きく伸びた．上顎門歯は，15 日齢では前より伸びてとがり，22 日齢では長くなり黄色くなった．

出生当日の背面はピンク色の皮膚が白く，短いうぶ毛で覆われ，しわが寄っている．正中線の皮膚はすでに明確で，その部分の皮膚は薄黒かった．薄茶色の毛が背面を覆うのは 5-8 日齢であった．腹面は出生当日には桃色でしわが寄り，内臓と胃のなかにたまった母乳のミルクは透けて見えた．これがとてもきれいであった．へそは血が固まり，赤味を帯びていた．生後 2 日目くらいになるとこれが黒味を帯びる．腹面の毛が生えそろうのは 14-15 日齢であった．

顔の形は，出生当日や 7 日齢では台形であるが，22 日齢ごろには五角形となった．これは鼻骨の成長速度が大きくなるためと考えられる（白石，私信）．生後 40 日ごろの顔がヤマネでもっともかわいい時期であると私は思っている．

生後 2 日目では，前足の肘から腹部まで膜が広がっている．後足の肘は体側面の皮膚に埋まるようになっている．体側膜は，出生当日から開眼するころまで前足首付近から腹部側面，後足の膝付近まで顕著であった．これは，前述のように，*Glirulus* がかつてフランスでグライダーであったことが現在にも影響を残していると思われる（Mein and Romaggi, 1991）．

（3）行動の成長──海外産ヤマネとの比較

フランスでヤマネ科の成長を研究したボードアン先生は，メガネヤマネの起き上がり（righting）行動に注目していたので，私もメガネヤマネとの比較のうえでもこの行動を記録した．ヤマネの出生当日の幼獣を水平なところに置くと，横たわったままで動けず，四つ這い姿勢もとれなかった．幼獣を仰向けにすると，前足・後足を同じ方向に振幅させるが，四つ這いとなることはできなかった．1 日目には，仰向けにすると起き上がりのできる個体が現れた．4 日齢ではほとんどの個体ができるようになり，じょうずな個体では 3 日齢で 13-18 秒，7 日齢では 2-4 秒で，10 日齢では 1 秒で起き上がるようになった．

回転運動（ピボティング pivoting）は，私にとって初めて見るおもしろい行動であった．水平なところに仔を置くと，後足を軸にしてゆっくり回転し

ていくのである．4日齢から発生し，後足は動かさないが，前足を広げることで約180度回転した．8-12日齢では多くの個体が，左足か右足を円の中心点のようにして回転した．12日齢では360度の回転後，前進する個体も現れた．そして，13日齢には回転運動は起こらなくなった．また，1日目には前足を広げる動きが見られた．後足を前後に動かすが，前進できなかった．2日齢には後退運動が見られた．この回転運動と後退運動が起こるのは，前述のように前足の指の癒着が後足より先に離れることに起因している．前足のほうが自由に動く一方，後足の自由度が弱いためである．この後退運動は，仔が巣外へ這い出ることを防ぐのに有効であり，ムササビでも同様のことが述べられている（安藤・白石，1985）．

　這う行動は早い個体で4日齢で現れる．私は幼獣たちが腹部を床につけるかどうか真横から注意して観察した．9日齢では歩く個体も現れ，10日齢では前足だけで前進する個体と前足・後足の双方を使って歩く個体とが見られた．12日齢では，尾の先端は床についているが腹を床につけずに早く歩く個体と，腹をつけて歩く個体が見られた．13日齢では尾の先端を床につけ，腹を床につけずに速く走るようになった．

　這う行動と回転運動から歩く・走る行動への転換点は，後足の指の癒着が完全に分離したときであった．

　つかまり行動（clinging）においては，2日齢において四足で人の指につかまれる個体が現れた．3日齢では9秒間，つかまることができる個体が現れた．5日齢ではほとんどの個体がつかまることができるようになった．10日齢では確実に指につかまるようになった．11日齢では，棒から両後足で逆立ちするようにぶら下がる．12日齢では，後片足だけでぶら下がり，15日齢では左足の爪でぶら下がることができた．樹上で過ごす哺乳類の種にとって，幼獣の落下防止は重要である（安藤・白石，1985）．母獣は育児中，複数の巣を持ち，複数の幼獣を順にくわえて新しい巣に運ぶ．ヤマネの幼獣は出生当日にすでに爪が生えている．母獣が巣を変えるために仔を運搬する際にも，仔自身のつかまり能力は生き残るために不可欠なものなので，それへの適合と思われる．

　ヤマネの仔の成長を海外産ヤマネと比較すると，その成長は異なる．私はソ連（現・ロシア）科学アカデミー・レニングラード動物学博物館の依頼で

ニホンヤマネを贈呈し，その返礼としてやってきたモリヤマネとヨーロッパヤマネの繁殖，仔の成長観察も行うことができた．この3種の比較やほかの研究者の知見から，ニホンヤマネの成長はヤマネ科の他種よりも速いことがわかってきた．たとえば，誕生したとき，ニホンヤマネの耳介はすでに頭部から離れているが，メガネヤマネ（Moreno and Collado, 1989）やオオヤマネ（Koenig, 1960）は誕生後，しばらくしてから離れる．ぶら下がり行動は，ニホンヤマネは生後2日目からできるが，メガネヤマネは5日目である（Valentin and Baudoin, 1980）．開眼は，ニホンヤマネは生後11-16日であるが，オオヤマネは20-21日（Koenig, 1960），ロシアのヨーロッパヤマネは18-20日（Fokin and Airapetyants, 私信），トルコのローチヤマネで15-19日である（Buruldağ and Kurtonur, 2001）．ヤマネ科のなかでニホンヤマネの成長が速いのは，ヨーロッパからユーラシア大陸を移動し，日本へ渡り，日本の森に適応する段階で成長を速くしないといけないなんらかの環境要因があったのであろう．前述したように，日本列島は新第三紀末から第四紀に山脈の隆起や海峡の形成などが活発に起こり，大きな気候変動とそれにともなう植生変動が生じた．これらの環境要因と冬眠による活動期間の短さの生物要因などが早く仔が成長することにつながったと思われる．

　メガネヤマネの成長を研究していたボードアン博士とイタリアの学会でお会いすることができた．やさしい紳士であった．オーストリアでオオヤマネを研究していた女性のケーニヒ博士は，膨大で緻密なオオヤマネの総論を書いておられ，その含蓄をもとに彼女は『ヤマネと少女キキ』という児童書を世に残している．オオヤマネの成長をはじめ，行動・生態を随所で表現している．主人公の女の子のキキとオオヤマネの緊密な交わりが，正確なオオヤマネの成長の生物的描写と女の子の心の成長も記されている本である．オーストリアで国民文学賞を受賞した作品である．その訳本を読む日本の子どもたちにとっても，オオヤマネの仔の成長物語は魅力的なものだろう．

（4）樹上行動獲得プロセス

　魚は水中を泳げて魚であり，コウモリは空を飛べてコウモリである．では，ヤマネがヤマネである行動とはなんだろうか．それは樹の上を歩き，走り，枝から枝へ渡る「樹上行動」である．では，仔はどのように樹上行動を獲得

していくのだろうか．4頭の仔ヤマネが，"ヤマネ"となるための樹上行動の獲得プロセスを特別アクリルケージで観察した．正面も側面も背面もアクリル製のケージは，テレビ番組「わくわく動物ランド」の小林一夫さんが撮影時に作成してくれたものであった．学校勤務が終わると赤い照明に変圧器を接続し，ヤマネが活動しやすい照度に調整しながら，一人ビデオでも記録していく．もし，ヤマネが昼行性だったら私はヤマネ研究を進めることができなかった．

幼獣は誕生から開眼するまでは，巣の外へ出ることはなかった．4頭のすべての幼獣の開眼した夜（樹上行動スタートの0日目），幼獣は巣箱の巣穴から2回だけ外をのぞいただけであった（図4.4a）．巣の外の暗闇に浮かぶ枝の世界がやはりこわかったのであろう．

明くる日の樹上行動1日目．仔は巣穴から顔を出し，首を左右に上に動かし外を見た．1頭の仔が体を巣穴から半分ほどまで出したとき，外にいた母獣が仔に近づき，たがいにスニッフィングした後，母獣が巣箱の天井に行くと続いて仔も天井に登った．仔は水平な枝の上面では尾の先端を曲げて，尾をぎこちなくゆっくり動かしながら歩き（図4.4b），枝の下を逆さまになりながら進んだ（図4.4c）．垂直な枝を登り（図4.4d），降りた（図4.4e）．しかし，垂直な金網を登る途中で落ちることもあった．これらは仔の初めての樹上行動である．これには母獣の関与は見られなかったので，自らヤマネの樹上行動の基本である枝の上面を歩き，下面を逆さまに歩き，垂直な枝を登り・降りることができることを示していた．

樹上行動2日目．巣穴から外を見る行動は激増した．仔の動く範囲は，巣穴近くと巣箱の天井のみであった．2頭の仔が初めてそろって巣箱の外に出た．

樹上行動3日目．水平な枝に後足で立ち，上方に位置する枝をつかみ，ぎこちなく初めて渡った（図4.4f）．仔は母獣について歩き，母獣が枝から下の枝5-6 cmのところまで降り，続いて仔も降りようとしたが，できなかった．母獣は，一夜の最後の行動として巣材を口にくわえ運搬し搬入した．

樹上行動4日目．4頭の仔が初めてそろって巣の外に出た．仔は母獣に続いて同じ行動をとった．後足で立ち前足を上の枝に伸ばし，枝をつかみ渡る行動・上の枝に飛びつく行動（失敗して落ちることもあった；図4.4g）が

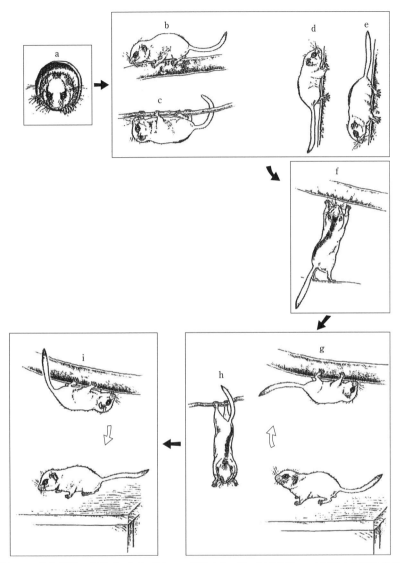

図 4.4 樹上行動の成長プロセス（Minato, 1996 より．画：金尾恵子）．a：巣穴から顔を出すだけ，b：枝の上面を歩く，c：枝の下面を逆さまに歩く，d：垂直方向に上がる，e：垂直方向に頭を下にして降りる，f：後足で立ち，上の枝をつかみ渡る，g：上の枝へジャンプして渡る，h：上の枝に後足でぶら下がり，下へ降りる，i：上の枝から下の枝へ降りる．

160 第4章 育児——仔育てと成長

見られた. また, 仔1頭だけで上の枝に後足で逆立ちになり, 前足をつけず
に降りる行動も見られた (図4.4h).

樹上行動7日目. 母獣が上の枝から下へ飛び降りると仔も続いて飛び降り
た (図4.4i) また, 枝から上に位置する葉を前足でつかみ, 後足を下の枝か
ら離し, 葉に体を乗せてぶらぶらさせながら渡った.

このような仔のおもな樹上行動の成長のプロセスは以下のようであった.
①巣穴から顔をのぞかせる. ②水平な枝の上を歩き, 枝の下面を逆さまに
なって進む. 垂直な枝を登り, 降りる. ③上の枝へ後足で立ち, 前足で枝を
つかみ, 渡る. ④上の枝へ飛び上がる. 下の枝へ上の枝から逆立ちになって
前足を下に伸ばし降りる. ⑤下へ飛び降りる.

仔の活動最終時刻は, 初めての外出では, 21時26分に母獣によりくわえ
られて巣に戻された以後, 1日ごとに午前3時43分, 4時10分, 4時17分,
5時14分, 5時44分とスライドし, 7日目では6時49分以降でも活動した.

これらを通してわかってきたことは, 開眼後の仔の巣外での初期の行動は,
巣穴から顔を出すのみで, 巣箱の天井を動いただけなど, 非常に慎重なこと
である. 尊敬するヤマネの写真家である西村豊さんも野外の幼獣の巣外活動
での範囲は, 郵便はがきの半分ほどだったと述べている (西村, 1988). 巣
立ちとともにまったく未知の環境で行動することに対しての本能的なものお
じは, 捕食者からの攻撃を防ぐうえで重要だからであると思われる (Koe-
nig, 1960). そして, 仔は母獣の行動をまねることなく, 水平な枝の上面と
下面を歩き, 垂直な枝を登り, 降りる行動などの自らできる行動を出現させ
ている. さらに, まるで母獣に促されるように, 母獣の行動をまねるように
学習しながら得る行動が見られる. これは上の枝へ伸び上がって登る, 下か
らジャンプする, 上の枝から降りる, そして, ジャンプして降りる行動など
で見られた. 樹上行動の獲得プロセスには, 仔が自ら行動し, 発現できる樹
上行動と, 母親のサポートを受けることで, 獲得が容易となる行動があるこ
とを示している.

(5) 離乳・成長期区分

すべての仔が開眼した3日後の生後19-20日目, 仔は初めて果物を食べた.
母獣を失ったため, 私と小学校の子どもたちによって育てた仔も果実を食べ

出したのは生後18日ごろであった．このことから，自ら食べ始めるのは生後19日前後と考えられる（Minato, 1996）．

生後20-21日目，巣外で母獣が食事中，仔が母親の口のところにきても，仔に餌を与えることはなく母だけ食べていた（少しあげてもいいのにと思った）．生後21-22日目，仔は昆虫を食べるようになり，壁に止まっているガに対して体を伸ばし前足でたたき落とし，動きの鈍くなったガを捕まえ，成獣が行うように内臓をすするように食べた．また，成獣が通常，行うように，枝に逆立ちになって餌を食べることができるようになった．しかし，ヒマワリの実を前足でぐるぐる回して，口で割ろうとしたが割ることはできなかった．生後22-23日目，母獣は巣に餌を1回持ち込んだ．

仔は巣外活動が長くなると，仔どうしの行動が見られるようになった．生後22-23日目，仔が仔の後をついて歩き，走り，仔の背中に仔がマウンティングするように乗っかる個体間行動が見られるようになった．

生後23-24日目ごろ，仔が枝に逆立ちになり，下で別の仔が後足で立ち，たがいにスニッフィングを行った．このように仔どうしの間の行動も発現した．西村豊さんも生後20日以上たつと仔たちは追いかけたり，噛みついたりなでてみたりと，仔の間の行動を観察している（西村, 1988）．これらから，ニホンヤマネの仔の0-32日齢の成長過程を，形態・行動の特徴と個体間関係の変化から大きく5期に区分した．

第1期は，0日齢で体の自由がきかず，起き上がり，後退運動，ピボティング（あるものを軸にして回転すること．ここでは後足を軸とする）などもできず，閉眼の時期である．

第2期は，1-11日齢ごろで，閉眼で音に反応しない．起き上がり，後退運動・ピボティングを示し，地面を這い，ぎこちなく歩くのが特徴である．

第3期は，12-17日齢ごろで，感覚器官と運動器官が活発に発達する期間である．開眼し，耳孔が開き，音に反応し，上唇触毛をさかんに動かし，後足の指の分離が完成し，ピボティングが終わり，歩行がうまくなる．開眼後は，離乳の開始となる．

第4期は，18-21日齢ごろで，仔は巣の外に出て，樹上行動を発展させ獲得していく．探索行動を示し，離乳が進行し，昆虫を自ら捕まえ，成獣と同じように逆さまになって餌を食べる時期である．

162   第4章　育児——仔育てと成長

第5期は，22日齢以降で，仔どうしの追尾・マウンティング・スニッフィングが現れ，個体間行動が現れる．このような発展の後，仔は母獣から別れていく．

（6）冬季の出産

和歌山県では1984年11月末-12月初旬の間と1986年11月中旬の冬季に1例ずつの出産を確認した（Minato, 1996）．1976年11月に和歌山県本宮町皆地の森（現・田辺市）の巣箱調査で発見した巣も繁殖巣であったので（湊，1984），和歌山県では11-12月の晩秋から冬季に出産する．徳島県では2月に出産する（井口ほか，1996）また，2014年三重県南部の尾鷲市の森においては，2014年12月-2015年1月の巣箱調査・発信機調査で活動していることを確認した（湊，未発表）．一方，三重県南部では冬眠個体の確認例がある（堀口，私信）．これらから，紀伊半島南部では冬眠する個体と冬眠しない個体の双方が存在すると思われる．九州南部では，暖冬などの気候条件によっては冬眠しない個体の出現が予想される（安田ほか，2015）．したがって，日本南部の冬季の暖かい地域では冬眠する個体と冬眠しない個体が生息している可能性がある．あるいは冬眠期間の非常に短い個体がいるかもしれない．冬季出産のあることは活動を支える餌資源が存在していることを示している．

前述のように，和歌山県南部でも三重県南部でも，冬季においてイズセンリョウは重要な食物資源である．本種の果期は数カ月間，継続するので餌としても有効である．一方，長崎県で調査したときヤブツバキは森に豊かにあり，その病葉にヤマネが営巣していた．花粉・蜜が豊かなヤブツバキの花期は長く，ツバキの花を飼育下のヤマネに与えると食べることがある．このように暖かい地方の冬季活動と晩秋から冬季の出産を支えるのは，花期や果期の長いイズセンリョウやヤブツバキなどのような植物と思われる．

1984年と1986年の2例，冬季の幼獣の成長を観察したなかで，1例目の4頭の仔が冬眠に入った体重は18.7-23.8 gで平均22.2 g（$n=4$），生後約71-85日目（平均80.5日）であった．また，2例目の2頭の仔が冬眠に入った体重は19.3 gと19.4 gで，生後約58日目であった．そして，1例目の仔の冬眠期間は39-65日，平均48日で，1日あたりの体重消費量は最少0.06

g，最大 0.14 g であった．体重消費量が少なく，体重を重い状態で維持でき
た個体の冬眠期間は長かった．したがって，ヤマネにとって体重約 20 g が
冬眠に入ることのできる体重と考えられる（Minato, 1996）．

　また，仔は生後 50 日目ごろから多量の餌を食べ，体重も増やしたが，野
生下においても冬眠可能なまでに成長するには，多くの食べものが必要とな
ることが推測される．晩秋，山梨県の清里や三つ峠の森において，ほかの個
体がすでに冬眠に入っているのに，いまだ冬眠に入っていないヤマネの多く
は，体重の軽い個体であった．この脂肪蓄積のできていない個体は餌の激減
している森で，冬眠に入るための体重を得ることは困難な状況である．そし
て，冬眠中の球状のまま死亡していた個体が持ち込まれたことがある．これ
は冬眠に入っても死亡する危険があることを示している．これらの要因の第
1 は冬眠に耐えられるだけの脂肪蓄積ができなかったことと，第 2 は冬眠中
の体重消費量が大きいことが考えられる．冬眠はヤマネが冬を越すための有
効な形式である一方で，冬は個体への自然選択の働きも行っていると考えら
れる．

4.3　育児行動

（1）授乳・離乳食

　繁殖研究で困難なのが，授乳・離乳の観察であった．はたして母獣はどの
ような姿勢で母乳を与え，離乳食があるとすればどのように与えるだろうか．
私はまず，飼育下の繁殖巣で巣材を少しどけて観察しようとした．すると母
獣が仔を腹部下に懸命に隠してしまう．母獣への過度な刺激は不適切なので，
観察は中止となった．つぎに胃カメラを借りてきた．育児中のスギ樹皮を何
層にも重ねている巣中に管型のカメラをそ〜っと入れていく．樹皮がアップ
で見える．巣の中央に近づく．でも，母獣の目が見えたと思ったら，母獣は
巣材をカメラ先端にかぶせてしまう．見えるのは巣材だけだった．がんばる
お母さんの姿に私はカメラを奥に進めることはできなかった．

　十数年後，テレビ撮影チームがやってきた．チャンスと思った私は特殊な
機材を所有している NHK の増田順さんと，これまでの失敗をもとに知恵を

出し合った．増田さんは母獣を刺激しないで撮影できる特殊な巣を制作してくれた．そして，そこに映し出された映像は，驚きのものであった．母獣は仰向けになり，腹部に幼獣たちが顔を突っ込み，毛の間から乳頭を探し出し，乳を吸っている姿であった．ついに，"授乳行動"を観察することができた．

つぎは，長年の間，見たかった"離乳行動"撮影に挑戦した．母獣は硬いものや，果実，昆虫をどのように幼獣に与えるのだろうか．昆虫などの本体を持ってくるのだろうか．授乳行動と同じ巣で見ていると，まず，巣外で花をさかんに食べた母獣が，幼獣たちのいる巣に帰ってきた．仔に近づくと，母乳を与えるのでなく，口をくっつけ始めた．たがいに口をくっつけながら，親が口をもぐもぐ動かし，仔ももぐもぐ動かしている．母獣が体内で半消化したものを口移しで与えていた姿があった．予想外の驚きの瞬間であった．ヤマネの不思議のドアーがぱっと開いたときであった．母獣は巣に戻る前に20分ほども食餌する行動が見られた．これは胃のなかに食べものを入れて，幼獣に運ぶためのものと考えられた．仔は生後22日ほどたつと，チーズやイナゴなども食べ始めるようになる．また，森でヤマネの親仔が巣の外に出たとき，母獣が採ってきたノシメトンボを仔たちはともに食べていたこともある（西村，1988）．

生後30日以上たつと幼獣はガをより容易に捕獲できるようになった．しかし，捕獲方法を母獣から教わることはなかった．母獣がガを食べていると，仔がやってきて，分けてもらい食べ，逆に仔がガを食べていると母がそれを奪って食べてしまうこともあった．

このように，口移しは授乳から自ら食べ出すころまでの栄養提供行動なのである．

（2）仔の運搬・巣の移動

仔の運搬行動は，仔が巣内にいる閉眼時期にも，開眼して巣外活動の時期にも起こる．巣内にいるとき，飼育下でも野外でも新しい巣をつくり，仔を移すときに母獣は，仔を口にくわえ運んだ．また，巣外活動を始めたとき，飼育下では，夜の地区のサイレンが鳴ると，母獣は危険と感じたのか，巣の外にいる仔をくわえ，巣に運んでいった（図4.5）．森でも，繁殖巣の前にテントを張り，徹夜で観察したことがある．母獣の移し行動を見るためであ

図 4.5 仔の運搬（画：金尾恵子）.

る．開眼している仔は，巣のまわりの枝の上をちょこちょこ歩き回った．そのしぐさは成獣よりも不安定だ．すると母獣は，仔の胸部付近をくわえ，1頭ずつ計5頭の仔を枝づたいに別の巣へ運んでいった．明くる朝，新たな巣はもとの巣から約130m離れたところにあった．このように母獣はいろいろな成長ステージにある仔を運びながら，巣を移動し，天敵による巣の認知を避けて，仔の危険を回避するのである．

第 5 章　ボーカルコミュニケーション
──ヤマネの音声

5.1　ヤマネのことば

　私は，小学生の裕幸君と交尾行動の声を聞いたとき，思い浮かべた人がいた．それはドリトル先生である．もし，自分がドリトル先生のようになり，ヤマネ語がわかるようになればどんなに楽しいだろうかと思った．そして，「きゅるきゅるきゅる」と響かせながら展開した交尾行動の声を出すときに，超音波も出しているのではないかと考えた．それを探りたいと思った．私は，コウモリの音声研究者である松村澄子さんを京都大学理学部動物学教室に訪ねた．歴史ある建物の廊下を歩き，茶色で重みのある大きなドアーを開くと，にこやかな松村さんが迎えてくださった．たくさんのことを教えていただいた．そして，日高敏隆先生にご紹介いただいた，"ヤマネのことば"を分析するには可聴音と超音波の双方と行動とを同時に記録する必要があることが明確になった．

　研究装置は，超音波の発声を確認するオシロスコープ，それを録音するための鉛筆の先端ほどの特殊マイク，1秒間にテープが約 90 cm も回るオープンリールのレコーダーなどであった．これらの高価な機械を日高先生が，紀州の山奥の一小学校教師に貸してくださることになった．しかも，ときには京都大学で実験することも許してくださった．それは小さな船が湾から大海原へ向かう気持ちであった．そして，感謝すべきことに暗闇で行動を記録できる特殊な高感度ビデオカメラセットは，谷上和貞記者を通して地元の新聞社である紀伊民報の小山周次郎社長から贈呈していただいた．

　私は休みの日，小学校ではもう使用しない古い木製机を校長先生からもらい受け，実験用ケージに改造していった．アクリルを張りつけ行動が見える

ようにした．"発声"と"行動"を同時に記録するために，ケージ横にはオシロスコープを入れる小部屋をつくり，オシロスコープの振動と行動をビデオでともに撮影できるようにした．制作者にとっては画期的装置と自負するものであった．しかし，実験しても観察しても超音波を感ずるオシロスコープは一瞬とも振動することはなかった．実験を開始してから約1年半経過した春の夜，京都大学の研究室で性行動を観察していたとき，オシロスコープが鋭く振れるではないか．それは私と当時は大学院生でともに観察していた竹内久美子さんにも聞こえない音だった．でも，ヤマネは超音波を出しているのだ．すぐにデーターレコーダーのスイッチを入れた．テープは勢いよくシュシュと回った．

　夜明けを迎え，朝日が研究室の窓ガラスから差し込み始めた．私たちはレコーダーの回転数を20分の1に落として再生した．回転数を落とすと声が低くなるので，超音波が人にも聞こえるようになるからである．スピーカーからは「きゅーん，きゅーん」とかわいい声が聞こえてきた．ニホンヤマネが超音波を出すことを初めて確認した朝だった．窓ガラスを通して差し込む輝く朝の光が，私たちをまるで祝ってくれているようであった．

　それから私は，性行動の声，幼獣の音声の成長，幼獣が開眼するときの声，非繁殖期の成獣の雄と雄が出会ったときの声，雌と雌が出会ったときの声などさまざまな個体間関係の声と行動を自宅近くの民家を借りて，実験室としながら記録を行った．そんな研究を京都大学と紀伊半島南部とを往復しながら，さらに兵庫での修士課程の大学院での研究も加えると，つぎのようなことが見えてきた．

5.2　性行動の音声

　ヤマネの性行動のときの声は大きく分けると2タイプに分かれた．1つめは，可聴音域から超音波域まで含み，周波数変調する声である．2つめは，おもに純粋な超音波から構成され，変調の少ない声である．その2つをさらに細かく分けると，10種類ほどの声に分類できた．

（1）可聴音域から超音波領域までの周波数領域で変調する声

タイプ A の声の特徴は，周波数域が可聴音域から超音波領域まで広がり，倍音が多く，高い周波数で急激に周波数を上げ，そして，下がって終わることである（図 5.1）．

タイプ B の声は，発せられることは少ないが，周波数域が可聴音域から超音波領域まで広がり，倍音をともなう．この音声の特徴は，周波数が急激に上昇し，上がって終わることである．

タイプ C の声は，周波数域が可聴音域から超音波領域まで広がり，倍音をともなう．この音声の特徴は，倍音が少なくて弱く，12 kHz から 65 kHz までの周波数変調を起こすことである．8-15 の音節から構成され，鳴く時間は 705-850 ms と，ヤマネの出す声でもっとも長い声である．人には「きゅるきゅるきゅる」と聞こえ，可聴音と超音波の双方の成分を含んでいるが，可聴音の部分だけ人に聞こえる．性行動の際に，雄間で追尾行動が起こるときにさかんに発せられた．交尾を複数雄で行う夜は，交尾の最盛期にさかんに発せられ，減衰期では発声が少なくなったため，雄たちの興奮度合を推測する基準ともなった．同時にこの声は，非繁殖期の雄どうしの攻撃行動でも発せられた．このことから，この声は雄のヤマネにとって，「威嚇」，「攻撃」に関連するものであると考えられる．裕幸君と聞いた初めての声が

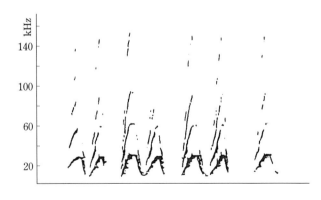

図 5.1　タイプ A の声．可聴音域から超音波領域までの声で，変調する．

これだったのである．

（2）超音波が主成分の声

タイプDの声は，可聴音域から超音波領域まで広がり，シラブル（syllable）は1つである（図5.2）．タイプEの声の周波数は12 kHz以上で，変調しない．発声時間は23-104 msと短い．この声はヤマネが発するとき，40 cmほどに近づいてよ〜く耳をすましても，オシロスコープは揺れているが，人にはほとんど聞こえない．超音波成分の強い声である．

タイプFの声は真の超音波であり，倍音は少なく周波数域は狭い．

タイプGの声も真の超音波であり，倍音を多く含み周波数域は広い．周波数は高く，緩やかに上がることもあれば下がることもある．

タイプHの声は，短い音が連続して発せられることがある．タイプHの後に，タイプFが発せられることがある．

タイプIの声の特徴は，基本音のみで倍音を持たないことである．タイプ

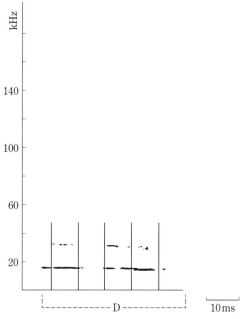

図5.2　タイプDの声．

Gの直後にこの声が発せられることがある．ソナグラムが流れるように現れるので，このタイプの声をドリフト・コール（Drift-calls）と名づけた．また，この声の直後にタイプCが発せられることもある．この声は，仔の発する声と類似しているため，雌に対する求愛を示し，雌に雄からの逃避行動を抑制する働きがあるのかもしれない．

　タイプI-Feの声は，雌を隔離したときに発する．雄が雌に群がり，雄間に闘争が起こっているときに雌だけを取り出し，1頭だけに隔離して録音したものである．この声も仔の声と類似しており，雄の出すタイプIの声とも類似していた．

　このようにヤマネの可聴音・超音波を使いながらのボーカルコミュニケーションは，短い発情時間の夜，個体どうしに意志を伝える働きを有し，性行動促進を機能させる働きの1つを担っていると考えられる．

5.3　仔の音声

　夜の森，樹上で生活するヤマネにとって，音声はほかの個体とのコミュニケーションをとり，外敵を避けるうえでも重要である．また，母仔関係を紡ぐうえでも必要であると考えられる．では，仔の音声は，どのようなもので，どんなときに鳴くのか．仔の音声は成長にしたがって変わるのだろうか．私は仔の形態と行動の成長の観察・記録とともに，仔の音声の成長を実験観察した．その結果，仔の音声はドリフト・コール（Drift-calls），クリック（Clicks），ツイッター（Twitters），チュリチュリ音（TyuriTuri-sounds），キュリキュリ音（KyuruiKyuriKyuri-sounds）の5つに分けることができた．

（1）ドリフト・コール（**Drift-calls**）

　ドリフト・コールは，成長にしたがって変わる音声であった．母獣から幼獣を取り出し，1頭にすると幼獣はドリフト・コールをさかんに発した．多くの場合，まるでしゃっくりするように，全身を動かすときにこの声を発する．特徴は，出生当日からさかんに発せられ，開眼するころには鳴かなくなることである．周波数領域は7-161 kHzで，いくつかの倍音を持つ．出生当日から14日の間，基本周波数の平均の範囲は23.0-29.5 kHzで，基本音の

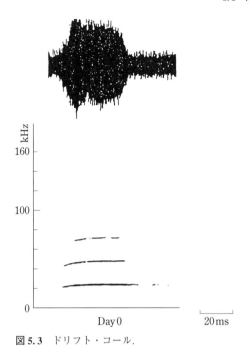

図 5.3 ドリフト・コール.

周波数には成長による変化は少ない．基本音はたまに可聴音域にあり，人の耳でも聞こえることがある．発声時間は，6.5-109.4 ms と短い（図 5.3）．

　この声は，母から離され孤独になったときに出されるので，母獣の保護行動を導く機能があると思われる．開眼するころに鳴かなくなるのは 2 つの要因のためであると考えられる．1 つめは，形態と行動が発達したことにある．開眼し，耳孔が開き，上唇触毛をさかんに動かすなど感覚器官が発達し，後足の指の分離が完了し，歩くなど運動器官が発達するころなのである．2 つめは，開眼後，仔が巣外行動を始めたことは体温調節機能を発達させたと考えられる．このように，自立へのステップを進んだことにより，親の保護行動を誘起するドリフト・コールを発する必要がなくなったからだろう．

（2）クリック（Clicks）

　発声時間が 5 ms 未満の短いクリックも発した．出生当日から 14 日目の

間にクリックを調べた．多くの場合，ドリフト・コールの前に 3 回ほど連続して鳴いた．3 回連続して鳴く最後のクリックはドリフト・コールとしばしば連結し，その下部の周波数はほかのクリックのそれより低く，持続時間は短かった（0.5-2 ms）．

クリックは，周波数の広がりにより 2 つのタイプに分けることができた．

A：1 つのクリックの周波数の範囲が 20 kHz 以上の声（周波数帯：0.2-120.0 kHz）．

B：1 つのクリックの周波数の範囲が 20 kHz 以下の声（周波数帯：0.2-19.8 kHz）．

このタイプはドリフト・コールとしばしば連結し，また，生後 10 日目以降のほとんどのクリックはこのタイプであった．

（3）ツイッター（Twitters）

狭い周波数帯の声である（1.1-11.0 kHz）．0 日目から 17 日目の間にたまに発せられた．この声は，周波数の低い，長さ 0.8-12.0 ms ほどのクリックがいくつか連続して発せられる声である．最高 27 のクリックが約 2.9 s の間に発せられた．

（4）チュリチュリ音（TyuriTyuri-sounds）

狭い周波数（4.5-65.6 kHz）の声である．生後 12 日目の（開眼 2-3 日目）の個体から 4 個記録された．周波数は変調した．発声時間は 4.8-60.0 ms ほどの変異のある 1 つのシラブルが 4-13 個ほど連続して鳴いた（0.3-1.3 s）．

（5）キュリキュリ音（KyuruiKyuriKyuri-sounds；Alarm-call）

この声は開眼するころまでに発せられることはなかった．人が幼獣たちのなかから 1 頭を取り出し触ると，仔はたびたびこの声を発しながら走って逃げたことがあった．すると，ほかの幼獣（兄弟・姉妹）たちは，一斉に今いる場所から出て隙間に隠れた．したがって，この声はおそらく警戒音と思われる．周波数帯は狭く（2-14 kHz），超音波の成分はない．発声時間は 0.1-0.5 s と長い．この音声は外敵が巣のなかに一度侵入すると逃げ道がなくなる穴居性動物にとって，身を守るうえで有益で，独立行動を始めた仔と仔と

の間でも，巣外で危険が迫ったときにたがいに身を守るうえで重要な働きをする信号なのかもしれない．

5.4 外国産ヤマネの音声

ほかのヤマネ科の音声はどのようなものだろうか．変異はあるのだろうか．ヨーロッパヤマネ場合は，幼獣の声，性行動の際の声などから基本的に7種類ほどに分けられ，それらの周波数域は1 kHzほどから32 kHzほどまで広がり，母から離された幼獣の声も可聴音域（およそ10 kHz）から超音波域（およそ27 kHz）までの周波数変調をともなう（Movchan and Korotetskova, 1983）．ソ連科学アカデミーから贈呈され，わが家で繁殖したヨーロッパヤマネも幼獣の声を調べた．ヨーロッパヤマネの仔は，茶色い背中に白い腹部のかわいい姿である．ヨーロッパヤマネの仔の声は，ニホンヤマネの幼獣と異なり，微妙に周波数変調を起こし，周波数は9.9-30.6 kHzで，鳴く時間は，81.3-528.0 msであった．前述のように，飼育しているそのヨーロッパヤマネを冬眠中に触れると，ふ～んと鳴くのである．これを発見したときは驚きであった．まるで寝言である．ニホンヤマネ・モリヤマネにはそのような声はない．さらに，ヨーロッパヤマネでは6.5-52.1 kHzの範囲の6種類の声が定義され，そのうち5種類は超音波で，母仔の融和，孤立，求愛などの社会行動と関係しているなど（Ancillotto *et al.*, 2014），研究がさらに進んでいる．

ソ連からきてわが家で繁殖したモリヤマネの仔の声は，ヨーロッパヤマネの声とも異なる激しく変調する声で，7.0-80 kHzで発声時間は420-3181 msであった．幼獣のときに超音波の声を出すことは3種とも共通であるが，その声は，種特異性がある．そして，モリヤマネの声については，①攻撃防御音（興奮時の鳴き声，舌うち音）と②探索行動をともなう音のあることが報告されている（Koretoeskova, 1977）．

オオヤマネの声を初めて聞いたのは，カルストの大地に広がるスロベニアの夜の森であった．1本の樹に何頭ものオオヤマネが走るように集まり，樹の先でギュルルーなどとさかんに鳴いていた．その樹はまるで森への宣伝塔であった．イギリスのロンドン近郊の森へ夜に行くと，50 mほど向こうの

高さ 20 m ほどの樹の先からオオヤマネのあの声が聞こえてきた．森のなかに鳴り響いていた．私たちの耳に聞こえるということは，可聴音域で鳴いていることを示している．私たちがハンガリーでも，スロベニアでも，イギリスでも，巣箱で見ると，オオヤマネは，ぐぐぐぐーと一定のリズムで鳴くことがあった．この基本周波数 3.5 kHz の声は，ヤマネ科のなかでもオオヤマネにきわめて特有で，雄も雌も静かな姿勢で座って，音を出すごとに耳介を後方に引き，口をかなり広く開けながら鳴く（Koreteskova, 1977）．モルダビアの森でも 3-10 m の梢で鳴き，それが 22 時 45 分から朝の 4 時まで続くこともあり，この声は繁殖期と関連しているらしい．この声で異性の相手に自分の存在を知らせ，出会いを容易にし，自分の餌の領域を知らせるのに役立つであろうと報告されている．まるで，鳥のさえずりのようである．ほかのヤマネではこのような樹の先で鳴くようなことはなく，私もニホンヤマネを夜間観察してきたが，樹の先でこのような可聴音域で声を発することはなかった．ポーランドでは，オオヤマネの声から密度を導き出す研究も行われている（Jurczyszyn, 1995）．オオヤマネの声はいくつかのタイプに分類されている（Koreteskova, 1977）．1 つめは前述の梢の先で鳴く声である．2 つめは攻撃防御音（①攻撃的叫び，②威嚇的な低いうなり声，③歯をぶつける音），3 つめは冬眠中のしゃべり音（複数で冬眠しているときに出す），4 つめは雄が雌に求愛するときのさえずり音である．オオヤマネにもこのように豊かな音声があるようである．

メガネヤマネの声については，①攻撃防御的音，②探索行動をともなう音，③繁殖期にのみ出す雌の声（whistling）と雄の声（muttering），が報告されている（Koreteskova, 1977）．

アフリカヤマネ（サバンナヤマネ *Graphirurus parvus*）の声については，その周波数が 1 kHz から 20 kHz 以上あり，4-6 種の音声のレパートリーがあることが（twitter, chrip, kecker/shriek, rapid）が報告されている（Hutterer and Peters, 2001）．

これらから垣間見えることは，ヤマネ科は夜の樹上でたがいにコミュニケーションをするために豊かなボーカライゼーションを持ち，音声を信号として用い，その音声は種により特異的であるということである．世界のヤマネ研究者たちも，さらに取り組んでいる．ヤマネ語の詳細な解明はこれから

だ．ドリトル先生への道は，楽しく遠い．

第6章 冬眠
——眠るヤマネ

6.1 "ねぼすけ"のヤマネ

　まん丸くなり眠っているヤマネはまるで毛糸玉だ.「起きろ！」と叫んでも横で手をたたいてもびくともしない.かわいく,不思議な動物である.『不思議の国のアリス』でも「三月ウサギ」と「ぼうし屋」にクッションのように扱われ,頭の上で話をされても,鼻に熱い紅茶を注がれても眠っている（キャロル,1988）.ヤマネは英語では「ドウマウス」といい「眠るネズミ」の意味である.ロシア語では「ソーニャ」といい「ねぼすけ」の意,ドイツ語では「ジーベンシュラファー」といい「7人の眠り聖人・ねぼすけ」の意,中国語ではヤマネ科は「睡鼠科」である.日本語では「冬眠鼠」と書くこともある.どの国でもヤマネは睡眠する動物と思われている.

　ヤマネ科を象徴する機能である冬眠と初めて私が対峙したのは,都留文科大学学長の下泉重吉先生の指示で行った卒業論文のための実験のときであった.冬眠研究の先駆者である下泉先生のご指導のもと,学内に設置していた野外ケージでヤマネを冬眠させ,その冬眠個体の真下にサーミスター（温度測定用のセンサー）を触れさせることで体温を測り,気温を別のサーミスターで測り,それらを室内の記録計で継続的に測るのであった.内地留学にきていた中島福男先生とともに冬眠期間中,実験を続けた.冬眠中のヤマネの最低体温は,環境温度より少し高く維持されていた.低体温で省エネをしつつ,環境温度の過度な低下による凍結死を回避するヤマネの体温調節能力には驚きいってしまった.それ以来,冬眠の不思議を探る試行錯誤をたくさんの仲間と続けてきた.

6.2 冬眠場所・冬眠姿勢・単独冬眠

私が教師のころ，和歌山では小学校の子どもたちが霜柱だらけの道をばりばりと踏み鳴らしながらヤマネ観察にやってきた．野外に設置したサイズ2.0 m×4.0 m×2.0 m の大型ケージのなかにいるヤマネは，餌を十分にあげているのに食べなくなり，ケージ内の巣箱から姿を消した．ある日，どこで冬眠しているか，子どもたちとケージのなかをくまなく探した．すると，敷き詰めた腐葉土のなかで2頭が並んで冬眠していた．

つぎに，私と子どもたちは，それなら野生のヤマネも森の腐葉土のなかで冬眠していると思い，活動期にヤマネを捕まえた照葉樹林の森の土中をあちこちと掘りに掘った．しかし，広い森で直径4 cm ほどの毛糸玉状のヤマネを発見することは，砂浜で小石を探すのに似ていた．

それから約20年後の八ヶ岳山麓の清里の冬．私は和歌山のときとはちがい，発信機からくる電波をとらえるためのレシーバーとアンテナを持っていた．雪が降るなか，妻のちせ・幼い2人の息子である大地・悠平と私の4人で結成した"家族冬眠調査隊"は発信機をつけて森に放しているヤマネを追跡していた．その発信機の電波は，なんと地面からくる．活動期には樹上から聞こえてきたのに，今回は，初めて音が地上からくるのである．発信機のある方向を示すアンテナはササの間の地面を指していた．少し落葉がこんもり盛り上がっている．その落葉をめくると，黒い1本の筋の入った背中があった．当時のソビエト連邦の指導者であったゴルバチョフ大統領の愛称からゴルビーと命名していたヤマネは，地面で冬眠していた．アメリカ大統領から命名していた別の個体であるブッシュは，大きな生木の幹が裂けて枯れたところで冬眠していた．ついに，ヤマネの野生の冬眠場所が確認できた日であった．ヤマネへの夢の1つがかなったときであった．それからやまねミュージアムの岩渕真奈美さんが中心となり，饗場葉留果さんらとも調査を重ね，冬眠場所に関してはつぎのようなことがわかってきた．

（1）浅い土中（腐葉土）での冬眠

ヤマネの冬眠場所を発信機を用いて調べた．16例が落葉の下の腐葉土中や地面のくぼみで冬眠していた．冬眠場所のサイズは，長径4.3-5.8 cm，短

径 4.0-4.2 cm ほどの半球状もしくはほぼ球状をしており，その深さは 4.3-8.0 cm であった．

冬眠場所の実例を 4 例ほど紹介する．1 例目は，落葉をめくると地表面からすぐ下の浅い地中にて単独で冬眠していた．その背部は地表面から少し出ていた．2 例目は，ミズナラなどの落葉が堆積した腐葉土の下に深さ 4 cm 程度のくぼみを掘り，単独で冬眠していた．この個体は巣材を用いず，一方の落葉が腐って一片のサイズが 7-9 mm となった腐葉土のなかにいた．体の上は落葉したての葉で覆われていた．また別の事例では，林床の地面の段差部に奥行 4.7 cm ほどの横穴をあけ，樹皮で冬眠巣をつくっていた．そのサイズは 6.5 cm×5.8 cm ほどであった．

その他，樹林を切り拓いた道路脇につくられた盛り土に 3.8 cm ほどの横穴をあけ，そのなかに冬眠している個体もいた．この個体はリョウブの樹皮で全身を覆って冬眠していた．これらはヤマネが柔らかい地面の下に潜り込み，地表面や浅い地中で冬眠することも示していた．また，積雪した後，発信機の音を頼りに地面に積もった雪を取り除き，落葉をめくると，凍っている地面のくぼみでヤマネが冬眠していた例もあった．これは冬眠するために地面に潜り込んだ後，雪が降り，周囲の地面も凍り，そこでヤマネが眠っていることを示している．まさしく，冷凍庫のなかで寝ているのだ．ヤマネが冬眠している森では，積雪している雪と地表面との境界温度は，どこも約 0℃であった．

ヤマネが地面を冬眠場所として多く利用するのは，冬眠にとって好適な「温度」・「湿度」環境があるためであると考えられる．哺乳類の冬眠場所選択において，下泉重吉先生は，以下 2 点を条件にあげている．1 つは，外部からの光や震動などの刺激がないところ，もう 1 つは，最低体温に近い環境温度で，そのうえ温度や湿度が急激に変化しないところである．さらに，海外のヤマネの事例として，ヨーロッパヤマネは冬眠するために温度変化の少なく，冷たい地上の場所を探し，冬の乾燥から体を守るため湿ったところを好むといった報告がある（Morris, 2011）．

私たちの実験結果でも，冬眠中のニホンヤマネの体温は環境温度に連動して推移していた．ヤマネにとっては体温が低く一定であるほうが予備エネルギーの損耗をより少なくできるため，冬眠するための環境は低温かつ一定温

である場所が望ましい．そのため温度変化の日較差が少なく，つねにある程度低温である地中をヤマネは選択しているものと考えられる．さらに，地中の適度な湿気が冬眠中の乾燥を防ぎ，体内の水分保持に役立っていることも考えられる．

その他，どこにでもある地面は，冬眠するヤマネにとってめだつことなく隠れられる場所でもある．天敵の探索・攻撃から身を守る効果もある．森林内で場所が限定される朽ち木と異なり，場所の選択範囲を広げることもできる．冬眠中のヤマネは身動きをとることが困難なため，敵から見つからないことがなによりも重要なのである．ここで，「地表面付近に冬眠していると，むしろ敵に見つかるのではないか」という疑問が生じるかもしれない．しかし，ヤマネは地表面付近で冬眠している間，ほぼ身動きせず眠り続けるため，動くものに反応する肉食獣からも隠れやすくなる．さらにヤマネは，マウスなどに比べてにおいが少ない動物でもある．このように，活動期は森林の樹上圏をおもに利用しているヤマネは，冬になると地面を多く使う動物となるのである．その様子はまるで土に化けているようである．

しかし，地表面付近の浅い地中で冬眠するということは，大型獣による踏みつけ，春の雪どけによる洪水などのリスクも想定される．春がきて雪どけが進むと，いつもは川のないところに水が集まり流れをつくることがある．そのような小川を見ると，もし，そこにヤマネがいたらと心配してしまうことがある．晩秋，眠りにつくとき，ヤマネが明くる春の水の流れを読み解いていることを願うばかりである．

（2）地中の冬眠巣

土中での冬眠は巣材の有無で2つのタイプに分けることができる．1つは冬眠巣をつくること，もう1つは冬眠巣をつくらず身ひとつで眠ることである．土中での冬眠場所を詳細に観察できた8例中6例が冬眠巣をつくっていた．その冬眠巣のサイズは長径 4.5-8.5 cm，短径 4.0-5.8 cm であった．冬眠巣は地表面のくぼみのなかにつくられ，その巣材が地表面から 1.8 cm 上にはみ出ている巣もあった．これらの巣材は編み込まれ，カプセルのようにヤマネの体を包んでいた．さらに，巣材はすべて湿っていた（図 6.1）．冬眠巣に用いられる巣材は樹皮や蘚苔類であり，一部，枯葉を用いることもあっ

図 6.1 冬眠巣.

た．樹皮の同定を行った7つの巣のうち，4つの巣にてカンバ類が用いられていた．その他，2つの巣にてリョウブが用いられ，それ以外にサワフタギとヤマブドウもそれぞれ1つの巣で用いられていた．ヤマネの冬眠巣の底面に敷かれている巣材には，幅が9mmほどの例もあった．

　ヤマネの冬眠巣はカプセル状で小さい．ヤマネ同様に地中で冬眠しているエゾシマリスの場合，平均1.8mほどのトンネルを掘り，そのなかに食物を貯蔵し，排泄場所も用意し冬眠に入る（川道，2000）．シマリスの場合はヤマネと異なり，中途覚醒の際に，採食・排泄行動を行うためである．冬眠期間中のヤマネは，貯食ではなく体内に蓄えた脂肪から必要最低限のエネルギーを得ているため，トンネルや貯蔵庫などのある広くて立派な巣は不要なのである．

　つぎに，同じヤマネの巣でも活動期に樹上につくる繁殖巣と比べてみると，繁殖巣の平均サイズが，長径 11.1 ± 1.8 cm（$n=30$），短径 8.8 ± 1.4 cm（$n=29$）（饗場ほか，2016）であるのに対し，冬眠巣は小さく，ヤマネ1頭がかろうじてすっぽり入るサイズであることが特徴である．また，繁殖巣のおもな巣材が樹皮と蘚苔類の2パターンであったのに対し，冬眠巣では蘚苔類を用いることは少ない傾向がある．繁殖巣で用いられている巣材の利用率が，サワフタギ100%，カンバ類89.0%（饗場ほか，2016）であるのに対し，冬眠巣ではカンバ類が多く用いられ，サワフタギの利用率は減少していた．

その他，繁殖巣の巣材は幾層にもわたりきつく編み込まれているが，冬眠巣は薄く緩く編まれていた．そして，繁殖巣は内部が乾燥しているが，冬眠巣は非常に湿っていた．さらに，冬眠しているヤマネの真下にネズミやモグラのトンネルがあることが，複数の冬眠巣において確認された．そのトンネルのなかには，冬眠しているヤマネとの距離が約 2.7 cm と非常に近接しているものもあった（図 6.2）．

（3）朽ち木

朽ち木では 3 例の冬眠が確認された．地面に倒れている朽ち木ではなく，立ち枯れているものであった．このうち，木の根元から先端まですべてが枯れている朽ち木のなかを利用したのが 2 例で，残りの 1 例は生木（ダケカンバ）の幹の中央部にできた枯死部分で冬眠していた．冬眠中のヤマネがいた位置の地上高は 0.4-2.7 m，冬眠していた部位の幹直径は 21.5-86.5 cm であった．

すべてが枯れた朽ち木のなかで冬眠していた事例では，ヤマネは幹の穴か

図 6.2　浅い土中での冬眠場所とネズミ類のトンネル（画：金尾恵子）．

ら16.3cmほど入った木屑のなかに入り，木屑で体全体を覆っていた．ヤマネの体の下側には細かな木屑があり，上部は荒い木屑が載っていた．これらの木屑は冬眠巣の代わりに環境温度の変化を緩衝する断熱効果を果たしていると考えられた．別の個体は，カンバ類の朽ちた主幹のなかで冬眠していた．この木は腐食がかなり進んでおり，朽ちて浮き上がっている表皮を剥がしたところ，その内部から丸くなって冬眠しているヤマネが出てきた（図6.3）．これらのように，樹皮などの巣材を外部から持ち込んだ冬眠巣をつくらないのが，朽ち木での冬眠の特徴である．

この朽ち木をヤマネが冬眠場所として利用する利点は4つ考えられる．まず地上の天敵からの回避である．あるとき，ヤマネが冬眠場所として用いていた朽ち木の真下にキツネの家族の巣穴があった．巣穴の入口にはキツネの利用を示す新鮮な土が広がっていた．万一，ヤマネが地表面にて冬眠していたら危険であった．樹上だから安心して冬眠できるのである．その他，適度な湿度があること，雪どけによる洪水の心配がないこと，木屑を断熱材として利用できることがその理由である．

しかし，ヤマネはネズミなどと異なり，クルミの殻を割ることができないほど顎の力が弱いため，硬い朽ち木を利用することは困難となる．冬眠に適した朽ち木の条件は，ヤマネが齧るのに適した柔らかさで断熱効果を生む木屑を齧ってつくることができること，環境温度の変動を受けにくい太さであること，一定した湿度があること，である．しかし，朽ち木は地表面付近に

図6.3　朽ち木のなかでの冬眠．

比べ冬眠場所としての利用率が低い．これは冬眠に適した朽ち木が森のなかに多く存在していないことに起因すると考えられる．

ヤマネが冬眠へと移行する晩秋に発信機でヤマネを継続して追跡していると，細い朽ち木のなかで冬眠し始めた個体が，寒さが厳しくなると地面へと冬眠場所を移すことがしばしば確認される．これは，細い朽ち木だと冬眠場所の温度変化が激しく，環境温度も下がりすぎるため，冬眠場所を変える必要が生じたからではないかと思われる．

この朽ち木での冬眠は各地で観察されている．奈良県では山のなかでたき火をしようとした人が枯れ木を割ったところ，中から冬眠していたヤマネが出てきた．また，栃木県からも割った枯れ木のなかから冬眠中の個体が出てきたとの知らせがある（鶴間，私信）．昔話では桃を割ったらなかから「桃太郎」が現れたが，割った朽ち木から出てきた「ヤマネ太郎」を見た人は，さぞかし森のなかで驚いたことであろう．

（4）樹洞

樹洞を冬眠場所として利用していたのは，これまでで1例であった．そのヤマネは，キツツキがつくった樹洞のなかで冬眠していた．樹洞は地上から6.3 m の場所につくられており，その間口の直径は7.8 cm であった．樹種はアカマツの生木，サイズは胸高直径 40.3 cm，樹高約 14.0 m であった．樹洞のなかにはヒメネズミがつくった落葉による巣があり，それを利用していた．このヒメネズミの巣を冬眠に利用していたことは，注目すべき点である．ヤマネは，活動期にもヒメネズミのつくった枯葉の巣を利用するが，冬眠期においても自ら巣をつくるのではなく，ほかの動物がつくった巣に「居候」する“ちゃっかり”とした性質があることを示している．

また，カラマツの生木にキツツキがつくった樹洞内にて2頭のヤマネが冬眠していたという報告もある（中島，2001）．巣穴までの地上高は 2.1 m，ヤマネのいた樹洞の入口の長さは 5.5 cm，樹洞内には細かく裂いた樹皮があったとのことである．この細かく裂いた樹皮が，冬眠時における断熱効果を果たしていたものと推測される．

朽ち木の内部や樹洞など樹上で冬眠する場合，木の直径や日当たりなどが冬眠場所の環境温度への影響を強く与えるものであると考えられる．また，

日当たりのよくない山の傾斜面のほうが冬眠に適している.

（5）人家

発信機調査以外の場面で冬眠場所を見つけることもある. なぜなら, 森のなかにある人家でも冬眠するからである. かつて, 山梨県の清里高原にあるキープ協会の敷地内にて冬眠ヤマネの調査を行ったことがある. 調査地は冬期利用のないキャンプ場の建物や, 古い山小屋の八峰荘であった. その方法は, 部屋に積んである布団を１つ１つぱっと開くのである. すると森から侵入（？）してきたヤマネが, 毛鞠のように“ころころ”と畳の上を転がり出すのである. ヤマネにとって山のなかにある人家は, 天敵のこない「大きな巣箱」かもしれない. そして, ツバメが人家の庭に営巣するように, 人への“親和性”を示していると思う.

（6）冬眠姿勢

名は体を表すという. 和歌山では方言でヤマネのことを「コオリネズミ」という. これは冬眠中, 水が氷となる温度にまで体温を下げることに起因している. 冬眠時に球状に丸くなる姿勢は, 体の表面積を最小にすることで体熱の放散と水分の蒸発を抑え, 周囲の環境の変動を緩衝する働きがあるものと思われる. ヤマネは通常, 背面を上にした姿で冬眠している. これは, 冬眠中にもし大型動物などに踏まれたときに内臓を守るのにも効果的であると推測される. また冬眠中, 環境温度の変化に合わせて体温を調節するには, 末梢受容器の環境温度に対する感受性が重要である. ジリスやハムスターは丸くなった体の下に足を入れて冬眠している（野本・入来, 1980）. ヤマネは球状になって眠っているが, 冬眠中でも血色のよいピンク色をした足の先端を体の外側に出したまま眠っている. この足の先端も用いて, 環境温度を感知し, それをもとに体温調節をしているかもしれない. 尾は腹部から頭部にかけて丸まった体を帯のように包んでいる. これは腹部と頭部を尾が保護する役割があるものと思われる.

（7）単独での冬眠

先にも述べたように, 冬眠する生きものにとって環境温度の大きな変化は

その阻害要因となる．そのため，いかに環境温度の大きな影響を受けないようにするかが冬眠成功の鍵となるといっても過言ではない．

日本の冬眠動物のなかには体を寄せ合って集団で冬眠する動物種がいる．ユビナガコウモリなどがそうである．私はこのコウモリ約1万2000頭の冬眠集団を観察したが，それはまるで絨毯のように壁一帯に敷き詰められた状態であった．体を寄せ合うことで，環境温度の変化からの緩衝作用を得ているものと考えられる．

一方，ヤマネの場合，飼育下では複数個体が集まって冬眠することもあるが，野外では発信機調査で確認したすべての場合において，複数で冬眠することはなかった．加えて，冬眠前に2頭で同じ巣箱にいた個体それぞれに発信機をつけて，もとの場所から同時に放獣した例が2例ある．1例は成獣雄が2個体，もう1例は，成獣雄と亜成獣雌の組み合せであった．これら2組4頭はすべてが別々になり，単独で冬眠していた．このようにヤマネは野生下では多くの場合，単独で冬眠するが，2頭で冬眠する事例もある（中島，2001）．

6.3　冬眠と体温

冬眠（hibernation）とは，生物がきわめて不活発な状態で冬越しをすることだが，狭義では，恒温動物の哺乳類と鳥類の一部が活動を停止し，体温を低下させて冬の期間を過ごすことを指す．

ヤマネの冬眠時の体温の変化を調べるため，なかに腐葉土を厚く敷き詰めたメッシュのケージにヤマネを個別に入れ，森林内の林床に床面が同じ深さとなるよう埋め込んだ．これにより，温度・湿度・降雨などが森林内の環境とほぼ同じとなる．外敵の侵入を防ぐような措置をしたうえで，冬から春にかけてヤマネの体温と環境温度を調べたところ，冬眠中の平均最低体温は約1℃であり（図6.4），冬眠中の体温と地温との間には相関が見られた．このことは，冬眠中の体温は環境温度と連動しながら変化する特徴があるが，地温はほぼ一定であるため，低体温による省エネができていることを示している．しかし，ヤマネは冬眠中でも定期的に体温を上昇させる中途覚醒を行っている（図6.4）．ただし，このとき巣外での活動や餌を食べることはな

第6章 冬眠——眠るヤマネ

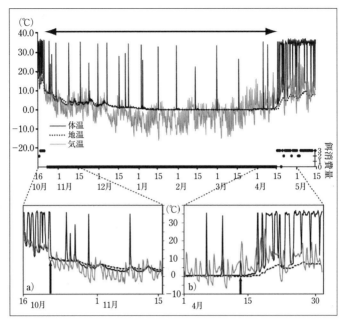

図6.4 半自然条件下におけるヤマネの冬眠中および冬眠前後の体温と餌消費状況（Iwabuchi *et al.*, 2017より改変）．黒い実線はヤマネの体温，点線は地温，灰色の線は気温を示す．矢印は冬眠期間を示す．横軸は日付，左右の縦軸は左が温度，右が毎日の食物消費の度合を示す．餌は毎日1回，一定量の給餌とし，その採餌量を0-3の4段階でスコア化した．3：残餌なし，2：半分以上採餌，1：半分未満，0：採餌なし．下図は冬眠・覚醒の移行期間を示し，図中の矢印は，a）は入眠，b）は覚醒を示す．

かった．この定期的に生ずる中途覚醒の低温維持期間の間隔は，冬眠の入眠時となる晩秋や覚醒時である初春と比べ，厳冬期のあたりが最長となった．

また，飼育下だけでなく野生の条件下においても，冬眠巣内のヤマネの脇に冬眠を攪乱しないよう温度計を密着させ，巣内温度を調べた．その結果，巣内温度も気温の影響ではなく定期的に上昇していた．これは，すなわち野生のヤマネも飼育下と同様，中途覚醒を行っていることを示唆した（Iwabuchi *et al.*, 2017）．

冷たいものを温めるためには熱エネルギーが必要である．つまり，冬眠中の中途覚醒による体温上昇は多くのエネルギーを消費するため，リスクもと

もなう．中途覚醒は，一般的に冬眠中に蓄積される代謝上の老廃物を処理するためとも考えられているが，ヤマネの場合，体温を上げても活動しなかったため，糞などを出すことも想定できない．ヤマネの定期的な体温上昇は，細胞を活性化させ血流などをさかんにするなどのために行っているのかもしれない．また，積雪のあるときは冬眠中のヤマネの体温変動が安定していることから（図6.5），積雪は安定した冬眠を支える役割があることが示された．冬眠巣の上に積雪があると，雪と地表面の境界部の温度が約0℃で一定となり，冬眠巣内の温度も安定する．ヨーロッパヤマネの場合でも，積雪が冬眠巣内を約0℃ほどに保つとの報告があるので（Juškaitis, 2008），積雪は地面の環境温度の変化を緩衝し，ヤマネの冬眠を支援する役割があると考えられる．さらに，積雪は凍結によるヤマネの死を避ける作用を持つ．そして，

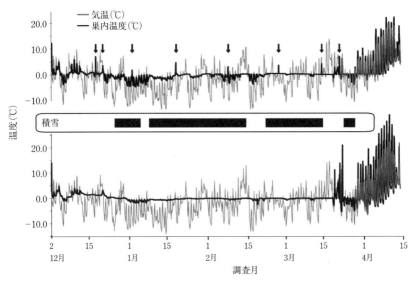

図 6.5　森林内におけるヤマネの冬眠巣内の温度変化（Iwabuchi et al., 2017より改変）．上：計測期間中，ヤマネがなかでずっと冬眠していた巣内温度．下：別のヤマネが冬眠巣を作成したが，計測前に出巣し，空となった巣内温度．いずれも同年同一調査地のものである．上図の巣内で冬眠していたヤマネは，4月12日から15日までの間に冬眠巣から出巣した．図の縦軸は温度，横軸は日付を示す．2つの図の間にある枠内の黒線は，巣の上を雪が覆っていた期間を示す．上図の8つの矢印は，冬眠しているヤマネの中途覚醒による体温上昇を反映させたものと考えられる．

環境温度が上昇する場合，体温と代謝の上昇を回避させる働きを持つ．このように積雪による約0℃の安定した温度は，ヤマネの冬眠維持にとって好適な温度条件を提供すると考えられる．雪はヤマネ冬眠のサポーターなのである．

一方，雪の穴や雪に潜り込んで冬眠状態となっている事例などから，雪中がヤマネの冬眠場所と思われる場合がある．しかし，ヤマネは通常，雪が降る前に冬眠に入るので，なんらかの原因で冬眠から中途覚醒したヤマネの一時避難場所として考えてきた．さらに，融雪すると白い雪のなかの茶色姿で眠るヤマネの姿はめだつため，天敵からの攻撃を受けやすく，危険な状況をもたらすと考え，雪中を冬眠場所としては位置づけてこなかった．

しかし，雪中で冬眠する姿がコテングコウモリでも観察され（平川・小坂,2009），日本各地でも雪のなかのヤマネの冬眠状態が観察されているため，ヤマネの雪中冬眠について研究を進める必要があると考えている．

6.4 日内休眠

休眠は，一定期間体温を低下させ，活動を停止する状態のことを指す．休眠には冬眠などの季節性休眠（seasonal torpor）と日周活動のなかで見られる日内休眠（デイリートーパー daily torpor）とがある．休眠の持続時間が24時間未満の休眠を日内休眠という．これは，有袋目・食虫目・霊長目・翼手目・齧歯目・食肉目の哺乳類と一部の鳥類にも見られる．日内休眠の意義は，エネルギーの節約であり，日内休眠を引き起こす環境要因として，低温，食物の欠乏，日長の短縮などがあげられる．

秋の9月，八ヶ岳南麓に位置する標高1400mの清里高原では，ヤマネは日内休眠を多用し，脂肪蓄積により体重を急増させる傾向を示した．脂肪は高いエネルギー量を持ち，同一重量で炭水化物の約2.26倍，タンパク質の約2.21倍の熱量があるため，冬眠中の熱源に適している．ここ八ヶ岳南麓の森では9-10月にかけて，サルナシやヤマブドウなどの果実が実るので，これらが，ヤマネの1年にとって重要な最後の食物資源となる．果実は脂肪に転化しやすい糖類を多く含むため，冬眠前の食物として適している．

10月に入ると，ヤマネは餌を与えてもしだいに食べなくなり，同時に短

い日内休眠を繰り返しながら，冬眠へと入っていった（図6.4）．秋の日内休眠はエネルギー節約，そして脂肪蓄積に寄与しているものと考えられる．

　翌春4月，ヤマネは冬眠から覚めた後も頻繁に日内休眠を行っていた．清里高原での冬眠覚醒時期にあたる4月から5月初旬は，花などはまだ多くない．この餌不足の状況を日内休眠も用いることで乗り切っているものと考えられる．日内休眠時の平均体温は約11℃前後であった．この日内休眠は，その後，5月から8月の活動期においてもときどき認められた．

　また，清里高原のヤマネは，冬眠から目覚めた4月ごろから6月にかけて繁殖シーズンを迎える．このころ，時期を同じくしてシジュウカラの営巣が始まる．森のなかで調査をしていると，ときおりシジュウカラがヤマネの巣箱を間借りして営巣している．別章でも述べているが，つぎのような事例があった．巣箱のなかにシジュウカラの巣と羽が散乱しており，その巣の上でヤマネが堂々と日内休眠していたのだ．巣のなかにあったヤマネの糞からは肉食獣特有のにおいがし，巣箱内のシジュウカラを襲って食べたものと思われた．

　この状況からいったい何時間後に目を覚ますのかを調べるため，急いでその横にテントを張り，みんなで交代で観察を続けた．すると約12時間もの間，低体温を維持したまま眠った後，ヤマネは徐々に体温を上げていき，やがて起きて幹を登って去っていった．

　このことから，ヤマネは花などの植物だけでなく野鳥なども栄養源とし，かつ，日内休眠を行いながら，繁殖に備えるのである．たくましいヤマネの姿がそこにあった．

　前述のように，さらに夏になると，母獣と離別した亜成獣が単独で，巣箱内になんの巣材も入れないまま日内休眠を行っていた．これは，まだ，餌の採り方が未熟な，独り立ちした直後の亜成獣がエネルギーを節約するために日内休眠を行っていることを示唆している．また，このことは亜成獣の段階で，すでにヤマネは日内休眠などの体温調節機能を有していることも示している．

　巣箱内でヤマネを確認した際，繁殖期以外は巣材を入れていないか，入れていたとしても体が隠れるか否か程度の少量であることが多い．これは，日内休眠を行う際，体温は環境温度に対応するので，眠っている環境は低温で

あるほうがより省エネとなる．そのため，ヤマネの日内休眠にとって保温材となる巣材は不要であると考えられる．

このようにヤマネは，春から秋にかけては，日内休眠を用いて餌不足などの外的要因や冬眠に備える体重増加のためにエネルギーを節約する．一方，冬眠時には体温は環境温度と連動する．その環境温度が−7℃以下になると体温を上昇させて覚醒し，安全な冬眠場所へと移動し再び冬眠に入る．これらのことから明らかになってくるのは，年間を通して，ヤマネは体温を調整することができる"体温調節スペシャリスト"であるということである．それは，サーミスタースイッチつき，"安全省エネ体温調節機能"のある，小さくとも優秀な異温動物（恒温動物のなかでも平常体温の範囲を大幅に超えた体温変化をさせる動物のこと）であることを示す．

6.5 冬眠誘因

日本の冬眠研究の先駆者である下泉重吉先生は，冬眠を引き起こす主要な要因として，外的要因と内的要因をあげている．外的要因は，①気温の低下，②食物の不足，③外界刺激の欠除，である．内的要因は，①体温調節機能の不完全，②体温調節機能と覚醒中枢の未分化，③生理的刺激の欠除，である（下泉，出版年不明）．

冬眠機序については「三要因説」（Strumwasser, 1958）がある（野本・入来，1980）．3つの要因は許容環境要因，冬眠準備状態，温度に無関係な生物時計であり，環境要因には環境温度，食餌の供給，雑音，地勢などの外的環境要因と，生殖欲求などの内的要因が考えられる（野本・入来，1980）．環境要因が「許容」範囲であれば冬眠準備から冬眠が始まるが，整っていないと冬眠が起こらないことがあり，この環境要因は動物の種によって異なる．冬眠準備状態は低体温で長時間生存しうるための生化学反応であり，多量の食餌摂取による肥満や内分泌機能などが含まれ，この状態は動物の目により異なる．冬眠準備状態が整ったとき，なんらかの引き金が働いて冬眠が始まり，温度に無関係の生物時計は各動物に特異的なサーカニュアルクロック（概年時計）が考えられ，これにしたがって冬眠準備が始まり，環境条件が許せば冬眠が始まるとされている（野本・入来，1980）．

冬眠する哺乳類のうち，ゴールデンハムスターは，日長の短縮が冬眠に向けた生理条件の準備を整え，その後，寒さが冬眠開始の引き金を引く．その際，食物や水の欠乏は二次的な修飾因子として冬眠開始に作用すると解釈できる（森田，2000）．オグロプレーリードッグでは，食物や水の欠乏が冬眠の引き金となる（Harlow and Menkens, 1986）．一方，キンイロジリスのように，冬眠開始時におおよそ1年の周期性が認められ（Pengelley and Fisher, 1963），環境条件に左右されない内因性の概年リズムを持つ種もいる．

ニホンヤマネの冬眠を誘導する要因はなんであろうか．下泉先生は，十分な食べものがあっても，寒気に曝されると冬眠するとし，気温が冬眠を誘導する要因であるとしている．その臨界温度は 12-14℃ で，平均気温 8.8℃ に下がると冬季においてヤマネは冬眠に入り，春季において 8.8℃ に上がると冬眠から覚めると報告している（Shimoizumi, 1939; 下泉，1943a）．一方，食物が冬眠開始と継続に決定的な役割を果たすという報告もある（Otsu and Kimura, 1993）．

和歌山と山梨では，飼育下にて食物が十分にあってもヤマネは気温が下がると冬眠に入っている（湊，1984）．また，8月，麓では活動していたヤマネを富士山の標高 3300 m の地点まで持っていくと冬眠状態になることも確認されている（下泉，1943a）．未発表ではあるが，私も和歌山にて真夏にヤマネを冷凍庫に入れると冬眠状態に入ることを確認している．これは，ヤマネの冬眠の誘導要因の1つが気温であることを示すとともに，概年リズムにはよらず，低温に曝されると冬眠状態になる可能性を示唆している．

標高が 1000 m 以上となる山梨県の2地点と長野県の東信地方における巣箱調査でも，多くの個体が冬眠に入っているはずの11月に，いまだ冬眠に入っていない個体を確認することがある．これらの個体は，体重が軽く脂肪蓄積が十分にできていない個体である．これは，十分な脂肪蓄積を意味する体重増加がヤマネの冬眠準備条件の1つであることを示している．

一方，私は和歌山では，繁殖と体重が冬眠要因であることを観察している．和歌山県南部にて野生下で捕獲された母獣が11月に出産した事例がある．気温も湿度も野外と同じ条件である大型ケージ内にて，ほかの山梨由来の個体とは別のケージで飼育したところ，山梨由来の個体は寒気のためか冬眠中であるのに，この母獣は冬眠せずに仔を育て，体重の軽い仔たちは冬眠せず

に成長を続けた．そして，仔は体重 20 g を超えた個体から順に冬眠へと入っていった．このことから，冬眠に入るための準備条件として，体重 20 g までの脂肪蓄積が必要であることが示唆された．また，母獣は仔育て終了後，最後に冬眠へと入っていった．これは母獣のなかの「繁殖」スイッチのようなものが「冬眠」スイッチより上位にあり，繁殖終了後になると，通常の冬眠へと移行できるようになっているのかもしれない．一方，三重県尾鷲市では冬季の活動を支えているのがイズセンリョウなどの漿果の存在と考えられるので，食物の存在の有無が冬眠誘因の鍵となる事例もある．遺伝子レベルで 9 つの地理的集団が国内のヤマネにあることから，この地域差も影響しているのかもしれない．したがって，ヤマネは体重，育児・成長要求などの内的要因と，気温・食物などの環境要因がたがいに関係し合って冬眠に入る・入らないを決定すると考えられ，体重（脂肪蓄積）や食物がその準備条件にあたると思われる．今後の研究課題である．

6.6　覚醒プロセス

　ヤマネは不思議な動物だと思う．その不思議のなかでも，とびきりおもしろいのが冬眠から覚めてくるときである．冬眠中は冷たく，動かず，呼吸もしていないように見えるヤマネが，徐々に体温を上げていくなかで，まるで息を吹き返していくかのように見えるからである．

　こんな話がある．ある人が冬の山中でまん丸くなっているヤマネを見つけた．冷たく動かないため，死んでいると思い，ポケットに入れて下山した．ところが麓でポケットを探るとヤマネはいない．びっくりしたのである．一方，ヤマネもさぞかし驚いたことであろう．冬眠しているはずなのにやけに揺れるので，体温を上げて目覚めて，暗いところから顔を出すと景色は寝ていた冬眠場所からガラッと変わっている．ヤマネはあわてて脱出していったのだ．

　こんな不思議が起こるのも，ヤマネの眠っている状態と覚めていくプロセスが，体温の面からも呼吸の面からも人のそれとは異なるからだ．

　人間の場合，病気になり，体温が 4℃ ほど上昇すると生命の危機を迎える．しかし，ヤマネは冬眠から覚醒する際，0℃ 近くから 36℃ ほどまでに体温を

一気に上昇させるといった，人とは異なる驚くべき生理システムを持っている．ヤマネは体温の上昇とともに徐々に覚醒し，体の動きを回復させている．このようなヤマネの覚醒プロセスを8期に分けた（下泉，1943b）．ほぼ冬眠中である第1期の体温は0.67-7℃，第2期の体温は7-13℃，第3期の体温は13-17℃，第4期の体温は17-23℃，第5期の体温は23-27℃，第6期の体温は27-31℃，第7期の体温は31-34℃，第8期の体温は34-37℃で完全な覚醒状態になる．

　私はこの覚醒過程を何回も何回も興味深く観察した．そのなかで覚醒に要する時間には20-50分ほどの開きがあり，それは冬眠時の眠りの深さと関係があるように感じてきた．

　ヤマネの体温上昇を何回も観察するなかで不思議に思ったのは，ヤマネは覚醒する際，「体のどの部位から熱を発し始めるのか」ということであった．それをとらえるには熱を感知するサーモグラフィックカメラが便利だ．しかし，高価すぎてとても手が出ないと思っていた．そんなとき，NEC関係の企業の方がやまねミュージアムに来訪された．そのことを話してみると，なんとそのカメラを製造している会社の方で，話はトントン拍子に進み，その場でご寄付いただけることが決まった．ヤマネへの“おもい”は，“ヤマネの不思議ドアー”を開くものだ．さらにテレビカメラの専門家である横川清司さんが，映像撮影のプロチームを率いてやってきてくださった．そこで，ヤマネが冬眠から覚めるときに体のどの部位から熱を発し始めるかを調べる実験を行った．冬眠中のヤマネをそ〜っとカメラの前に置く．すると，下泉先生が8期に分けたような覚醒過程が目の前で繰り広げられ，体温上昇につれて，表面温度を示すカラー映像に変化が出てくる．初めに小さな色が現れたのは目の下の頬あたりである．それが顔・頭部全体に広がり，さらに熱がフライパンの上を伝わり広がるように，肩から背部・腰部・臀部へと広がっていった．ヤマネは冬眠から覚醒する際，まず脳がある頭部を温めるのであろう．一方，臀部にまで広がった熱は，尾には伝わらなかった．ヤマネの尾をうっかり持つと切れる．体と尾の間に分断機能の仕組みがあるため，熱も伝わらないのではないかと考える（湊，未発表）．これもつぎの研究課題である．

194   第6章　冬眠——眠るヤマネ

6.7　地域による冬眠期間

　ヤマネの冬眠期間は地域により異なる．八ヶ岳南麓，標高1400mに位置する清里高原に生息する野生のヤマネの冬眠期間は10月下旬ごろから4月中旬-5月初旬ごろまでである．また同じ森のなかで半自然の条件で飼育した個体の場合，冬眠期間は10-4月，その冬眠日数は24時間以内の中途覚醒の日も含めて，133.6-177.8日間であった（Iwabuchi *et al.*, 2017）.

　この清里高原では，冬眠前から発信機で冬眠場所の追跡をしている個体がいた．この個体は落葉の下で冬眠していたのだが，春がきて気温が上昇したので，その暖かさがヤマネを覚醒させると感じ，森へ向かった．その冬眠場所の落葉をめくったところ，ぽんと飛び出してきたのはそのヤマネであった．そして冬眠していた場所には，痩せたことによって自然に外れた発信機が落ちていた．このようにほとんどのヤマネは，晩秋から春まで同じ場所で冬眠している．一方，積雪30cmの真冬に覚醒し，数十m移動してから，再び冬眠に入るといった例もある．

　ヤマネの冬眠スイッチは平均気温8.8℃ほどを境とするので，平均気温8.8℃を下回ることが少ない温暖な地域では冬眠期間が短くなる．和歌山県南部での冬眠期間は，飼育下にて11月末から2月ごろまでである．

6.8　外国産ヤマネの冬眠との比較

　冬眠場所については，ニホンヤマネは，地表面付近，浅い地中や朽ち木などであり，ヨーロッパヤマネは，蘚苔類や落葉で覆われた場所の下や地表の小さなくぼみのなか（Morris, 2011; Juškaitis, 2008），地表面や雪の下（Vogel and Frey, 1995）などである．ヨーロッパヤマネの冬眠場所はニホンヤマネと類似している．オオヤマネは，地中にある家の排水管の脇，深さ40cmの場所や，アナグマが堀った穴などを利用することがある．スロベニアでは洞窟内でも冬眠する（Polak, 1997）．私はスロベニア国立博物館のボリス博士にスロベニアの洞窟を案内していただいた際，洞窟内のヤマネの生活の痕跡を見た．洞窟もオオヤマネの生息地なのだ．カルストの山塊の上に森があるこの地方では，ドリーネの底の穴から洞窟へと至る．洞窟内はコウモ

リが冬眠場所に選ぶように、環境温度の変動が少なく湿り気もある。だからオオヤマネも冬眠にも使うのである。また、メガネヤマネも地中で冬眠する（Fokin, 私信）。モリヤマネの場合は、ヨーロッパでは樹洞や地中にて冬眠する。これらのことからもいえるように、ヤマネ科の多くの種は、地中や地表面、そして樹洞を冬眠場所として用いているのである。

冬眠の際、ニホンヤマネはヒメネズミがつくった枯葉の巣も使う。それに対しオオヤマネはウサギの穴、キツネの穴、アナグマの穴でも冬眠するようだ（Morris, 2004）。このように、ほかの動物の巣を利用するのが1つの"ヤマネ流"である。

冬眠巣の形状とサイズは、ニホンヤマネが、その体全体を覆うカプセル型であるのに対し、ヨーロッパヤマネのそれは球形である（Walhovd and Jensen, 1976; Vogel and Frey, 1995）。また、冬眠巣のサイズは、ニホンヤマネで 6.5 cm×5.8 cm の事例があるのに対し、ヨーロッパヤマネでは巣の直径が 9 cm と 6 cm（Walhovd and Jensen, 1976）、10 cm（Vogel and Frey, 1995）やテニスボールサイズ（Morris, 2011）などと報告されている。

繁殖用の巣の場合、ニホンヤマネはソフトボール大であり、ヨーロッパヤマネはグレープフルーツ大（Morris, 2004）である。よって両種とも冬眠巣は繁殖巣よりも小さい。

冬眠巣の巣材は、ニホンヤマネがおもに樹皮であるのに対し、ヨーロッパヤマネは乾いた落葉や草の茎を用いる（Vogel and Frey, 1995）。また、モリヤマネは乾いた葉を用いている（Nevo and Amir, 1964）。しかし、オオヤマネは冬眠場所に巣材を用いることはない（Morris, 2004; Jurczyszyn, 2007）。おもしろいことに、ニホンヤマネは地面で冬眠する際、潜っている穴のすぐ近くに落葉がたくさんあるにもかかわらず、わざわざ樹幹まで行き、その樹皮を剥いで運んでくる。ニホンヤマネは繁殖巣をつくる際にも樹皮を多用するため、年間を通じて強い樹皮選択性がある。ニホンヤマネの特徴の1つである。まさしく"森の住人"である。

冬眠時の様相として、先述のとおり野生のニホンヤマネはほとんどが単独で冬眠している。しかし、飼育下では複数で冬眠している例もある（湊, 1984；中島, 2001）。その他のヤマネでは、ヨーロッパヤマネも通常単独で冬眠する（Morris, 2011）。また、オオヤマネは、イギリスでは複数が集合し

196   第6章　冬眠——眠るヤマネ

て冬眠することがあり（Morris and Hoodless, 1992），スイスでも11頭のオオヤマネが木製のコンテナ内で冬眠していたとの報告がある（Vogel, 1997）．一方，ポーランドでは単独で冬眠することが多い（Jurczyszyn, 2007）．

　ここまで，冬眠巣や冬眠場所についての比較をしてきたが，冬眠期間についても種ごとに紹介する．リトアニアの森で長年にわたり巣箱調査を進めているリムヴィーダス博士によると，ヨーロッパヤマネの冬眠期間は10月から4月あるいは5月初旬であるという（Juškaitis, 2008）．一方，ヤマネ学の権威であるモリス博士らによると，イギリスにおけるヨーロッパヤマネの冬眠期間は，およそ10月から5月までであるという（Morris, 2011）．ヨーロッパヤマネの冬眠期間は緯度と性・年齢で異なる（Juškaitis and Büchner, 2013）．また，メガネヤマネの冬眠期間はイタリアでの共同研究者であるベルトリーノ博士らによると，イタリア側のアルプスでは10月から4月までの約7カ月間にわたる（Bertolino and Currado, 2001）．オオヤマネの冬眠期間は通常，およそ10月から5月の約7-8カ月間である（Kryštufek, 2010）．地中海気候のシチリア島の成獣では11月初旬に冬眠に入る（Millazzo *et al.*, 2003）．ハンガリーなどでは約7カ月間，イギリスでは，早い個体では晩夏である9月から冬眠に入るものもいる．

　同じ森のなかに複数種の個体が生息しているところもある．ハンガリーのブタペストの北側に位置するバーツの森では，ヨーロッパヤマネとモリヤマネ，そしてオオヤマネの3種が同じ森のなかに生息している．そこで研究をしているクリストフ博士の協力を得ながら，私たちも生態調査をさせていただいた．この森では春がくると4月にヨーロッパヤマネとモリヤマネが先に冬眠から目覚め，その後，遅れること約1カ月後，5月に体の大きなオオヤマネが冬眠から目覚めていた．これは，同じ森に生息する3種のヤマネが時間的なすみわけをしていることを示している．ヤマネ科の動物は，半年もの間眠り続ける「ねむりや」であるとともに，気候，地理，餌資源や他種との関係のなかで柔軟に生活史を変えていくことができる不思議な動物なのである．

6.9 ヤマネ，宇宙への夢

現在，ヤマネを宇宙に連れていくための研究も行っている．ヤマネの冬眠の仕組みが宇宙旅行や宇宙開発に貢献できる可能性を秘めているからである．その第一歩として，騒音と無重力に対するヤマネの反応について，関係機関と連携して調べた．

まず，機械音が冬眠中のヤマネにどのような影響を与えるか，放射線医学総合研究所の野嶋久美恵さんらとともに実験した．ある程度の音量で機械音を連続して聞かされた冬眠中のヤマネは，それに動じることなく，変わらずぐ〜ぐ〜眠り続けていた．

また，無重力状態でヤマネがどのような行動をとるかについては，京都大学の石原明彦先生，JAXA の石岡憲昭先生，関西大学の鈴木哲先生，饗場さんらとともに実験した．その内容は，ヤマネの乗った実験用ジェット機体を急上昇させ，そして急降下に移る数十秒間に無重力環境をつくり，そのときの様子を観察するというものであった．もちろん観察者も同乗する．私たちを乗せた実験用ジェット機は，滑走路をがくんがくんと動いていく．隣にいるヤマネを見る．私はどきどきしているのに，ヤマネは落ち着いて冬眠している．ジェット機はぐ〜んとスピードを上げ，実験の目的地である日本海上空へと到達した．ここから急上昇が始まる．私の体勢も一気に上を向き始めた．Gがぐんぐん体に覆いかぶさる．私の胃腸はきりきりとねじれる．急上昇したジェット機は最高到達点にて水平となった．無重力状況だ．私の手から滑り落ちたボールペンは目の前で浮かび，くるくると回っているのに，隣にいるまん丸いヤマネは，ふ〜っと浮かび，落ち着きはらっていた．こんな急上昇・急降下を 7 回繰り返した後，飛行機は帰途についた．最後まで落ち着いているヤマネを見ながら「これは宇宙に行くのが楽しみだ」と思った．冬眠研究は果てがなく，冬眠の不思議の海は広い．その海は宇宙の海にも行くようだ．

第7章 保全
——ヤマネとの共生を求めて

7.1 ともに生きるために

　故郷の紀州では，スナガニの歩く美しい砂浜やタコたちのすみかであった磯は埋め立てられて駐車場と変わってしまった．メダカたちが群れ，カエルが鳴いていた田んぼは住宅地となってしまった．山はスギとヒノキの人工林で覆われてしまった．このような身近な故郷の壊変は日本全国に広がり，地域の自然の生物多様性は喪失し，日本の里山に生息する多くの種がレッドリストに名前が掲載されている．生物多様性にとって重要な7つの脅威は，人間活動による①生息地の破壊，②生息地の分断化，③汚染を含む生息地の悪化，④地球規模の気候変動，⑤生物の乱獲，⑥外来種の導入，⑦病気の蔓延，である（プリマック・小堀，2008）．

　生息地の分断化とは，連続した大きな生息地の面積が減少し，細分化し，さらに2つあるいはそれ以上の断片に分断される過程のことである（Laurance and Williamson, 2001；Spellerberg, 2002；Forman *et al.*, 2002）．生息地の分断化には，野生動物へのいくつかの脅威がある．①分散と定着を阻害する，②移動を妨げる，③餌とすみかの確保を困難にさせる，④繁殖・遺伝子交流を妨げる，⑤種の存続を危うくさせる，などである（プリマック・小堀，2008）．

　道路や線路は野生動物の生息地を分断化する大きな原因であるため，人間活動は多種多様な生物の生息を危うくする状況を生み出している．地球全体においてこれまで約6400万 km の道路が敷設されているが，2050年までにはさらに約2500万 km 増設される．それにともない，森林・草原・湿地などの自然環境が分断される可能性が増大している．日本では NEXCO（日本

高速道路株式会社）の3社によると，2009年度の動物のロードキル（交通事故による死亡）件数は総計約4万2000件で，2006年度と比べて約15%増大した．これは高速道路総延長の増加率より大きい値である．さらに日本全体の道路の総延長は約120万km以上であるので，それによるロードキルは莫大な数になると推測される．

　世界でロードキルに遭遇する動物は，キツネ，タヌキ，アナグマ，テン，リス，シカ，エゾシカ，コウモリ，フクロウ，ハリネズミ，カンガルー，ヘラジカ，ヘビ，カエル，カメ，チョウ，ガなどの哺乳類・鳥類・爬虫類・両生類・昆虫類などであり，クモ類・多足類など含めれば，多くの動物がわれわれの気づかないうちに危機に陥っていると考えられる．

　ヤマネのロードキルは長野県（澤畠，2000）や山梨県でも確認されている．また，イギリスにおいては，田舎の6m未満の車道も小型哺乳類のバリアーとなっていることが示された（Macpherson *et al.*, 2011）．日本でも数十年生の森を分断する道路により，アカネズミの遺伝子の多様性が減少することが示され（Sato *et al.*, 2014），道路がロードキルだけではなく，小型哺乳類にとってバリアーとなっていることが明確となってきている．

　日本の環境省は，生物多様性国家戦略のなかで生態系ネットワークの重要性を述べている．また，2010年には名古屋でCOP10が開催され，生物多様性の損失速度を低下させるための2020年までの目標（愛知目標）が合意された．そして，2015年に国連は持続可能な開発目標（SDGs；Sustainable Development Goals）を定め，生物多様性保全をねらいの1つとしている．生物多様性保全には保全対策の具体化が必要であり，それを実現するためには技術をともなう必要がある．また，生態系ネットワークを創造し，愛知目標などを達成するためにも人の活動と周囲の動物たちがともに暮らす具体的なあり方である「共生技術」が必要となる．

　これまで，道路と動物との共生を図るために，タヌキ・キツネなどの地上徘徊性の動物が高速道路の下を通れるようなボックスカルバートが開発されたり，道路際の側溝に落ちたカエルが這い上がれるスロープが普及したりしている．しかし，ヤマネのような樹上動物が道路上を移動するための施策は少なかった．ニホンヤマネは，日本の固有種で国の天然記念物であり，多くの地域で準絶滅危惧種に指定され，保護が急務な動物である．ヤマネは森林

に生息し,枝を"道"とするため,採餌は樹上で花やアブラムシなどの昆虫を食べ,営巣も樹洞などの樹上で行うことが多い."枝がなくては,木がなくては,森がなくては生きていくことができない「樹上動物」"である.栄養段階でも上位に位置する環境指標的な動物である.そのため,私たちはヤマネのためのコリドーの研究開発を行った.それは自然と人の絆結びと人と人のスクラム形成のプロセスでもあった.

7.2 ヤマネトンネルとヤマネブリッジ

私は,山梨県道路公社による八ヶ岳南麓の清里での有料道路建設とヤマネ保護の関連について相談を受けた.提示されたその計画は,ヤマネの生息する森を伐採し,地面を切り取り,堀割のようにし,そこに道路をつくる「切土工法」であった.これは明らかにヤマネの生息地の森を分断するものであった.そこで私はヤマネを保護するために,「切土工法」ではなく,森の下に「トンネル」を通すことを提案した.山梨県が計画を変更し,トンネルとしたため,その森のヤマネは保護された.(図7.1).

しかし,1996年,別の問題が清里の森で起こった.山梨県道路公社は高原有料道路建設のため,ヤマネが冬眠していた森にブルドーザーを入れ,

図7.1 ヤマネトンネル.ヤマネのすむ森を守るため切土工法からトンネルとした.

木々を伐採したのである．深さ4-5cmほどの浅い地上で冬眠し，冬眠から覚醒するには40-50分ほど必要なヤマネである．ブルドーザーが近づいても起きて逃げることは困難である．同時に，山梨県は森を分断する工事を行い，さらに伐採し，分断した場所に岩や土砂を堤のように積み上げていた（図7.2, 図7.3）．これらは天然記念物ヤマネの移動経路の妨害とヤマネの生命を危機に陥れていた．私は山梨県に抗議し，この事実を文化庁，環境庁（当時）に現場写真を送付して知らせた．山梨県の担当者の方2名が勤務先の和歌山県の学校まできて，謝罪をしてくださったが，それよりもこの状況を改

図7.2 冬季の伐採．ヤマネが冬眠する森を重機で伐採した工事．

図7.3 ヤマネのすむ森を分断する工事．

善し，保全策を実施することが大切であることを伝えた．そこから，私とキープ協会はスクラムを組み，分断された森をつなぐヤマネの「移動経路」を山梨県につくってもらうための粘り強い交渉を始めた．ときにはテレビ局にも"熱く・激しい交渉"と現場を撮影していただき，応援していただいた．山梨県の担当の方と交渉する際には，行政にとって先進的な活動となることや予算など県の事業担当者の立場もできるだけ考慮しながら，交渉と計画を進めた．山梨県との協働体制ができていった．

　一方，道路上を横断するヤマネの移動施設は世界にも例がなかったので，京都大学の村上興正先生など国内の哺乳類研究者にも相談した．クロアチアでのヤマネ国際学会では，学会の主要メンバーである，イギリスのモリス博士，スイスのフォーゲル博士，リトアニアのリムヴィーダス博士の3名に相談をした．会場の薄暗い隅に4名で集まり，清里の森の航空写真や道路計画図をもとに話し合い，たくさんのアイデアをいただいた．そして，それらの意見を参照しながら，1988年以来の清里でのヤマネ生態研究の成果を移動経路案に注ぎ込み，それに山梨県道路公社の施工者・設計者としての適正なる知恵・技術を組み合わせ，1998年「ヤマネブリッジ」が建設された．ヤマネブリッジ（高さ：8.9 m，全長：15 m）は道路標識と兼ねて建設された（図7.4）．ヤマネが利用しやすいようにするために，以下の工夫を行った．

図7.4　ヤマネのためのブリッジ（饗場葉留果，撮影）．

①フクロウなど天敵からの攻撃を防ぐため金網で覆った．金網の隙間のサイズをヤマネが通り抜けることができ，かつ天敵が出入りできない3cmほどとした．これにより，もし天敵がブリッジの外から来襲すれば内へ逃げ，内に侵入した場合は外へ逃げることができるからである．②隠れ場所として内部に巣箱を配置した．③底には，夜間の車のライトがあたりにくいように板を敷いた．④ヤマネを誘うためにブリッジの両側にヤマネの餌や巣材であることが研究で解明されたアズキナシ，ズミ，アケビ，リョウブなどを植栽した．⑤ブリッジの柱と森とをつなげる枝を間に置き，動物が枝を渡ってブリッジにくることができるようにした．⑥餌のアブラムシがすむアズキナシの大木は，夜間の車のライトをできるだけ遮蔽するために植栽場所をヤマネブリッジから車のくる方向に植えた．そして，樹を植栽する園芸業者の方には，建設趣旨とヤマネのための留意点を直接伝えた．自然保護の工事現場に実際に携わる最前線の方の理解が大事だからである．建設後，私は和歌山県で眠れない夜が続いた．私の提言で貴重な税金を使ったからである．

　完成して1カ月後の7月，私はヤマネブリッジに登り，どきどきしながら巣箱を開けた．そこには蘚苔類でできたヤマネの繁殖巣があった．ヤマネの利用も確認された（図7.5）．その後，リスとヒメネズミの利用も確認された（図7.6），ヒメネズミ・シジュウカラは巣箱で繁殖し，その金網の隙間からは，道路を走る車が見えている．そして2015年9月，メンテナンスを

図7.5　ヤマネブリッジを歩くヤマネ．

204　第 7 章　保全——ヤマネとの共生を求めて

図 7.6　ヤマネブリッジを利用するリス．

実施した．ヤマネブリッジの底の板を交換し，森から本体へのアクセスを直した 1 日の補修工事であった．ヤマネブリッジ本体は頑丈であるため，建設した 1998 年以来 17 年間で初めてのメンテナンスであった．ヤマネブリッジは維持費が少なくてすむことが示された．

7.3　アニマルパスウェイ

　環境保全で重要なキーワードは「社会化」であると考える．それは，「だれもが」，「どこでも」環境保全に参画することで，環境全体が守れるからである．ヤマネブリッジは，道路標識を兼ね頑丈な構造のため，建設コストが高額であり，普及面が課題となった．しかし，森を分断する道路などの構造物は日本中・世界中に存在することから，「だれもが」，「どこでも」できるような樹上動物保護の具体策の普及が急務であると考えた．
　2003 年，経団連自然保護協議会主催で「自然保護に技術を活かす」というテーマの座談会が開催された．その場で，私は「安価で動物の利用しやすいブリッジが必要です．どこでもだれでもつくれるようなブリッジが必要です．しかし，私はヤマネのことはわかりますが工学的なことはわかりません．一緒にそんなブリッジをつくりませんか」と，多くの企業の前で呼びかけた．そのときに手をあげてくださったのが，清水建設株式会社の岩本和明部長と大成建設株式会社の大竹公一部長であった．その後，私たちは経団連の事務

所で会い，ヤマネのみではなく，すべての樹上動物のための歩道橋をつくることを目指すことになった．その名前を「アニマルパスウェイ」とし，「アニマルパスウェイ研究会」を発足した．目的としたアニマルパスウェイのビジョンは，①ローコストで普及の容易なもの，②メンテナンスフリーでケアーの費用が少額となるもの，③動物が通りやすいもの，④北の地域から南の地域のどこでも調達できる建築資材を用いるもの，⑤国内外に普及するもの，であった．

（1）ステップ1——材料選択実験（2004年）

構造物の材料は，枝のような自然物を利用すると腐食し，道路上に落下する危険がある．そこで国内外で入手が容易であるワイヤーを材料とすることを考えた．しかし，ヤマネが人工物であるワイヤーを利用するかどうか未確認であったため，ヤマネのワイヤー利用について調べることとなった．また，ワイヤーの利用とともに，その好適な直径を検討した．ヤマネ3頭を個別に用い，計9晩にわたり実験した．直径が異なる4種類のワイヤーを設置し，ワイヤーの設置場所による選好影響がないように，ワイヤーの位置を2時間ごとに変えた（図7.7）．実験は，やまねミュージアムの岩渕真奈美さんを中心に実施された．各径の利用率の結果は 0.38 mm で 0％，1 mm で 2.0％，

図7.7 アニマルパスウェイのための材料実験（岩渕真奈美，撮影）．

2 mm で 18.0%, 6 mm で 80.0% であった. これにより, ヤマネはワイヤーを利用し, 6 mm 直径が適していること, そして, ヤマネが 1 mm や 2 mm の細さの場所でも移動が可能であり, 森林内の樹冠の細い枝先も移動が可能であるという生物学的能力についても明らかにした.

(2) ステップ 2――構造実験 (2005 年)

材料を決定した後, 適切な構造を決定するための研究を実施した. 形状について, 清水建設の岩本さんは紙製の模型を示しながら, 力学的に頑丈なトライアングル型を提案された. さらに, 建設予定地の清里は積雪地域のため, 雪が積もりにくくするために屋根をアルミ板にすることとした. これは同時にフクロウの攻撃防止にもなる. そこでこの案をもとにし, アニマルパスウェイ研究会の小松裕幸さん, 小田信治さんたちがやまねミュージアムにてアニマルパスウェイの原模型を作成した. アルミ板の屋根に, 底は金網とした. トライアングルのボディの揺れをなくすため, 特注した金枠を取り付けた (図 7.8).

私たちは, 人工的な材料と構造をヤマネが利用するかどうかを確認するため実験を行った. 原模型を野外の実験小屋のなかに設置し, ヤマネが自由に動き回れるようにした. この野外の実験小屋は, 屋根や壁面が金網でできて

図 7.8 アニマルパスウェイのための構造実験 (饗場葉留果, 撮影).

いるため雨も降り注ぎ，空気も温度も湿度も隣接する森とほぼ同じである．この小屋は，経団連自然保護協議会の支援で建設したものであった．夜，やまねミュージアムの饗場葉留果さんたちが利用状況を確認する観察を行った．驚くべきことに，ヤマネはトライアングル構造をまったく問題なく利用した．利用部位は，橋の金網製の床部が最多の利用回数で，全体の約38%であった．利用に不安のあったアルミ製の屋根も金網の床もヤマネが容易に利用することに驚いた．金属性の三角枠もヤマネが自由自在に動き回った．構造についても原模型どおりで問題がないことが示された．このように，私たちはアニマルパスウェイの基本的な材料や構造を決定していった．

(3) ステップ3——森での実験 (2005年)

つぎのステップは，森のなかで野生の動物たちがこのアニマルパスウェイを利用するかを確かめる実証研究であった．私たちは野外での利用の証明がない限り，一般社会に提案できないと考えていたからである．

実験場所は，キープ協会敷地内の森を貫く作業道であった．吊り橋のようなアニマルパスウェイを両側から支える柱には電柱を用いた．電柱を選んだ理由は，電柱であれば国内外どこにでもあり，それを建てる電柱車もどこにでもあるため，普及しやすいと考えたからである．アニマルパスウェイの両側にはビデオカメラを設置してモニタリングを行った．電源として車用のバッテリーを用い，毎日，やまねミュージアムの岩渕さんと饗場さんが一輪車で運び交換していった．アニマルパスウェイの建設地である清里は，冬季の気温がマイナス15°Cまで低下するため，電圧低下でモニタリング機器が作動しないなどトラブルが続いた．大成建設の大竹さんが太陽光パネルを置き補助電力とし，保温装置もつくるなど改良を重ねていった．それらの結果，2006年5月に大竹さんがアニマルパスウェイを走るニホンリスの撮影に成功した（図7.9）．しかし，アニマルパスウェイ周辺に取り付けた自動カメ

図7.9　リスが実証機を走る（大竹公一，撮影）．

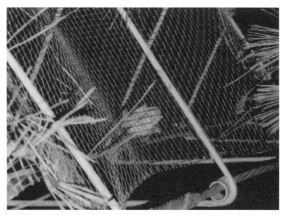

図 7.10 ヤマネが実証機を利用する．

ラがうまく作動せず，ヤマネの利用については未確認だった．そこで 2006 年 9 月，私は電柱に登り自動カメラを設置した．その自動カメラのフィルムを現像すると，36 枚の画像のうち 34 枚は撮影に失敗していたが，残りの 2 枚にヤマネが撮影されていた（図 7.10）．まるでヤマネからの「アニマルパスウェイ合格」の知らせであった．

つぎに確認の必要があったのは，"つらら"に関してであった．もしつららができ，落下し，車や人にあたると危険であるため，この構造でつららが形成されるかモニタリングを行った．夜に降雪があったときには，夜明けにアニマルパスウェイを調べた．その結果，屋根や橋床の上への積雪は見られたが，夜明けの太陽光があたると太陽光で屋根の熱伝導率のよいアルミ板が温められ，融雪していくことも観察された．積雪はしたが，つららは一度も確認されなかった．

このように野外実験で，樹上動物たちがアニマルパスウェイを利用し，つららもできないことが示された．建築費を安くすることにも成功した．つぎのステップは，いよいよ公道に建設することであった．

（4）ステップ 4——公道（市道）への建設（2006 年）

私たちは八ヶ岳南麓の清里高原を行政区としている北杜市の白倉政司市長に会いにいった．市長さんの前に座り緊張で額に汗を流しながら，アニマル

パスウェイの必要性を説明し，「環境創造都市」を理念とする北杜市として建設することに意義があること，また，1998年に建設したヤマネブリッジより約10分の1のコストでつくることができることを伝えた．白倉市長は「何本つくってもいいですよ」と即座に了承してくださり，市道への建設が決まった．建設プロセスは以下のとおりである．

①建設場所選定調査

　建設候補地は，リスのロードキルがたびたび見られ，ヤマネの生息する森を突き抜けているキープ協会清泉寮前の市道であった．建設場所の選定は道路の存在により，困っている動物たちの"声"を聞く作業でもあった．どこにつくってほしいかの"声"を探る作業である．私は，研究者の役割の1つは動物たちの「ことば」を「人間語」に翻訳することと考えてきた．具体的な方法は動物が生息している痕跡を探すことである．長さ400 mほどの道路の両側の森で，ヤマネとリスの痕跡を私と岩渕さん，饗場さんで探し歩いた．道路から約10 mまでの範囲に入った森でリスがマツの実を食べたエビフライ型の食痕を見つけると，青いテープを道の端にぶら下げる．ヤマネが巣材とするためにサワフタギの樹皮を剥いだ跡や，餌となるサルナシやヤマブドウがあると，ピンクテープをぶら下げていった．その結果，道の両側にたくさんのピンクとブルーのテープがたなびいた．そのテープ群の間に道路があることは，それだけ動物たちの生息環境が道路により分断されていることを示すものでもあった．私たちは道路をはさんで向かい合う両側にテープが多い場所を発見した．この建設候補地調査がアニマルパスウェイの成否を握ると位置づけていた私たちは，その場所が動物たちにとってアニマルパスウェイを必要とする地点と判断した．

②アニマルパスウェイⅠ号機の建設とモニタリング（2007年）

　大成建設株式会社，清水建設株式会社，やまねミュージアム，ニホンヤマネ保護研究グループ，株式会社エンウィットなど，アニマルパスウェイ研究会メンバーとボランティアのみなさんがアニマルパスウェイの建設を行うため，清里に集合した．通常ビジネスではライバルどうしの大成建設と清水建設の部長さんも，ともに本体を手作業で組み立てた．完成したアニマルパスウェイの本体をみんなで200 mほど離れた建設現場まで運び，クレーンでアニマルパスウェイの本体を地上高約6.5 mの位置に取り付ける．長さ約

13.5 m のトライアングル型の吊り橋である．トライアングルの 1 辺は 25 cm である．

　私たちは，動物たちがアニマルパスウェイを利用しやすくするためにつぎのような工夫を施した．①電柱には樹上動物の爪がかかりやすくなるようにスギ樹皮を巻いた．②三角の屋根部には，防雪と天敵から動物を遮蔽するためにアルミ板を置いた．③床部には小動物が天敵から隠れ，逃避するために金属製の三角錐（1 辺が 7 cm，長さ 55 cm）を設置した．④リスが道路に飛び出すことのないように道路沿いにフェンスを張った．⑤森から電柱に至る動物の道として，高さ 1.5–2.0 m ほどの位置に電柱へ続く枝の道を森から誘導路として 3 ルートつくった．⑥モニタリングのため両側の電柱にビデオカメラを設置し，カメラからのコードを 800 m 離れたやまねミュージアムまで延ばして 24 時間，録画・モニタリングをできるようにした．それはやまねミュージアムにいながらリアルタイムでアニマルパスウェイの動向を記録し，把握するためである．

　これらの設置・材料・部品費用は経団連自然保護協議会・日本建設業連合会の支援によるものであった．そして，誘導路の枝取り付け作業は，アースウォッチ・学生ボランティア・NTT 東日本社員研修作業のサポートで行われた．同時にこれは，ヤマネ保護作業に参加する人々の環境保全への心情を

図 7.11　アニマルパスウェイ I 号機．道の両側に電柱を建て，その間をつなげた吊り橋．

醸成する目的も包含していた.

こうして樹上動物たちの「歩道橋」ができた(図7.11).大竹さんによる約2674時間のモニタリング分析の結果,1510回の利用が確認された.初利用者はヒメネズミで,建設後17日目に速足で走っていた.ヤマネは18日目からトコトコと渡り始めていた.種別の利用回数はヒメネズミ1200回の79.5%,ヤマネ289回の19.1%,リス17回の1.1%,テン4回の0.3%であった.

(5)ステップ5——アニマルパスウェイⅡ号機・山梨県道への建設(2010年)

普及には県道への建設も大切と考えた.北杜市から建設費の協力を得て,八ヶ岳南麓の標高約1500mの落葉広葉樹林を貫く県道にアニマルパスウェイを建設した.Ⅰ号機と異なる構造は電柱に巻き付けたシュロ状態のシートである.これは樹上動物の爪がかかりやすく,ホームセンターで販売しているので普及に適合しているからであった.

モニタリングで確認された利用動物は,ヒメネズミ,ヤマネ,テンであった.ヒメネズミは,アニマルパスウェイを走りながら移動した.2頭のヒメネズミがアニマルパスウェイ上で出会い,立ち上がってボクシングのような闘争行動をしているのも見られた.テンはアニマルパスウェイをゆっくり歩いて渡った.利用頻度では,ヒメネズミの利用が多く,市道に建設したⅠ号機では79.5%,県道に建設したⅡ号機では81.1%と,約8割がヒメネズミの利用であった.したがって,アニマルパスウェイはヒメネズミのような樹上も生活圏とする齧歯類の移動経路確保の点からも有効であることが示された.また,ヤマネはⅡ号機でも15.6%と一定の利用を示した.テンもⅠ号機,Ⅱ号機を利用した.テンの利用による小型哺乳類への影響をビデオで観察したところ,テンがアニマルパスウェイのマツの枝から着地して渡った後,ヒメネズミがやってきてテンが下りてきた枝のにおいを嗅いで渡ったように,ヒメネズミとヤマネはともに,テンの利用後も利用した.

一晩の利用時間帯では,ヒメネズミは18時から4時までともっとも利用時間帯が長く,ヤマネは19時から4時であった.テンは19時から3時までの間に利用した.このように,アニマルパスウェイは夜行性動物の活動時間

帯も把握できることがわかった．月別の利用では4月，11月，12月でヤマ
ネの利用が見られなかったのは，冬眠期間に入っていたからと考えられる．
一方，冬季でも活動をしているヒメネズミの利用は4月，11月，12月でも
見られているため，冬期間においても樹上動物によって利用されることがわ
かった．

アニマルパスウェイは，動物たちが利用しやすいように考慮されているが，
効果性を実証するために材料と形状の異なる利用部位を分析した．ヒメネズ
ミもヤマネもテンも，金網製の橋床面をもっとも利用した．この結果から，
橋床面が金網製でも利用されることが明らかにされた．また，モニタリング
用ケーブルを通すために設置したパイプをヤマネもヒメネズミも利用した．
森で枝を移動経路として用いるヤマネ・ヒメネズミにとって，枝と類似した
丸い形状は利用しやすいのではないかと考えられる．シェルター（退避所）
は，とくにヒメネズミの利用率が高く，同種にとって有効であることが確認
された．

（6）ステップ6——栃木県への建設（2011年）

栃木県那須町の那須御用邸の一部が宮内庁から環境省へ移管され，「那須
平成の森」となった森がある．環境省からその那須平成の森の道路へのアニ
マルパスウェイ建設の依頼があり，事前調査や設計業務を行った．この森は
リスの少ない森であった．ヒメネズミの痕跡はいたるところにあるので，建
設場所選定の基準はヤマネの痕跡であった．すると，ヤマネの冬眠していた
朽ち木が道路から5mほど離れたところにあった．そこを建設場所として
選定した．設計や構造は基本的にアニマルパスウェイⅡ号機と同じとした
が，同所は風が強いため，仲間の建設会社の方々はボランティアで風速50
mほどでも耐えることができる設計を行った．2011年10月21日の夕方に
建設完成を業者さんが環境省事務所に報告した．ヤマネはその夜の0時17
分にアニマルパスウェイを利用した．建設後，約7時間後の利用であった．
これは「世界新記録」の最速記録であった．さらに，このアニマルパスウェ
イはモモンガも利用した（図7.12）．この結果から，本州の樹上性の小型哺
乳類はほとんど利用が可能であることがわかった．

これまでに，ヤマネのコリドーの利用開始を確認したのが，ヤマネブリッ

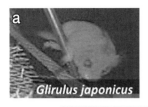
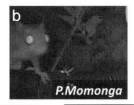

図 7.12 ヤマネ，モモンガ，リス，ヒメネズミ，テンと日本の樹上動物の多くが利用した．
a：ヤマネ，b：モモンガ（環境省，撮影），c：リス，d：ヒメネズミ，e：テン．

ジでは1カ月以内，アニマルパスウェイで18日（山梨）と7時間（栃木）であり，比較的，短期間で利用を開始しているといえる．この結果も，樹上動物にとってアニマルパスウェイの必要性が高いことを示している．

（7）ステップ7——国内の他地域への普及

アニマルパスウェイに関して，国内の各地から問い合せをいただくようになってきた．そこで私たちは，アニマルパスウェイ研究会を「一般社団法人アニマルパスウェイと野生生物の会」とし，それらに対応することとした．

①愛知県

名古屋市からは，リスがいる森の間をつなぐアニマルパスウェイを建設したいとの相談をいただいた．市の現地に行き，実地踏査を行った．そこは人家のまわりに森がある街の郊外のような環境であった．ヤマネの生息は確認されていない地域で，市と関係者の方はリスの利用を図るのが主目的であった．私たちは意見を名古屋市に伝え，2013年に名古屋市はアニマルパスウェイを建設した．

②岩手県

岩手県でも国交省の管理下の国道に建設したいとの相談を，東北緑化環境保全株式会社の香川裕之さんからいただいた．道路の日交通量は約2万

8500台，片側2車線の4車線道路で，歩道部と中央分離帯を含めた幅員は約30 m である．リスがそこを渡れるようなアニマルパスウェイの建設が希望であった．栃木県那須町は風の強いところであったが，ここは最大積雪深が 30-80 cm の地域で，厳冬期の気温はマイナス 7-2℃ と低いため，設計上もそれらを考慮しないといけない．このため，香川さんたちはアニマルパスウェイを中央分離帯に中間ポールを立てた全長 35 m とした．アニマルパスウェイからの雪やつららの落下を最少とする必要がある．そこで，上部工のフレーム断面を頂角 55°，底角 62.5°，底辺 264 mm の二等辺三角形とし，屋根勾配を急傾斜にすることで，積雪しにくくした．さらに，床面幅を 150 mm と狭くし，床面の材質も目合い 20 mm の亀甲金網とした．それは床面への積雪量を減らすとともに，床面から雪塊が落下するリスクを減らしたりするための工夫である．また，屋根の設置数を半減させた．1つおきに屋根を設置することで，屋根への積雪の絶対量を減らすように改良した．

東北での初めてのアニマルパスウェイは 2016 年 11 月に建設された（図7.13）．幅の広い道なので，アニマルパスウェイの途中にリスの休憩所も設けた橋である．建設後2週間ほど経過して，リスがアニマルパスウェイの途中まできたことが確認され，1カ月後には渡り切った．同所の特徴は雪深い地で，幅が広く交通量の多い国道をリスが渡ったことである．

図 7.13　岩手のアニマルパスウェイ（大竹公一，撮影）．

③三重県

　三重県では高速道路計画地の尾鷲市の山にヤマネの生息が確認されたため，ヤマネの保護を進めながら工事を計画することについて国交省から相談をいただいた．この地の高速道路建設の特性は，南海トラフ地震が起こった場合，影響が多い地域であるため，山辺につくる高速道路は市民の津波からの避難場所ともなり，名古屋などからの物資輸送の経路となることである．したがって，ヤマネ保護・環境保全・防災を兼ねた視点で進める必要がある．もう1点の特性は，山が多く，高速道路を通しているためにトンネルが多いことである．トンネルは森や土を残した状態となるので，「自然のアニマルパスウェイ」である．そこでトンネルを建設する場合，その出入口にヤマネの餌資源や巣材となる樹種を植栽することを提案している．国交省もその課題に取り組んでいる．2016年11月，高速道路工事用の道路で分断する森に2つのアニマルパスウェイが建設された．そして2017年，ヤマネ利用が確認された．

　また，尾鷲市は，環境保全への意識づけ，自然への情操教育，故郷への想いを育てる故郷学習のつながりが大切であると考えたので，国交省とコンサルタント会社と私たちは，尾鷲市の子どもたちへの環境教育をともに行っている．

（8）ステップ8──ワイト島・イギリスへの普及

　2015年，これまでの国際ヤマネ会議で私たちのアニマルパスウェイの発表を聞いていたイギリスの環境団体であるPTES（People's Trust for Endangered Species）のイーアン氏から，アニマルパスウェイ建設の協力依頼を受けた．イギリスではこれまで小型のヤマネブリッジを作成してきたが，どれも成功していなかったからである．すぐに設計情報や映像を送付した．

　その後，イーアン氏からBBCで放映されたテレビ映像が送付されてきた．内容は，イギリスのワイト島（イギリス南部に位置している）でのアニマルパスウェイ建設の様子と，建設後に9時間以内に利用したヨーロッパヤマネやリスの映像で，イギリス国内で放送されたものであった．イギリスでは，数百万人が視聴したとのことである．日本から刺激を受け建設したことや，ニホンヤマネのアニマルパスウェイについても紹介されていた．イギリスで

つくられたアニマルパスウェイは，トライアングルの構造は日本と同じであったが，部材は木製でさらにパーツごとに分かれ，組みやすくなっていた．本体の吊り上げを日本ではクレーンで行ったが，ワイト島に設置されたものはジャッキを用いた吊り上げを行っていた．この方法であれば電柱車がなくとも吊り上げが可能となるので，効率的な方法であると感じた（図7.14, 図7.15, 図7.16）．

　2017年4月，イーアンさんとモリス先生がワイト島のアニマルパスウェイに，私と妻のちせを案内してくださった．アニマルパスウェイは，鉄道の上に架かる橋の上に架設されていた．日本ではアニマルパスウェイを吊り下げるのに電柱を用いているが，ここでは両側の大きな樹につけていた．内部の動物の隠れ場所は，日本では三角形であるが，ここでは四角形であった．屋根は木製であった．ここは清里や岩手県とは異なり雪がないので，アルミは不要なのである．また，長いアニマルパスウェイを木製のパーツに分けていることも特性であった．そのパーツを持ってみたが，軽く片手で持ち上げることができた．この軽さもよい点である．さらに，PTESは企業とともにこの橋の商品化も展開しようとしている．

　ニホンヤマネの起源はヨーロッパにある．日本から発信されたアニマルパスウェイの「種子」が，ヤマネの故郷であるヨーロッパに伝わり発芽してい

図 7.14　イギリスで建設されたアニマルパスウェイ（湊ちせ，撮影）．

図 7.15 鉄道上の橋の上に建設されたアニマルパスウェイ（湊ちせ，撮影）.

図 7.16 アニマルパスウェイの内部（湊ちせ，撮影）.

る．日本からヨーロッパへの恩返しかもしれない．アニマルパスウェイを見ていると，「ぽー」と汽笛が聞こえてきた．アニマルパスウェイの架かる陸橋の下を通る蒸気機関車がやってきた．もくもくと白い煙が元気よく走る．大きな車輪がしゅしゅと勢いよく回る．アニマルパスウェイも多くの人々とともにさらに勢いよく世界へ広がってほしいと感じた．

218　第 7 章　保全——ヤマネとの共生を求めて

（9）アニマルパスウェイ建設の要点

これまでの活動から，アニマルパスウェイのようなコリドーを成功に導くには以下の点が重要であると考えた．

1 つめは「基本的な調査」の実施である．調査は"事前調査"と建設後の"モニタリング調査"から構成される．前者は，利用動物候補の「基礎的な生態調査や生息状況把握調査」および，動物にとり効果的な「建設地の選定調査」である．後者のモニタリング調査は，建設後の動物利用結果を分析して，課題を抽出するためと効果性を社会に提示するための不可欠な作業となる．

2 つめは「有効な設計」である．利用動物候補種の行動・生態と建設地域の雪・風などの環境条件に適合した有効な設計，建設地に生息する天敵に対応した設計を考案することである．未経験の環境条件，動物種を対象とする際には予備実験も必要となる．

3 つめは「新しいものをつくる共働き」である．水素原子と酸素原子の異なるものが，結合すると麗しい水となるように，異なる知見・見識・タレントを有する"専門家"・"企業"・"コンサルタント会社"・"有志"などがビジョンを共有し，共働きすることで新しいものを生み出すことができる．そのダイナミックさを参画者が楽しみ，共有することである．

4 つめは「環境保全と経済の視点の構築」である．後述するボルネオの実践のように，コリドーがエコツーリズムなどと連携したような"環境保全"と"経済効果"を構築することも重要な視点となる．それにより，地域を経済的にも豊かにし，地域を大切にする心情もより豊かにすることができる．

5 つめが「ていねいな報告」である．報告は被支援者の責任である．そして，環境保全実施の多くは行政により実施される．その行政は市民の税金により運営される．したがって，アニマルパスウェイのモニタリングの結果を行政に報告することは，行政への責任を果たすうえで不可欠となる．それは，税金を納める市民のアニマルパスウェイへの共感を醸成することにもつながり，行政を動かす原動力ともなる．

6 つめは「広報」である．広報は市民の「自然との共生」への想いを醸成し，市民を環境保全への「行動化」に導き，行政に環境施策を選ばせる力と

なる．このときにマスメディアとの連携は大きな広報効果を産出するので，マスメディアと連携するマネージメントも必要である．

7つめは「環境教育」である．環境保全は市民・企業人・家庭人・学生・児童など多くの人々の興味・関心・賛同・参画があって実現する．それらの人々を育成し，環境保全への参画に導くのが環境教育である．さらに，納税者としての市民は行政に影響を与え，消費者としての市民は企業に影響を与えるため，市民への環境教育がさらに重要となる．

8つめは「資金の確保と拡充」である．活動を自律的に運営する資金システムの構築が不可欠となる．そして，財団・行政・市民・企業などからの資金的支援を得ることは活動を発展させるうえで要となる．

9つめが「人々を巻き込む姿勢」と巻き込むためのセンスある工夫である．環境保全にはだれもが，どこでも参画する「社会化」が大きな柱となる．ことばを換えると，いかに人々を「巻き込む」かである．それには人々に参画を促すためのセンスが効果的となる．ウェブ，動画などが不可欠な媒体となる．今後，多種多様な方法と豊かなセンスを有することができるかどうかが，「社会化」実現の1つの条件となる．

7.4　樹上動物のためのコリドー開発と普及の活動

私たちは，2010年10月に愛知県名古屋市で開催された生物多様性条約第10回締約国会議（以下，COP10）の期間中に，アニマルパスウェイでブース展示・エクスカーション・国際シンポジウムを開催した．その後，2013年，2016年と3年間隔でアニマルパスウェイ普及のためのシンポジウムを開催し，国内外の人たちと学び，発信してきた．それらのなかで得られた国内外の樹上動物を中心としたのコリドーの事例をいくつか紹介する．

（1）イギリス

①ハビタットブリッジ（habitat bridge）

ヤマネ国際会議の議長を務めてくださっている元ロンドン大学のパット・モリス博士は，2002年，清里でヤマネブリッジを視察された．その後，2006年にロンドンの南のランバーハーストでナショナルトラストとともに

「ハビタットブリッジ (habitat bridge)」を行政に提案し，建設に導かれた．これは車も自転車も人も通る大型のブリッジである．私が最初に訪れたときは，道の両端に植えられたヤマネのための苗木は低く，ヤマネの利用は不可能であった．しかし，2011年には植栽した樹木が成長し，ヤマネの繁殖が確認されるようになった．また，キツネ・アナグマ・トガリネズミ・ウサギ・モグラなど，少なくとも8種の哺乳類が"ハビタット (habitat)"として利用しているのでハビタットブリッジ（図7.17）と命名された（Morris and Minato, 2012）．

　2017年，久しぶりにモリス先生とともに訪れた（図7.18）．樹はさらに成長し，ヤマネの餌となる花を咲かすハニーサックルの蔓も伸び，繁茂してヤマネの移動も手助けしているようにもなっていた．地面にはモグラが掘った後の土が盛り上がり，キツネと思われる獣道が草の間をぬっていた．ここの優れた工夫は，道の両側を盛り土としていることである．そこに樹を植樹し，朽ちた木を置いている．それにより落葉が蓄積し，腐葉土もできやすくなり，モグラ・ネズミなどの小型哺乳類にとり，生活・移動がしやすくなる．草も生えるので，ウサギなどの隠れ場所と移動場所・餌場ともなりやすくなる．朽ちた木は小型哺乳類の餌や隠れ場所を提供する．ここはまさしく「動物たちがすむ橋」である．そのハビタットブリッジを車で通った．モリス先生と車で走ると，動物たちのための橋とは気づかないほどのイギリスの普通の道

図7.17　大きなハビタットブリッジ（湊ちせ，撮影）．

7.4 樹上動物のためのコリドー開発と普及の活動　221

図 7.18　ハビタットブリッジに立つ著者とモリス博士（湊ちせ，撮影）．

である．車道を進むと由緒あるきれいなスコットニー古城が見えた．
②小型のヤマネブリッジ
　イギリスのヤマネ研究のリーダーであったマイケル・ウッズ氏が，イギリス南西部のチーズで有名なチェダー村でヤマネブリッジを建設した（図7.19）．モリス先生と岩渕さんとで見学に行くと，それは砕石場の入口にあり，大きなトラックが行き来している真上にあった．その形状はメッシュの細かい金網を円筒状にしたもので，それを道路上に道の端から反対側の端まで架設したものであった．ブリッジ内部には枝や枯葉を置き，動物の隠れ場所としていた．地元の放送局と連携し，ビデオカメラでモニタリングを行っていた．しかし，動物の利用の確認はされていなかった．金網のメッシュが細かいため，天敵が侵入すると逃げ切れないので，動物はブリッジ内部を通過することを避けるのかもしれないと感じた．
　マイケル氏の父のダッグ氏は，ヤマネの滅んだ森に繁殖させたヤマネを再導入する活動をされてきた方であった．そして，ダッグ氏は現在，世界中で使われているヤマネ用の巣箱のアイデアを考えられた方でもあった．研究は

222　第7章　保全——ヤマネとの共生を求めて

図7.19　ヨーロッパヤマネが利用しなかったヤマネブリッジ（岩渕真奈美，撮影）．

多くの人々の試行錯誤と努力の積み重ねでもある．マイケル氏もダッグ氏も辛いことにパラダイスに逝かれたが，そのヤマネを保護する温かい想いはイギリスで確実に広がっている．

（2）デンマーク

　デンマークのヤマネ研究者であるヘレン博士は，執筆したヤマネの冊子に清里のヤマネブリッジの図を掲載してくれていた．そのデンマークで大型のヤマネブリッジが建設された（図7.20）．2014年，視察に行くと，デンマークのヤマネブリッジの下は広い車道のトンネルが通っており，その上には土を施していた．トンネルの真上に行くと，その幅は8mほどで，両端には子どもたちにより植栽された樹が並んでいた．シカたちの獣害により，幼樹がダメージを受けないようにカバーが施されていた．ヤマネにとって幼木は小さいため，すぐの利用は困難であった．
　デンマークの優れている点は，子どもたちが樹を植えていることである．それにより，子どもたちにヤマネ・環境の大切さを体験的に理解させ，地域の人々を巻き込むきっかけともなるからである．環境教育と環境保全とを組み合わせた優れた実践である．そのトンネルをたくさんの車が猛烈なスピードで走っていった．

図 7.20 デンマークのヤマネブリッジ．

（3）マレーシア

　ボルネオには，生物多様性保全活動，自然環境保護活動を通じて，人と自然がともに生きることのできる持続可能な地球環境をつくる活動を行っているボルネオ保全トラスト・ジャパン（BCTJ）がある．その活動に東山動植物園の木村幸一さんらが協力し，泳げないオランウータンが自由に川を渡れるように消防ホース製の吊り橋が建設された．

　ボルネオの熱帯雨林は，ボルネオゾウやテングザル，ボルネオオランウータンが生息する生物多様性のホットスポットである．しかし，マーガリン，即席めん，アイス，クッキー，チョコレート，スナック菓子，石鹸，洗剤，塗料などの原料となるパーム油を採るためのアブラヤシのプランテーション開発のために，広大な熱帯雨林が伐採されてきた歴史を持つ．そして，開発によって森は分断されてしまい，オランウータンの生息域もせばめられた．そこで，彼らの移動経路を広げるために川を渡れるようにする手段が必要となった．

　しかし，なかなか結果が出なかった．困り果てた現地担当者が日本の動物園を訪れた際に，中古の消防ホースで遊ぶオランウータンと出会った．そこで消防ホースを使うことになり，日本から贈った中古の消防ホースで，地域

224   第7章　保全——ヤマネとの共生を求めて

図 7.21　マレーシアのオランウータンが利用する橋（ボルネオ保全トラスト・ジャパン，撮影）．

住民とともに地域起こしの役割も担いながらつくったそうである．

　私も妻のちせと現地に赴いてボートで川を遡上すると，消防ホースを編んでつくった吊り橋があった．ホースを上部と下部の2段とし，その間を短いホースでつなぐ簡易な構造であった．簡単が重要で，簡易だからこそどこでも作成でき，いろいろなところでできると感じた．カニクイザル，ブタオザルが利用し，しばらくしてついに水を嫌うオランウータンも使った写真が撮影された．みなさんの喜びの声が聞こえてくる吊り橋であった．（図7.21）．日本とBCTJの人々が日本で中古ホースを集め，はるばるここまできて地域の人々と橋をつくり，ボルネオの生物多様性を守る真摯な姿勢には頭が下がった．

　日本は先進技術だけでなく，環境保全の技術・工夫・スピリットも海外へ輸出しているようだ．何艘ものボートが川下からこの吊り橋を見るためにやってくる．乗客の多くはヨーロッパ系の人々である．地域のエコツーリズムに貢献し，環境保全とエコノミーの"果実"も提供している姿がそこにあった．

（4）北海道の高速道路での取り組み

　北海道では帯広畜産大学の柳川久先生を中心に，行政・地域と連携をとりながら大きく展開されている．柳川先生たちは，車道から歩道までの18 cmの段差をスロープにすることでエゾアカガエルが道路を移動しやすくして，

ロードキルを減少させている（葦名・柳川，2006）．車が走行すると道路から音が発生し，それによって野生動物に道路の位置を知らせてロードキルを減少させた．また，エゾリスのためのブリッジも帯広で開発された（柳川，2005）．

　2015年の夏，札幌で開催された第5回国際野生動物管理学術会議に国内外のコリドーの研究者が集い，シンポジウムが開催された．その際，「野生生物と交通」のスタッフの方や柳川先生たちに現場をご案内いただいた．滑空性のエゾモモンガのためには，高速道路両側に飛び立つ柱を建てていた（浅利ほか，2009）．道東自動車道では，ヒグマが高速道路の下を移動するための（パイプ）カルバート（暗渠）はやはり大きく，ヒグマとキタキツネが利用していた．そして，サービスエリアにはバードハウスがつくられていた．これは，地域の子どもたちとともにつくられたもので，シジュウカラ，ニュウナイスズメなどの野鳥が利用しているようである．

　帯広広尾自動車道では，高速道路下のカルバートに隣接する森からエゾリスたちをカルバートに導くための丸太のアクセスを設け，カルバート内部壁面の丸太へとつなげていた．コンクリート壁面にはコウモリ用巣箱を設置し，コンクリートに穴を設け，コウモリたちが内部で休息できるようにしていた．このカルバートをエゾリス，エゾモモンガ，コウモリ類が利用していた（図7.22；谷崎ほか，2009；小野・柳川，2010）．

図 7.22　高速道路のカルバートを利用するエゾモモンガ（浅利裕伸，撮影）．

226 第7章 保全——ヤマネとの共生を求めて

柳川先生とそのチームからは，動物学の研究知見をもとにして確実に保護へと結びつける科学と保全の連携の力，行政とスクラムを組む力，子どもたちをはじめとする人へのやさしさを学ぶことができた．シンポジウムでは，ロドニー・ヴァンダー・リー氏によるロープでつくったブリッジを樹上性有袋類が利用しているオーストラリアでの実践や，台湾・中国・カナダ・ドイツなどでの真摯な取り組みが紹介された．

（5）アニマルパスウェイの今後の展望——連携と環境教育を通した社会化・主流化

これまでアニマルパスウェイの研究と普及活動では，設計は大成建設株式会社・清水建設株式会社が担ってきた．材料提供やメンテナンス作業は東日本電信電話株式会社が担当し，株式会社エンウィットはIT技術を提供してモニタリングを行い，キリンビバレッジ株式会社・サントリービバレッジサービス株式会社は自動販売機の売り上げの一部をアニマルパスウェイ普及のために提供し，やまねミュージアム・ニホンヤマネ保護研究グループは生物研究・モニタリング・統括を行った．有志の方はそれぞれのタレントを出し，北杜市が資金面でも協力してくださった．たくさんのボランティアの方は作業をしてくださり，環境省は発注者として，国交省もともに参画し，経団連自然保護基金・日建連・三井物産環境基金・トヨタ財団などは支援の輪に参加してくださった．そして，全体マネージメントを大成建設の大竹さんが担ってくださってきた．それらの方々，組織がみなコラボレーターである．

2016年，私たちは東京で野生動物の移動経路の普及を目指す国際シンポジウム「第2回広げよう『野生動物の歩道橋』——コリドーでつなぐ森と命」を開催した．125名ほどが集い，イギリスのイーアン氏からは英国でのアニマルパスウェイを，オーストリアの "Handbook of Road Ecology" の著者であるロドニーさんからは樹上性野生動物が樹間を移動できるための方法を世界的な視点で発表していただいた．

そして，今後の野生動物と人との共生のためのコリドーの普及にとり，なにが大事なのかを話し合った．今後の展望として2点を示した．1つめは日本・アジア，そして世界の人々が共生の具体策構築のために手をつなぎながら進む「国際連携」の必要性である．それには，まず国内で活動している

人・組織の連携をより強化し，つぎにアジア，さらに広く世界との連携になればと話し合った．2つめは自然との共生を担う人材の育成である「環境教育」であった．市民への教育を基盤としながら生物多様性保全を担う人々を育て，環境問題を解決する科学的思考や技術を開発できる人々を育成し，未来を見据えて国内外で連携を組めるような人材を育てる環境教育が必要なのである．生物多様性保全を主流化するには，「環境教育の社会化」に向けて今すぐ動き出さねばならないのである（石原ほか，2014）．

7.5　ヤマネ保護と開発

　私たちの研究は，ヤマネ保護に役立てることが1つの重要なビジョンであり，各地の方々との連携で保護を進めてきた．国内とイギリスの保護事例も紹介する．

（1）長崎県──道路工事中止

　長崎県での調査は，ヤマネ生息を記した文献（兼松，1972）に出会ったことがきっかけである．遺伝子の地理的変異を調べるため，長崎南高等学校の松尾公則先生や白似田小学校の田中龍子先生とともに調査を行った．多良岳に巣箱架設に行くと，初めて見るキツネノカミソリというきれいな花が咲いていた．轟の滝にも巣箱を架設した．佐賀県境の轟の滝では，ヤマネは巣材としてツバキのゴールで休息することや出産後の交尾，蔓を用いた繁殖巣など，貴重なヤマネの不思議を発見した．長崎県ヤマネ研究会が発足し，松尾先生により運営された．

　長崎県はその森を貫く県道建設を実施していたが，ヤマネ保護のために長崎県は建設中の道路の建設を中止した．ヤマネと森の動物たちと未来の自然と人のために大切な決断であった．松尾先生をはじめとする長崎県の方々の尽力である．私も現場に行くと，建設中のアスファルト道路が美しい渓流と森の前でピタッと止まっていた．この風景は自然の大切さを優先したことを示していた．

（2）開発の前線で

栃木県でダム計画があり，ヤマネ保護のための調査の依頼をいただいた．そこでは猛禽類などの調査が行われていた．ダム計画はかなり進行しており，土地の賠償も進み，ダム湖となる予定地の人家はすべて空き家となっていた．空き地となった人家跡に立つと，森の生きものたちの嘆きの風が吹いてくるように思えた．巣箱調査，発信機調査を行い，キイチゴ・マタタビに誘われるように集まってくるヤマネの生態やスギの高い樹冠で活動するヤマネの行動などを確認していった．大阪・岡山でも開発に対するヤマネの調査に携わった．

その過程で私はダムを建設する場合，ヤマネ保護のために以下のことが重要なポイントであると総括した．①ダム湖に水は冬季には入れないこと．それは地中で冬眠し，覚醒するのに時間が必要とするヤマネにとって溺死の危険があるからである．現場のヤマネの生活史を把握して，ヤマネへの悪影響が最小の時期を選び，湛水すること．②工事前にできるだけヤマネを捕獲し，ほかに移すこと．工事前の伐採は冬季に行わないこと．③ヤマネを移動させる予定地に餌資源や巣材となる木を前もって植栽し，準備を進めること．④新たに工事で森を貫く道路には，アニマルパスウェイを建設すること．⑤工事後のモニタリング調査をし，工事の検証を行うこと，などである．その後，栃木県・大阪府ともダム建設は中止となった．

大きな開発だけではなく，身近な裏山などの小さな開発が知らぬ間に進んでいくなかで，多くの動植物が姿を消し，困難を抱えている．生物多様性の1つの種を失うことは，宇宙を飛んでいるロケットにたとえるなら，宇宙船地球号にとっては部品を失うことである．ロケット外部は小さなパッチ状部品から構成され，その一部が損傷を受けると，ロケット自体が壊れる運命となる．宇宙船地球号にとって小さな生命は，乗組員全員にとり大切なのである．したがって，人と生物は共生しないと生きてはいけない宿命なのだ．そのためにも，研究者の役割の1つは「自然側」の"ことば"を「人間語」に翻訳して人間社会に伝えることだとつくづく思う．

（3）森への再導入

　イギリスではかつて，ヨーロッパヤマネはスコットランドの境界から島の南端まで生息していた．1855 年には 49 の州に生息していたが（図 7.23），2016 年には 32 州と減少した（図 7.24）．その理由の 1 つめは生息地の喪失と分断である．2 つめは森林管理と森と森とをつないでいた生垣管理の変化である．3 つめは気候変動と予測のむずかしい気候である．

　元ロンドン大学のモリス博士が中心となり，遺伝的に配慮しながら，人工繁殖させたヤマネを減んだ森に再導入することを進めてきた．ヤマネのリリースは「ハードリリース」と呼ばれている．餌を入れた金網製のケージを森に置き，ヤマネはケージと森を自由に行き来できるようにして，ヤマネが徐々に安全に森に慣れることができるようにした．この方法で成功を収めてきた．人工繁殖は動物園やブリーダーのボランティアさんが担っている．2017 年 4 月，ロンドンにある動物センターで動物園スタッフとブリーダー

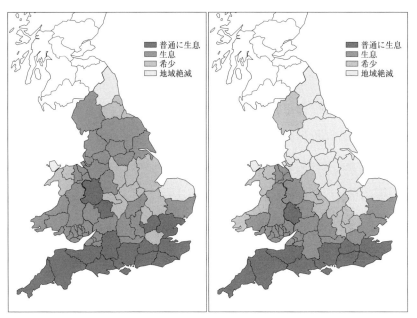

図 7.23 ヨーロッパヤマネの 1855 年イギリスの生息域（Wembridge et al., 2016 より）.

図 7.24 ヨーロッパヤマネの 2016 年イギリスの生息域（Wembridge et al., 2016 より）.

の会合に参加させていただいた．各自，何頭ほど増やしたかなどを報告している．そして，ロンドン動物園が，リリースするヤマネを検疫し，病気，寄生虫をチェックしてからリリースする仕組みをとっていた．以前，ブリーダーのダッグ・ウッズ氏のお宅にうかがうと，ヨーロッパヤマネを繁殖させているケージが並んでいた．再導入されたケンブリッジ周辺の森へ行くと，ヤマネを保護している森であることを示す看板があった．それには企業のアムウェイがサポートしていることも記されていた．ヤマネの保護はイギリスでも多くの方々の努力と支援の賜物なのである．

第8章 ヤマネと文化
──コダマネズミとドウマウス

8.1 ヤマネと日本の人々

　人々と自然との関係を表す1つが民話である．民話や古文書に登場する動物は，人々の動物観や自然観を表出することがある．東北の羽後の国（秋田県）では，ヤマネのことをコダマネズミと呼んでいる．マタギとヤマネについて2つの昔話がある．

　1つめは，「コダマネズミとなったマタギ」の話．雪が降り積もる冬の山の夜，マタギのグループである"こだま衆"の小屋へ一人の身籠った女がやってきて「赤ん坊が産まれそうなので，この小屋へ泊めてけろ」と頼んだそうだ．しかし，マタギたちは，女人禁制の掟をたてに女を追い返した．しかたなく，女は別のマタギグループのすぎ衆の小屋に行き頼んだ．彼らは女を哀れに思い，「掟はやぶっても，いったん山を下りて，それからまた山にくればいいのじゃ」と子どもを産ませてくれたそうな．明くる朝，女はすぎ衆に獲物のクマの居場所を教え，すぎ衆はクマを捕ることができた．じつは，女は山の神様だったのである．クマを撃ち捕ったすぎ衆がこだま衆の小屋に行くと，7人の姿はなく，代わりにコダマネズミがいるだけだった．山の神様の怒りにふれた"こだま衆"は7匹のコダマネズミになってしまったのである（矢口，1981；図8.1）．

　紀伊山地の熊野地方でも，樵の方が小屋のやかんのなかでまん丸く冬眠しているヤマネを見ている．山で過ごす人々は東北でも熊野でもそんなヤマネに出会っていたのだ．

　2つめのマタギに伝わる話は，コダマネズミが破裂するお話．真冬の山のなかでは，コダマネズミの破裂する音が，山に「ポーン，ポーン」と響き，

図 8.1 コダマネズミになったマタギの民話（矢口, 1981 より）.

こだまするそうである．その寂しさ，恐ろしさに肝を冷やし，マタギたちはこの音を聞くと，

　「そっちは　こだまのるいか，

　こっちは　しげののるい

　ぶんぶきままにくらす

　なむあぶらけんそわか」

と大急ぎで3回唱えるそうである．音をたよりに探しにいったあるマタギは，コダマネズミの背がポンと割れて死んでいるのを見たとのことである．

　また，江戸時代の中期にあたる宝暦6（1756）年，熊本藩では細川越中守重賢（銀台公と称せられた名君）の写生図譜『毛介綺煥』という文書のなかにヤマネが記載されている（図8.2）．この説明文には，「カシの朽ち木にいたこと，虫を食べること，キネズミ・クリネズミと呼ばれること，日光で多産し，"ヤマネ"と呼ばれる」などと記されている．私たちの研究では，ヤ

図 8.2 『毛介綺煥』．ヤマネを正確に記録した江戸時代の古文書．

マネは朽ち木で休み，冬眠する．また，日光の近くの栃木県での調査でも多くのヤマネと出会っているので，この記述は正確なのである．さらに，そのなかのヤマネの顔は，目のまわりの黒毛の幅は広く描かれている．この顔の特徴は山梨県産などの関東系統ではなく，和歌山県産や長崎県産など南系統のヤマネの特徴を示している．このような点から，この古文書は科学的にとらえている作品であり，現代の図鑑に匹敵するものである．前述のマタギのヤマネ観とは異なっている．

また，この古文書には日光産のヤマネの冬眠中の色彩を施された絵が記されている．ヤマネの冬眠姿が描写されている（岩本，2002）．正確で科学的である．

日本人はヤマネを畏れつつ，また，科学的に見ていたようである．

8.2 ヨーロッパの人々と今

ヨーロッパでは，ヤマネを食材として考えてきた地域もある．その種はオオヤマネで，英名は Edible dormouse ともいい，食べることができるヤマネという意味である．ヤマネを食べる習慣はローマ時代に遡る．そのころ，オオヤマネは貴族たちのパーティーでは，特別の陶器製の壺で飼育され，太らされ，料理される．まず，貴族たちはだれのオオヤマネが重いか賭けたようだ．寝ながらヤマネを食べたと想像される．これはローマ時代の食事姿勢である．ヤマネ飼育用の壺は，火山灰で埋まってしまったポンペイの遺跡からも出土している．横浜でのポンペイ展が開催された際に，展示されているかもしれないと思い行ってみたところ，それはみごとに展示されていた．

この壺文化は今もスロベニア，クロアチアなどの国々で残っている（図8.3）．スロベニアでは，昔から山間で暮らす人々にとっては，オオヤマネは貴重なタンパク質源であった．人々は樹上のオオヤマネを捕まえるわなをつくった．わなの実物は枝に架けることができ，現代のスナップトラップのようなばねじかけで，餌を採りにきたオオヤマネを捕まえるのである．人々は，オオヤマネの肉を保存し，食べ，毛皮は帽子やコートにして貴重な収入源としていたようである（図8.4）．この伝統をスロベニア民族のアイデンティ

図 8.3　ヤマネを飼育する壺（Boris，撮影）．

図 8.4　オオヤマネの毛皮でつくった帽子とわな（Boris. 撮影）.

ティととらえ，子孫まで残し，伝えていこうというのが「ドウマウスクラブ」である．私と妻のちせもその例会に参加させていただいた．

小さな子どもを抱いたお母さんから，子どもたち，大人，おじいちゃん，おばあちゃん，みんなでヤマネの巣箱を調査し，巣箱状況を調べる．調査中の私たちにおばあちゃんが「水」を差し入れにきてくれた．いただくとそれは「ワイン」であった．びっくりの調査であった．そして，ヤマネ料理を食べる．頭部と尾を切った胴体に野菜が入っており，その味は，まさしく「ヤマネ味」であった．日本にもクジラを捕まえ，むだなものはないほど食べ，利用する文化と伝統がある．このような異文化を理解し合い，伝えていくことも大切な仕事であると思った．

スロベニアのヤマネ研究者であるボリス博士は，この伝統とヤマネ保護の双方を大切に研究している．「ドウマウスクラブ」は今，スロベニアで増加中である．このスロベニアには，その伝統を伝える「ドウマウスハンティングミュージアム」がある．ヤマネのトラップや人々がヤマネを捕獲している壁絵や，皮をなめし帽子をつくるプロセスなどが展示されている．また，17世紀に描かれた版画には，オオヤマネとデビルが出現する（図 8.5）．

ボリス博士によると以下のようである．貴族であるヨハン・ヴァイカルト・フォン・ヴァルヴァソル（1641-1693）は，ボーゲンシュペルク（リュブリャナの東約 25 km）にある城を所有していた．彼はよい教育を受け，巨大な図書

第 8 章 ヤマネと文化——コダマネズミとドウマウス

図 8.5 デビルがオオヤマネを飼育する（Valvasor, 1689 より）．

館を持ち，多くの本を出版した．ヴァルヴァソルは 1689 年に有名な本『クライン公国の栄光』を出版し，その本のなかでオオヤマネ（*Glis glis*）について書いている．クライン（＝カルニオラ）はかつてのオーストリア帝国の州の 1 つであり，現在はスロベニアにあり，州都はリュブリャナである．これはクライン公国の地理，歴史，自然について書かれた本である．

　彼は，当時の一般の人々の間に広まっていた「悪魔はヤマネの羊飼い（ヤマネ飼い）である」という話について書いた．人々は通常，家畜を牧草地や森林に放して，餌を食べさせていた．羊飼いは羊を守り，群れをまとめるために羊とともにいた．その際，彼らは鞭を持っていたようである．人々は，ヤマネがよく捕れるときには，羊飼い（ここでは人間ではなく悪魔）がヤマネに同行していると信じていた．人々はまた，羊飼いが家畜にマーキングするのと同じように，悪魔はヤマネの耳に切り込み（カット）を入れていると主張していた．人々のなかには，耳に切り込みを持つオオヤマネはすでに悪魔の羊飼いによって守られていると主張した人もいた．この版画はそれを表現したもので，悪魔は鞭を持っている．今もこの版画はスロベニアの多くの人々に知られているそうである．

　ヴァルヴァソルはまたオオヤマネをわなで捕まえることについても書いている．彼は，ヤマネのよく捕れるよい季節には，100 個のわなで一晩に数百

のヤマネを捕まえることができると報告している．捕獲されたヤマネは夜中にわなから外し，再び架設していた．一秋にわなを仕掛けて数千のヤマネを捕った人もいたとのことである．

ドウマウスハンティングミュージアムにはかつて，人々がタイマツを持ってヤマネを狩猟している様子の版画も展示されている（図8.6）．

最古のヤマネの絵は，トップセルの出版したメガネヤマネの図（Topsell, 1607）が紹介されている（Capanteo and Cristaldi, 1995；図8.7）．イタリアでは現在，オオヤマネは「ギロ」といわれ，自転車レースのマスコットにもなっている．イギリスではヨーロッパヤマネの絵葉書やカードが販売されている．ぬいぐるみでは，ニホンヤマネのほかにヨーロッパヤマネ，オオヤマネ，メガネヤマネも登場している．フィンランドではメガネヤマネの切手が

図 8.6 昔，スロベニアの人々がオオヤマネを狩猟している情景（ドウマウスハンティングミュージアム所蔵）．

図 8.7 最古のヤマネの絵．メガネヤマネである（Capanteo and Cristaldi, 1995 より）

第 8 章 ヤマネと文化——コダマネズミとドウマウス

図 8.8　フィンランドのメガネヤマネの切手.

図 8.9　日本のニホンヤマネの切手.

ある（図 8.8）．日本でも 2016 年，待望のニホンヤマネの切手が発売された（図 8.9）．思わず 100 枚も買ってしまった．

第9章　環境教育
──ヤマネに学ぶ

9.1　環境教育との出会い

「先生，自然を保護するには，どんな職業がいいんでしょうか」とたずねると，ヤマネの権威である都留文科大学学長の下泉重吉先生は「教師だ．教育が一番大事なんだ」と即答された．私にとってそのことばは「まるで頭を金槌でたたかれる思い」であった．自然保護を実践する具体的な仕事はレンジャーが一番よいと思い，卒業後の進路について相談したときであった．

下泉先生は，生物教育にかかわる学術的および実践的研究の振興を目指す日本生物教育学会の創立者であり，現在の環境教育の1つの源流である自然保護教育（小川，2009）を提唱され，1970年に日本生物教育学会の学会長として，文部大臣に「自然保護教育に関する要望」を提出された．下泉重吉は日本の環境教育の「源流をなす」人物の一人なのである．なぜ，ヤマネ研究者が環境教育の立役者なのだろう．その不思議の答えにおぼろげに気づくようになったのは，私が大学卒業後，小学校教師として紀伊半島山間部の子どもたちとヤマネとともに過ごし，「小学校でのヤマネ教育」を考案し，「山梨県で"やまね学校"」を開設し，東京のデパートで「ヤマネ展」に参画し，「あなたも調査員」のウェブで市民を環境保全に誘い，JR車内で「アニマルパスウェイの画像」を紹介するなど，約40年のヤマネの環境教育活動を経たころであった．

私がヤマネを通した環境教育を進めてきたのは，時代的背景と私の想いによる．1つめは「理科のおもしろさ」の旗をたなびかすことである．科学立国の日本で，子どもの理科嫌い増加は日本の未来を危うくする1つの要因ととらえている．そのため，ヤマネを通して科学するおもしろさ・喜びを子ど

もにも大人にも少しでも体験してもらうことで，サイエンスの喜びをみなさんに体験してもらえればと願ってきた．２つめは環境教育の世界に「サイエンスの価値と役割」をきちんと位置づけることである．環境教育プログラムのなかで"科学"が表舞台から退潮状況にあり，"感性"の偏重傾向が継続しているように思えるからである．自然への感性が豊かな本である『センス・オブ・ワンダー』の作者のレイチェル・カーソンはアメリカのウッズホール研究所の研究者であった．サイエンスへの憧憬が深く，科学知識が豊かであったために，より感性が豊かな本となったのだと考える．「科学」と「感性」は響き合う関係なのだ．「Sense of wonder」と「Science of wonder」が"山びこ"のような関係で紡ぎ合い響き合いながら，人のなかでうごめくことが大切で，この"山びこ"関係が環境教育をより豊かにすると考えている（湊，2014）．３つめは私たちのビジョンにある．小学校教師のころから研究は小さな研究室で収まらずに，研究成果を活用して社会貢献できればと願ってきた．ニホンヤマネ保護研究グループをスタートしたときからやまねミュージアム開設に至るまで，ビジョンを「ヤマネの総合的な研究をもとに，環境保全と環境教育で社会貢献すること」と掲げ，仲間と歩んできた．また，環境を保全するには市民への環境教育が不可欠なので，「保全」と「教育」の組み合せが重要と考えてきた．４つめは生物多様性教育の発展に寄与することである．日本列島全体は，世界のなかで生物多様性のホットスポットとして指定されている．その根拠は固有種の多さにある．国内の維管束植物約5600種の約35％の1950種が固有種（百原，2008），陸生哺乳類の約４割が固有種である．したがって，日本の自然・生物を守ることは世界の生物多様性ホットスポットを守ることになり，生物１種１種の魅力と不思議を保全に導く環境教育は，世界の生物多様性保全にも貢献する．そのなかで１属１種の日本固有種で日本の天然記念物であるヤマネを１つの"代表選手"として，日本の方々に紹介できればと思ってきた．５つめは環境教育の「社会化」の必要性である．環境保全・生物多様性の保全には，だれもが，どの地域でも参画しないかぎり達成できない．だから，幼児からシニアまでの方々に，都会の人々に，地域の方々に，企業人に，学校に環境教育が必要と考えてきた．そして，雑誌やテレビ・絵本など多様な媒体を用いることも「社会化」には大切と考えた．宮沢賢治も『農民芸術概論綱要』の序論にて，「世界ぜんた

いが幸福にならないうちは個人の幸福はありえない」と述べている（藤城, 2011）．そんな宮沢賢治の言葉は私の1つの指標でもあった．

このような考えを基盤として，ヤマネを通した環境教育を展開してきた．

9.2 あなたも調査員

これからの環境保全はだれでもがどこでも参画する「社会化」，そして「生物多様性の主流化」が要となる（石原ほか, 2014）．それには社会の基本構成要素である市民参画が不可欠となる．環境認証の商品・レジ袋廃止など市民による多様な参画が社会を変える力となる．一方，これまで国内外での災害時における多くのボランティアの参画は，人は私欲だけではない他への「貢献力」というものを有していることを証明した．この人が持つ"素敵な貢献力"を環境保全に活かすことができないかと考えてきた．加えて，携帯電話，スマートフォンのように ICT 技術は人と人をつなげ，人々の暮らしそのものを変える大きな力がある．ICT を用いることで「貢献力」を「社会化」へと結びつけることはできないものか考えていた．

一方，アニマルパスウェイのモニタリング作業は，研究者たちにとってたいへんな作業であった．そこで市民の方々が調査員となり，録画した映像をウェブでチェックしていただき，いつ，どんな動物が利用したかをわれわれに知らせてくれるシステムをアニマルパスウェイ研究会の株式会社エンウィットの佐藤良晴さんを中心に考案した．それが「あなたも調査員」である．参加者は，図 9.1 のように何月何日何時から何時までの映像を選び，モニターを見ながら調べていく．多くの方々が参加してくださり，ヒメネズミやテンが移動するところをわれわれに知らせていただいた．今後，ICT と市民と環境保全を結びつける仕組みを発展させるステップともなった．この活動は三井物産環境基金，経団連自然保護基金の支援で実施することができた．

9.3 やまねミュージアムからの環境教育

ヤマネの魅力を人々に知らせる施設がやまねミュージアムである（図 9.2）．八ヶ岳南麓の標高 1400 m に位置し，設計から建築までたくさんのボラン

図 9.1 「あなたも調査員」のウェブシステム．

図 9.2 やまねミュージアム．

ティアの力でつくられた山小屋風の建物である．ヤマネのすむ落葉樹林に囲まれ，ベランダからは富士山を見ることができる．ヤマネ自らが森から施設の実験室にも"来訪"することもあるフィールドミュージアムであるとともに，ヤマネ研究最前線のベース基地でもある．内部展示では，ヤマネ科の分類や進化などの基本的な生物的情報とともに，ヤマネの食べた虫の翅や果実の皮などの痕跡物から食べものについて学んだり，樹皮でできたソフトボール大の本物の繁殖巣を見たり，ヤマネの18 gの体重を上皿天秤で測る体験やヤマネの鉤爪を模した手袋で網をひっかけ，爪の役割を体験したりすることもできる．ヤマネの着ぐるみで記念撮影を楽しむカップルもいるかと思えば，アニマルパスウェイやヤマネ動画をじっくり視聴する方もいる．

　冬季は，まん丸くなって眠る冬眠ヤマネを目の前で見ることができる特別部屋も開設される．ミュージアムショップには，ヤマネ絵葉書，ヤマネぬいぐるみ，ヤマネキーホルダーなども用意されている．1998年開館以来，年間約2万人のお客さんが日本各地から来館する．"知ることは，守ること"の第一歩なので，やまねミュージアムの展示はヤマネと森について人々が知る場であり，入館者にとっては自然へのステップを踏み出す環境教育の場なのである．これまで，やまねミュージアム出張展も行ってきた．ヤマネの生態や行動を示すパネル，アニマルパスウェイの模型などの展示やクラフト系の環境教育プログラムもヤマネを通して展開してきた．これまで上野動物園や新宿・鳥取県・名古屋市などで開催し，清里までくることができない方々のための貴重な機会ともなっている．

9.4　ヤマネを通した市民への環境意識醸成

　百貨店の株式会社三越伊勢丹が伊勢丹新宿店にて「2011 彩り祭・フォージャパン」というイベントを森の動物を守るテーマで行うことになり，その対象動物としてヤマネを取り上げたいとの連絡をいただいた．やまねミュージアムは，毛糸でヤマネの人形をつくるぽんぽんヤマネづくりワークショップなどで参画させていただいた．百貨店に入るとフロアー全体にヤマネやフクロウの大きな絵が描かれ，たくさんのお客さんがその上を歩いていた．1階の大通りに面する巨大な9つのショーウィンドウには，マネキンが見つめ

図9.3 伊勢丹新宿店のショーウィンドウでのヤマネのオブジェ（写真：伊勢丹新宿店提供）．

る落葉のなかで眠るヤマネの姿や，きれいにデザイン化されたハンモック巣のなかにいるヤマネの姿などのオブジェが飾られ，立ち止まって写真を撮る人や見ている人がいた（図9.3）．百貨店全体がヤマネと森をモチーフに斬新的にデザインされていた．伊勢丹新宿店の環境保全への意気込みを感じる28日間におよぶイベントで，約170万人の入店客数があった．各地の伊勢丹でも展開された．これは，伊勢丹百貨店によるショッピングや暮らしのなかで市民の環境意識を豊かにする画期的な取り組みであった．

つぎに，山手線や中央線，京浜東北線，東海道線などのJR車内にあるテレビモニターでアニマルパスウェイの活動を紹介したいとの連絡をいただいた．この番組のスポンサーはパナソニック株式会社であった．アニマルパスウェイを市民の方に知ってもらいたいと願う私たちには絶好のチャンスなので，協力させていただいた．道路で分断された森・アニマルパスウェイを渡るリス・ヤマネ・取り組む私たちなどの画像が連続的に紹介された．関東・関西圏の揺れる電車内で吊り皮を握りながら，その映像を見るたくさんの利用客は森林性のヤマネや森を守るアニマルパスウェイのことを進める活動とヤマネに出会ったことだろう．

9.5　巣箱づくりによる環境教育

これまで清里を中心に全国各地でヤマネのための巣箱調査を行ってきた．それには多数の巣箱が必要となる．その巣箱作成をサポートしてくださってきたのが，一般社団法人日本建設業連合会や大成建設株式会社の社員の方々である．バスをチャーターし，新宿から社員の方がご家族などとともにきてくださる．その数は約50名．ありがたいかぎりである．巣箱をつくり始めたころは金槌でト～ントンと打つ作業は戸惑い気味でゆっくりだが，2時間ほどたつとトトトントトトトンと軽く，速くなる．お父さんが子どもに教えて，お母さんは子どもを支えながらつくっていく．みなさんは一心につくっていく．帰るころには150-300個の巣箱が完成する．これまで13回の活動で延べ450人が参加してくださり，約2600個の巣箱が作成され，宮崎県・兵庫県・隠岐の島・八ヶ岳の森などに設置され，ヤマネたちも利用している．私は初めて赴任した小学校の関陸郎校長先生から「思い出をつくることが教育だ」と教わった．東京からきて1日巣箱づくりをやった社員の方や，子どもたちには，ヤマネと巣箱の「思い出」が心に残ってくれたことを願う．そのメンバーのなかには，後に大成建設株式会社の社長となった方もおられる．環境教育においては，環境のために「行動化」をする人を育てることが大きなハードルだが，この活動では，みなさんはスムーズに楽しく，ハードルと思わず越えていっているように見受けられる．日本各地で巣箱を利用しているヤマネや森の動物たちも，ありがたいと思っているにちがいない．

9.6　テレビ・絵本・雑誌などによる環境教育

「知ることは，保護への第一歩である」．しかし，ヤマネという動物と名前を知る人は，2000年ごろは1割程度と少なく，「ヤマメ」や「ヤマネコ」と勘ちがいされる方が多かった．私は，これまで「生きものばんざい」や「生きもの地球紀行」，「ダーウィンが来た！」，「未来シアター」などのテレビ番組でヤマネやアニマルパスウェイを紹介させていただいたり，絵本を出したり，教科書・雑誌・新聞などの依頼を受けた際は，できるだけ協力させていただいてきた．このようなメディア媒体の情報を受け取る方の数は，万から

百万単位となることが特徴である．2016年の春，NHKの「ダーウィンが来た！」の番組は，これまでの10年間で放映したたくさんの動物のなかで，視聴者によるベスト10の動物を選んだことを放送していた．なんとヤマネは第3位にランクされていた．日本の方々にヤマネも認知され始めてきたと感じた．「知ることは，守ること，そして自然との共生への入口」なので，これから楽しみである．

　このように日本でヤマネの環境教育を行ってきたが，ヨーロッパでも環境教育とプロジェクトが進行している．イギリスではNDMP（National Dormouse Monitoring Project）が長年，展開されている．イギリス中のボランティア・賛同者により巣箱を架設し，ハシバミの食痕と巣箱調査などでヤマネの年単位の動態変動を調べている．そのデータを分析し，国内での分布減少傾向に警鐘を鳴らし，保護を喚起している．イギリスでは，保護動物のヨーロッパヤマネを扱うのにライセンスが必要であり，ライセンス取得講座などでヤマネの生態と保護について教育している．NDMPをマネージメントしているのがPTES（People's Trust for Endangered Species）という絶滅危惧動物の保護に立ち向かっている団体である．環境保全，街開発，市民サイエンス，市民参画，環境教育，社会変革をセンスあるウェブなども巧みに用いながら実施している．ロンドンに事務室を構え，15人ほどのスタッフで構成され，たくさんのボランティア，企業との連携を展開している．世界の絶滅危惧種も視野に入れて活躍している．PTESは，ヤマネには環境保全に人々の注意をひきつける明白なアピール力があると考え，重要な対象種として位置づけている．ハシバミの実の食痕で市民による各地域のヤマネの分布を調べる手法は，ドイツにも伝播している．市民が地域の自然を知り，国内の状況に気づき，環境保全に参画するためのヤマネの生態特性を用いた優れた方法である．このようなヤマネという哺乳類の1種を核とした環境教育と環境保全が，日本やヨーロッパでも展開されている．

　一方，冬眠の不思議を研究された下泉重吉先生は東京教育大学を退官される際，ヤマネのブロンズ像を弟子たちに配布された．それに「ヤマネと共に三十年，下泉，*Glirulus japonicus*」と記すほどにヤマネへの想いが強い人物であった．その自然に向かう姿勢は，下泉先生が遺したことばに「自然に学び，自然に従い，雑草のように力強く」とあるように，自然に真摯な態度

であった（下泉，2003）．下泉先生は大学教官となる前に故郷の徳島の田舎で小学校教師を経験された．教え子たちが約70歳となった先生を囲む会を行っていたほど，子どもたちにとってすばらしい先生であった．日本の環境教育の起源の一人である下泉先生を動かしたのはヤマネの生物的魅力，研究姿勢から導かれた科学を重視する想い，教育の重要さの確信なのである．このようにヤマネは，その生物としての不思議で下泉先生をはじめ多くの人々をひきつける魅力を持ち，生物多様性保全・環境教育へも市民を導く動物なのである．

　日本では，哺乳類を素材とするアニマルウォッチングのガイドラインづくりを目指した実践がある（小林，1994）．鳥類では，愛鳥教育のなかで，観察する客観視とそれをもとに主観的に活動する主観と客観との関係は，じつは車の両輪のように密接に関係しているとする報告などがある（松田，1999）．今，動物を用いる環境教育の実践の少ない現状のなかで，生物多様性保全のための教育展開が急務である．これからは生物1種ずつが持つ不思議を探求する科学的思考と，科学的感性を育てつつ，自然への豊かな感受性を醸成し，みんなが参画する生物多様性保全の教育が必要な時代ではないだろうか．生物多様性のホットスポットである日本には，その任がある思う．環境教育を進めるうえで，多様な専門の生物学徒の環境教育への参加が望まれる．楽しく，そんな教育をともにつくることができたら幸いである．

　ヤマネを核とした環境保全には，SDGsを視野に入れながら，5つのEが重要であると考える．Ecology, Economy, Environment education, Education for sustainable development, Emotionである．生態をよく調べた知見を保全に応用し，経済的観念を持ち活動を進め，環境保全に参画できる多様な人々を育てる環境教育を行い，持続可能な社会実現への未来を見据え，多くの事象に取り組む人々とスクラムを組む．経済と環境をリンクさせるには，企業との連携は欠かせない．スクラムを組む対象は市民から企業，行政，政治，家庭，すべてである．

　障子に小さな穴をあけてのぞくと，広い世界が見える．ヤマネという小さな穴をあけて，そこから広い世界に飛び出し，ヤマネの不思議にわくわくしながら貢献したい．

　新しいヤマネ号の出港は近い．荷物を運び込み，つぎの広い海へ，さあ出発だ．

引用文献

[第1章]

饗場葉留果・岩渕真奈美・湊ちせ・樫村敦・湊秋作. 2010. ニホンヤマネの活動期における休息場所としての朽ち木利用. 日本環境動物昆虫学会誌, 21(4): 255-257.

阿部永. 2000. 日本産時乳類頭骨図説. 北海道大学図書刊行会, 札幌.

阿部学. 1985. 富士山のフクロウ（富士山の動物〈特集〉）. 動物と自然, 15(9): 12-16.

Adamík, P. and M. Král. 2008. Nest losses of cavity nesting birds caused by dormice (Gliridae, Rodentia). Acta Theriologica, 53(2): 185-192.

Airapetyants, A. E. 1983. The Dormice. Leningrad University Publishers, Leningrad (in Russian).

天野和孝・佐藤時幸・小池高司. 2000. 日本海中部沿岸域における鮮新世中期の古海況——新潟県新発田市の鍬江層産軟体動物群. 地質学雑誌, 106(12): 883-894.

青木雄司・守屋博文. 2009. 丹沢産ヤマネの消化管内容物について. 神奈川自然誌資料, 30: 103-105.

Baudoin, C., M. M. Niaussat and S. Valentin. 1984. Acoustic communication and auditory sensitivity in the garden dormouse, *Eliomys quercinus* L. Acta Zoolomgica Fennica, 171: 103-106.

Bright, P. W. and P. A. Morris. 1996. Why are dormice rare? A case study in conservation biology. Mammal Review, 26(4): 157-187.

Buruldağ, E. and C. Kurtonur. 2001. Hibernation and postanal development of the mouse-tailed dormouse, *Myomimus roachi* reared outdoor's in a cage. Trakya University Journal of Scientific Research Series B2(2): 179-186.

Collinson, M. E and J. J. Hooker. 2000. Gnaw marks on Eocene seeds : evidence for early rodent behaviour. Palaeogeography, Palaeoclimatology, Palaeoecology, 157: 127-149.

Daams, R. 1999. Family Gliridae. *In*（Rössner, G. E., and H. Kurt, eds.）The Miocene Land Mammals of Europe. pp. 301-318. Verlag , Dr. Friedrich, Pfeil, München.

Dobson, M. and Y. Kawamura. 1998. Origin of the Japanese land mammal fauna. The Quaternary Research, 37(5): 385-395.

Erbajeva, M., N. Alexeeva and F. Khenzykhenova. 2003. Pequeños mamíferos del Plioceno del sitio de Udunga del área de Transbaikalia. Coloquios de Paleontología, 1: 133-145.

Fabre, P. H., L. Hautier, D. Dimitrov and E. J. Douzery. 2012. A glimpse on the pattern of rodent diversification : a phylogenetic approach. BMC Evolutionary Biology, 12: 88.

Filippucci, M. G., E. Rodino', E. Nevo and E. Capanna. 1988. Evolutionary genetics and systematics of the garden dormouse, *Eliomys* Wagner, 1840. 2-allozyme diversity and differentiation of chromosonal races. Italian Journal of Zoology, 55: 47-54.

Filippucci, M. G. and T. Kotsakis. 1995. Biochemical systematics and evolution of Myoxidae. Hystrix, 6(1-2): 77-97.

Glavaš, M., J. Margaletić, M. Grubešić and K. Krapinec. 2002. The fat dormouse (*MYOXUS glis* L.) as a cause of damage to the common spruce (*Picea abies* (L.) Karst.) in the forests of Gorski kotar (Croatia). In 5th International Conference on Dormouse (Myoxidae). Abstract.

Grégoire, C., L. Perez, R. Libois and C. M. Nieberding. 2013. Phylogeography of the garden dormouse *Eliomys quercinus* in the western Palearctic region. Journal of Mammalogy, 94(1): 202-217.

Hartenberger, J. 1994. The evolution of the Gliroidea. National Science Museum Monographs, 8 : 19-33.

林裕美子・森田哲夫. 2013. 宮崎県綾町の林床に設置した昆虫トラップに誤って捕獲されたヤマネ (*Glirulus japonicus*) が捕食した昆虫種——胃内容物からの推定. 日本環境動物昆虫学会誌, 24(2): 69-72.

Henze, O. and J. Gepp. 2004. Vogelnistkästen in Garten & Wald. Leopold Stocker Verlag, Graz-Stuttgart.

Holden, M. E. 2005. Family Gliridae. *In* (Wilson D.E. and D.M. Reeder, eds.) Mammal Species of the World : A Taxonomic and Geographic Reference, 3rd ed. pp. 819-841. The Johns Hopkins University Press, Maryland.

Holišová, V. 1968. Notes on the food of dormice (Gliridae). Zoologicke Listy, 17 : 109-114.

Honeycutt, R. L. 2009. Rodents (Rodentia). *In* (Hedges, S.B. and S. Kumar, eds.) The Timetree of Life. pp. 490-494. Oxford University Press, Oxford.

Hürner, H., B. Kryštufek, M. Sara, A. Ribas, T. Ruch, R. Sommer, V. Ivashkina and J. R. Michaux. 2010. Mitochondrial phylogegraphy of the edible dormouse (*Glis glis*) in the western Palearctic region. Journal of Mammalogy, 91(1): 233-242.

岩渕真奈美・杉山慎二・湊ちせ・若林千賀子・湊秋作. 2008. ニホンヤマネ *Glirulus japonicus* の食性とその季節的変化. 日本環境動物昆虫学会誌, 19(2) : 85-89.

Jin, C. Z., Y. Kawamura and H. Taruno. 1999. Pliocene and early pleistocene insectivore and rodent faunas from Dajushan, Qipanshan and Haimao in North China and the reconstruction of the faunal succession from the Late Miocene to Middle Pleistocene. Journal of Geosciences, Osaka City University, 42 : 1-19.

Juškaitis, R. 2008. The Common Dormouse *Muscardinus avellanarius* : Ecology, Population Structure and Dynamics. Institute of Ecology of Vilnius University Publishers, Vilnius.

Juškaitis, R. 2014. The Common Dormouse *Muscardinus avellanarius* : Ecology, Population Structure and Dynamics, 2nd ed. Nature Research Center Publishers, Vilnius.

Juškaitis, R. and S. Büchner. 2013. The Hazel Dormouse. Hohenwarsleben, Westarp

Wissenschaften.

Kawamura, Y. 1989. Quaternary rodent faunas in the Japanese Islands (Part 2). Memories of the Faculty Science, Kyoto University, Series of Geology and Mineralogy, 54(1-2) : 1-235.

河村善也. 2011. 更新世の日本への哺乳類の渡来——陸橋・氷橋の形成と渡来, そして絶滅. 旧石器考古学, 75 : 3-9.

北村晃寿・木元克典. 2004. 3.9 Ma から 1.0Ma の日本海の南方海峡の変遷史. 第四紀研究, 43(6): 417-434.

Kryštufek, B. 2008. *Glis glis* (Rodentia: Gliridae). Mammalian Species, 42(865): 195-206.

松山資郎. 1967. 野鳥巣箱を占拠するヤマネ, ヒメネズミの害. 森林防疫ニュース, 16 : 246.

Mein, P. and J.-P. Romaggi. 1991. Un gliridé (Mammalia, Rodentia) planeur dans le Miocène supérieur de l'Ardèche: une adaptation non retrouvée dans la nature actuelle. Geobios, 13: 45-50.

Minato, S., M. Iwabuchi and H. Aiba. 2014. Stable isotope analysis for the torphic level of the Japanese dormouse. 9th International Dormouse Conference. Abstract.

百原新. 2008. 第三紀末から第四紀の日本列島の環境変化と日本固有フロラの形成過程 (日本植物分類学会第 6 回新潟大会公開シンポジウム講演記録「新生代の地球環境変遷と地域フロラの分化プロセス」). 日本植物分類学会誌, 8(1): 39-45.

Morris, P. A. 2004. Dormice (British Natural History Series). Whittet Books, Suffolk.

Morris, P. A. 2011. Dormice A Tale of Two Species (British Natural History Series). Whittet Books, Essex.

Mouton, A., A. Grill, M. Sara, B. Kryštufek, E. Randi, G. Amori, R. Juškaitis, G. Aloise, A. Mortelliti, F. Panchetti and J. Michaux. 2012. Evidence of a complex phylogeographic structure in the common dormouse, *Muscardinus avellanarius* (Rodentia : Gliridae). Biological Journal of Linnean Society, 105 : 648-664

中島福男. 2001. 日本のヤマネ [改訂版]. 信濃毎日新聞社, 長野.

奈良貴文・渡辺丈彦・澤田純明・澤浦亮平・佐藤孝雄. 2015. 青森県下北郡東通村尻労安部洞窟 I ——2001-2012 年発掘調査報告書. 六一書房, 東京.

西村豊. 1988. ヤマネのくらし (科学のアルバム). あかね書房, 東京.

Nunome, M., S. P. Yasuda, J. J. Sato, P. Vogel and H. Suzuki. 2007. Phylogenetic relationships and divergence times among dormice (Rodentia, Gliridae) based on three nuclear genes. Zoologica Scripta, 36(6): 537-546.

落合菜知香・門脇正史・玉木恵理香・杉山昌典. 2015. 長野県における糞分析によるヤマネ *Glirulus japonicus* の食性. 哺乳類科学, 55(2): 209-214.

Ohnishi, N., R. Uno, Y. Ishibashi, HB. Tamate and T. Oi. 2009. The influence of climatic oscillations during the Quaternary Era on the genetic structure of Asian black bears in Japan. Heredity, 102:579-589.

Sano, M., N. P. Havill and K. Ozaki. 2011. Taxonomic identity of a galling adelgid

（Hemiptera : Adelgidae） from three spruce species in Central Japan. Entomological Science, 14: 94-99.

Scravelli, D. and G. Aloise. 1995. Predation on dormice in Italy. Hystrix, 6(1-2): 245-255.

芝田史仁. 2000. ヤマネ.（川道武男・近藤宣昭・森田哲夫, 編 : 冬眠する哺乳類）pp. 162-186. 東京大学出版会, 東京.

Shibata, F., T. Kawamichi and K. Nishibayashi. 2004. Daily rest-site selection and use by the Japanese dormouse. Journal of Mammalogy, 85(1): 30-37.

菅沼悠介・鈴木毅彦・山崎晴雄・菊地隆男. 2003. 長野県南部, 伊那層群のテフラとその対比. 第四紀研究, 42(5): 321-334.

鈴木仁. 1995. ヤマネの地理的変異と起源. 遺伝, 49(9): 53-58.

Storch. G. and C. Seiffert. 2007. Extraordinarily preserved specimen of the oldest known glirid from the Middle Eocene of Messel（Rodentia）. Journal of Vertebrate Paleontology, 27(1): 189-194.

Stubbe, M., A. Stubbe, R. Samjaa and H. Ansorge. 2012. *Dryomys nitedula*（Pallas, 1778）in Mongolia. Peckiana, 8 : 117-128.

Tsuchiya, K. 1979. A contribution to the chromosome study in Japanese mammals. Proceedings of the Japan Academy, Ser. B, 55 : 191-195.

津森雄太・保田昌宏・岩渕真奈美・饗場葉留果・湊秋作・森田哲夫・那須哲夫. 2013. ニホンヤマネの消化管の肉眼的解剖学的及び組織学的構造. 第 19 回日本野生動物医学会大会講演要旨集.

Vaughan, G. 2001. Dormousitis : the sequel or should tit boxes be erected for birds or mammals? Devon Birds, 54: 4-17.

Vogel, P. and H. Frey. 1995. L'hibernation du muscardin *Muscardinus avellanarius* （Gliridae, Rodentia）en nature: nids, fréquence des réveils et température corporelle. Bulletin de la Société Vaudoise de Sciences Naturelles, 83(3): 217-230.

Yasuda, S. P., S. Minato, K. Tsuchiya and H. Suzuki. 2007. Onset of cryptic vicariance in the Japanese dormouse *Glirulus japonicus*（Mammalia, Rodentia）in the Late Tertiary, inferred from mitochondrial and nuclear DNA analysis. Journal of Zoological Systematics and Evolutionary Research, 45: 155-162.

Yasuda, S. P., M. Iwabuchi, H. Aiba, S. Minato, K. Mitsuishi, K. Tsuchiya and H. Suzuki, 2012. Spatial framework of nine distinct local populations of the Japanese dormouse *Glirulus japonicus* based on matrilineal cytochrome *b* and patrilineal *SRY* gene sequences. Zoological Science, 29: 111-120.

［第 2 章］

船越公威・安田雅俊・南尚志. 2014. 鹿児島県大隅半島におけるヤマネ *Glirulus japonicus* の生息確認と分布. Nature of Kagoshima,（40）: 1-6.

今泉吉典. 1960. 原色日本哺乳動物図鑑. 保育社, 大阪.

兼松仁郎. 1972. 長崎の小型哺乳類 8──多良採集のヤマネ. 長崎造船大学研究報告, 13 : 43-45.

引用文献 *253*

環境省.「植生図」http://www.biodic.go.jp/reports2/5th/ugtmesh/map/shokusei.
gif.html. (2018 年 4 月 15 日)

下泉重吉. 1958. 下北半島のヤマネについて. 資源科学研究所彙報, 46-47 : 108-109.

菅沼悠介・鈴木毅彦・山崎晴雄・菊地隆男. 2003. 長野県南部, 伊那層群のテフラと
その対比. 第四紀研究, 42(5): 321-334.

杉山昌典・門脇正史. 2014. インターネットを活用したヤマネ *Glirulus japonicus* の
全国分布調査. 哺乳類科学 , 54(2): 269-277.

安田雅俊・坂田拓司. 2011. 絶滅のおそれのある九州のヤマネ──過去の生息記録か
らみた分布と生態および保全上の課題. 哺乳類科学, 51(2): 287-296.

安田雅俊・松尾公則. 2015. 巣箱自動撮影法であきらかになった九州北部の照葉樹林
におけるヤマネ *Glirulus japonicus* の活動周期. 哺乳類科学, 55(1): 35-41.

Yasuda, S. P., M. Iwabuchi, H. Aiba, S. Minato, K. Mitsuishi, K. Tsuchiya and H.
Suzuki, 2012. Spatial framework of nine distinct local populations of the
Japanese dormouse *Glirulus japonicus* based on matrilineal cytochrome *b* and
patrilineal *SRY* gene sequences. Zoological Science, 29: 111-120.

[第 3 章]

饗場葉留果・湊秋作・岩渕真奈美・湊ちせ・小山泰弘・若林千賀子・森田哲夫.
2016. ニホンヤマネにおける繁殖巣の巣材・構造および繁殖事例の報告. 日本環
境動物昆虫学会誌 , 27(1): 1-7.

Berg, L. and Å. Berg. 1998. Nest site selection by the dormouse *Muscardinus
avellanarius* in two different landscapes. Ann. Zool. Fenn. Finnish Zoological
and Botanical Publishing Board, 35 : 115-122.

土永浩史・湊秋作. 1998. ニホンヤマネの巣材に用いられた蘚苔類. しだとこけ, 15:
26-32.

Eisenberg, J. F. 1983. The Mammalian Radiations: An Analysis of Trends in
Evolution, Adaptation and Behavior. The University of Chicago Press, Chicago.

Foppen, R., L. Verheggen and M.Boonman. 2002. Biology, status and conservation of
the hazel dormouse (*Muscardinus avellanarius*) in the Netherlands. Lutra, 45:
147-154.

五味義尚. 1928. 白斑入りのヤマネ. 動物学雑誌, 40(474): 165-166.

Halliday, T .and S. J. Arnold. 1987. Multiple mating by females : a perspective from
quantitative genetics. Animal Behaviour, 35(3): 939-941.

井口利枝子・井口光二・佐藤陽一. 1996. 徳島県内で発見されたニホンヤマネ *Gliru-
lus japonicus*. 徳島県立博物館研究報告, 6: 89-96.

今泉吉典. 1949. 分類と生態・日本哺乳類図説. 洋々書房, 東京.

Juškaitis, R. 2008. The Common Dormouse *Muscardinus avellanarius* : Ecology,
Population Structure and Dynamics. Institute of Ecology of Vilnius University
Publishers, Vilnius.

Juškaitis, R. 2014. The Common Dormouse *Muscardinus avellanarius*: Ecology,
Population Structure and Dynamics, 2nd ed. Nature Research Center Publishers,
Vilnius.

Juškaitis, R. and S. Büchner. 2013. The Hazel Dormouse. Hohenwarsleben, Westarp Wissenschaften.

Kahmann, H. and O. Frisch. 1950. Zur ökologie der haselmaus (*Muscardinus avellanarius*) in den Alpen. Zoologische Jahrbücher Abteilung Systematik, 78 : 531-546.

Koenig, L. 1960. Das Aktionssystem des Siebenschläfers (*Glis glis* L.). Zeitschrift für Tierphysiologie, 17 : 427-505.

Kryštufek, B. 2010. *Glis glis* (Rodentia : Gliridae). Mammalian Species, 42(865): 195 -206.

正木淳二. 1992. 哺乳動物の生殖行動. 川島書店, 東京.

松尾公則. 2010. 長崎県の哺乳類. 長崎新聞社, 長崎.

松尾公則・湊秋作・田中龍子・相川千里・志田冨美子・安東茂・田中長・荒木雅也・藤永てるみ・山田祐介. 1998. 長崎のヤマネ III. 長崎県生物学会誌, 49: 114-115.

湊秋作. 1984. ヤマネ. いちい書房, 東京.

Minato, S. 1996. Physical and behavioral development of the Japanese Dormouse, *Glirulus japonicus* (Rodentia, Myoxidae). Mammalia, 60(1): 35-52.

湊秋作. 2000. ヤマネって知ってる. 築地書館, 東京.

湊秋作・藤田正吉・植田雅子・高橋まさ子. 1976. 小哺乳類の生態学的研究. 都留文科大学卒論研究.

Minato, S. and H. Doei. 1995. Arboreal activity of *Glirulus japonicus* (Rodentia : Myoxidae) confirmed by use of bryophytes as nest materials. Acta Theriologica, 40(3): 309-313.

Morris, P. A. 2011. Dormice A Tale of Two Species (British Natural History Series). Whittet Books, Essex.

Naim, D. M., S. Telfer, S. Sanderson, S. J. Kemp and P. C. Watts. 2011. Prevalence of multiple mating by female common dormice, *Muscardinus avellanarius*. Conservation Genetics, 12(4): 971-979.

中島福男. 1993. 森の珍獣ヤマネ——冬眠の謎を探る (信州の自然誌). 信濃毎日新聞社, 長野.

中西安男・渡部孝・清家晴男・門田智恵美・古澤未来・山崎博継・吉川貴臣・大地博史・三宅由起・野田こずえ. 2002. 高知県でのヤマネ *Glirulus japonicus* の生息調査. 香川生物, 29 : 33-38.

Nevo, E. and E. Amir. 1964. Geographic variation in reproduction and hibernation patterns of the forest dormouse. Journal of Mammalogy, 45 : 69-87.

大島和男. 1980. 春を迎えた珍獣ヤマネ. ワイルドライフ, 23 : 4-9.

Parker, G. A. 1970. Sperm competition and its evolutionary consequences in the insects. Biological Reviews, 45(4) : 525-567.

Rossolimo, O. L., E. G. Potapova, I. Ya. Pavlinov, S. V. Kruskop and O. V. Voltzit. 2001. Soni (Myoxidae) mirovoi fauny [Dormice (Myoxidae) of the World]. Izdatel'stvo Moskovskogo universiteta, Moskva (in Russian).

Sarà, M. and G. Sarà. 2007. Trophic habits of *Muscardinus avellanarius* (Mammalia

Gliridae) as revealed by multiple stable isotope analysis. Ethology Ecology & Evolution, 19: 215-223.

芝田史仁. 2000. ヤマネ.（川道武男・近藤宣昭・森田哲夫, 編：冬眠する哺乳類）pp. 162-186. 東京大学出版会, 東京.

芝田史仁. 2008. 小さな K 戦略の生態と生活史——ヤマネ.（本川雅治, 編：日本の哺乳類学①小型哺乳類）pp. 200-222. 東京大学出版会, 東京.

Stubbe, M., A. Stubbe, R. Samjaa and H. Ansorge. 2012. *Dryomys nitedula*（Pallas, 1778）in Mongolia. Peckiana, 8 : 117-128.

鈴木圭・嶌本樹・滝澤洋子・上開地広美・安藤元一・柳川久. 2011. 丹沢山地におけるニホンモモンガ *Pteromys momonga* の営巣木の特徴. 哺乳類科学, 51(1): 65-69.

田村典子. 2001. リスの生態学. 東京大学出版会, 東京.

Taub, D. 1980. Female choice and mating strategies among wild barbary macaques. *In*（Lindburg, D. G., ed.）The Macaques : Studies in Ecology, Behavior and Evolution. pp. 287-344. Van Nostrand Reinhold, New York.

Thornhill, R. 1976. Sexual selection and nuptial feeding behavior in *Bittacus apicalis*（Insecta: Mecoptera）. The American Naturalist, 110: 529-548.

Wachtendorf, W. 1951. Beiträge zur ökologie und biologie der haselmaus（*Muscarinus avellanarius*）im Alpenvorland. Zoologische Jahrbücher Abteilung Systematik. 80 : 189-204.

Wolton, R. 2009. Hazel dormouse *Muscardinus avellanarius*（L.）nest site selection in hedgerows. Mammalia, 73 : 7-12.

安田雅俊・船越公威・南尚志. 2015. 九州南部で観察された冬期におけるヤマネの活動. 哺乳類科学, 55(1): 21-25.

矢竹一穂・田村典子. 2001. ニホンリスの保全ガイドラインづくりに向けて Ⅲ——ニホンリスの保全に関わる生態. 哺乳類科学, 41(2): 149-157.

[第 4 章]

安藤元一・白石哲. 1985. ムササビにおける外部形質と行動の発達. 九大農学芸誌, 39(4): 135-141.

Buruldağ, E. and C. Kurtonur. 2001. Hibernation and postnatal development of the mouse-tailed dormouse, *Myomimus roachi* reared outdoor's in a cage. Trakya University Journal of Scientific Research Series B, 2(2): 179-186.

Gaisler, J., V. Holas and M. Homolka. 1977. Ecology and reproduction of Gliridae（Mammalia）in northern Moravia. Folia Zoologica, 26(3): 213-228.

井口利枝子・井口光二・佐藤陽一. 1996. 徳島県内で発見されたニホンヤマネ *Glirulus japonicus*. 徳島県立博物館研究報告, (6): 89-96.

Juškaitis, R. 2008. The Common Dormouse *Muscardinus avellanarius* : Ecology, Population Structure and Dynamics. Institute of Ecology of Vilnius University Publishers, Vilnius.

Koenig, L. 1960. Das Aktionssystem des Siebenschläfers（*Glis glis* L.）. Zeitschrift für Tierphysiologie, 17 : 427-505.

256　引用文献

正木淳二. 1992. 哺乳動物の生殖行動. 川島書店, 東京.

Mein, P. and J.-P. Romaggi. 1991. Un Gliridé (Mammalia, Rodentia) planeur dans le Miocène supérieur de l' ardèche : une adaptation non retrouvée dans la nature actuelle. Geobios, 13 : 45-50.

Minato, S. 1996. Physical and behavioral development of the Japanese Dormouse, *Glirulus japonicus* (Rodentia, Myoxidae). Mammalia, 60(1): 35-51.

Moreno, S. 1988. Reproduction of garden dormouse *Eliomys quercinus* lusitanicus, in southwest Spain. Mammalia, 52(3): 401-407.

Moreno, S. and E. Collado. 1989. Growth of the garden dormouse (*Eliomys quercinus* Linnaeus, 1766) in southwestern Spain. Zeitschrift für Säugetierkunde, 54 : 100-106.

中島福男. 2006. 日本のヤマネ (改訂版). 信濃毎日新聞社, 長野.

Nevo, E. and E. Amir. 1964. Geographic variation in reproduction and hibernation patterns of the forest dormouse. Journal of Mammalogy, 45 : 69-87.

西村豊. 1988. ヤマネのくらし (科学のアルバム). あかね書房, 東京 .

小原巌. 1975. 飼育下におけるハタネズミの成長と発育. 哺乳動物学雑誌, 6(3): 107-114.

Stubbe, M., A. Stubbe, R. Samjaa and H. Ansorge. 2012. *Dryomys nitedula* (Pallas, 1778) in Mongolia. Peckiana, 8 : 117-128.

Valentin, S. and C. Baudoin. 1980. Ontogeny of the Behavior of the Garden dormouse *Eliomys quercinus* L.(Rodentia, Gliridae). 1. Development of body and motor patterns. Mammalia, 44: 283-297.

安田雅俊・船越公威・南尚志. 2015. 九州南部で観察された冬期におけるヤマネの活動. 哺乳類科学, 55(1): 21-25.

[第 5 章]

Ancillotto, L., G. Sozio, A. Mortelliti and D. Russo. 2014. Ultrasonic communication in Gliridae (Rodentia): the hazel dormouse (*Muscardinus avellanarius*) as a case study. Bioacoustics, 23(2): 129-141.

Hutterer, R. and G. Peters. 2001. The vocal repertoire of *Graphiurus parvus*, and comparisons with other species of dormice. Trakya University Journal of Scientific Research Series B, 2(2): 69-74.

Jurczyszyn, M. 1995. Population density of *Myoxus glis* (L.) in some forest biotops. Hystrix, 6(1-2): 265-271.

Koreteskova, L. V. 1977. Sound reactions in the family Myoxidae. Zoologicheskii Zhurnal, 56 : 602-610 (in Russian with English summary).

Movchan, V. N. and L. V. Korotetskova. 1983. The acoustic communication in the common dormouse *Muscardinus avellanarius* (Rodentia, Myoxidae). Zoologicheskii Zhurnal, 62(10): 1547-1558.

[第 6 章]

饗場葉留果・湊秋作・岩渕真奈美・湊ちせ・小山泰弘・若林千賀子・森田哲夫.

2016. ニホンヤマネにおける繁殖巣の巣材・構造および繁殖事例の報告. 日本環境動物昆虫学雑誌, 27 : 1-7.

Bertolino, S. and I. Currado. 2001. Ecology of the garden dormouse (*Eliomys qurecinus*) in the Alpine habitat. Trakya University Journal of Scientific Researach, Series B2 : 75-78.

キャロル, L. (高橋康也・高橋迪訳). 1988. 不思議の国のアリス. 河出書房新社, 東京.

Harlow, H. J. and G. E. Menkens. 1986. A comparison of hibernation in the black-tailed prairie dog, white-tailed prairie dog, and Wyoming ground squirrel. Canadian Journal of Zoology, 64(3): 793-796.

平川浩文・小坂健一郎. 2009. 初冬に雪中で発見されたコテングコウモリ (*Murina ussuriensis*) の記録とその意味. 森林総合研究所研究報告, 8(3): 175-178.

Iwabuchi, M., S. Minato, H. Aiba and T. Morita, 2017. Body temperature and microhabitat use in the hibernating Japanese dormouse (*Glirulus japonicus*). Mammalia, 81 : 23-32.

Jurczyszyn, M. 2007. Hibernation cavities used by the edible dormouse, *Glis glis* (Gliridae, Rodentia). Folia Zoologica, 56(2): 162-168.

Juškaitis, R. 2008. The Common Dormouse *Muscardinus avellanarius* : Ecology, Population Structure and Dynamics. Institute of Ecology of Vilnius University Publishers, Vilnius.

Juškaitis, R. and S. Büchner. 2013. The Hazel Dormouse. Hohenwarsleben, Westarp Wissenschaften.

川道美枝子. 2000. シマリス. (川道武男・近藤宣昭・森田哲夫, 編 : 冬眠する哺乳類) pp. 143-161. 東京大学出版会, 東京.

Kryštufek, B. 2010. *Glis glis* (Rodentia : Gliridae). Mammalian Species, 42(865): 195-206.

Millazzo, A., W. Falletta and M. Sara. 2003. Habitat selection of fat dormouse (*Glis glis*) in the deciduous forest woodlands of Sicliy. Acta Zoologica Academiae Scientiarum Hungarica, 49(Suppl.1): 117-124.

湊秋作. 1984. ヤマネ. いちい書房, 東京.

森田哲夫. 2000. 冬眠現象. (川道武男・近藤宣昭・森田哲夫, 編 : 冬眠する哺乳類) pp. 3-23. 東京大学出版会, 東京.

Morris, P. A. 2004. Dormice (British Natural History Series). Whittet Books, Suffolk.

Morris, P. A. 2011. Dormice A Tale of Two Species (British Natural History Series). Whittet Books, Essex.

Morris, P. A. and A. Hoodless. 1992. Movements and hibernaculum site in the fat dormouse (*Glis glis*). Journal of Zoology, 228 : 685-687.

中島福男. 2001. 日本のヤマネ. 信濃毎日新聞社, 長野.

Nevo, E. and E. Amir. 1964. Geographic variation in reproduction and hibernation patterns of the forest dormouse. Journal of Mammalogy, 45 : 69-87.

野本茂樹・入来正躬. 1980. 冬眠. 代謝, 17 : 809-820. 中山書店, 東京.

Otsu, R. and T. Kimura. 1993. Effects of food availability and ambient temperature on hibernation in the Japanese dormouse, *Glirulus japonicus*. Journal of Ethology, 11 : 37-42.

Pengelley, E. T. and K. C. Fisher. 1963. The effect of temperature and photoperiod on the yearly hibernating behavior of captive golden-mantled ground squirrels (*Citellus lateralis tescorum*). Canadian Journal of Zoology, 41(6): 1103-1120.

Polak, S. 1997. The use of caves by the edible dormouse (*Myoxus glis*) in the Slovenian karst. Natura Croatica, 6 : 313-321.

Shimoizumi, J. 1939. Studies on the hibernation of the Japanese dormouse, *Glirulus japonicus* (SCHINZ). (1) On the hibernation period. Science Report of the Tokyo University of Literature and Science Sect. B, 4(67): 51-61.

下泉重吉. 1943a. 日本産ヤマネ *Glirulus japonicus* (SCHINZ) の冬眠に関する研究 [1] Ⅲ. 冬眠の要因としての温度. 植物及動物, 11(2): 15-20.

下泉重吉. 1943b. 日本産のヤマネ *Glirulus japonicus* (SCHINZ) の冬眠に関する研究 4. 体温と活動性に就いて. 動物学雑誌, 55(4): 155-160.

下泉重吉. 出版年不明. 冬眠の一般的考察. 大原出版, 東京.

Strumwasser, F. 1958. Factors in the pattern, timing and predictability of hibernation in the squirrel, *Citellus beecheyi*. American Journal of Physiology-Legacy Content, 196(1): 8-14.

Vogel, P. 1997. Hibernation of recently captured *Muscardinus*, *Eliomys* and *Myoxus* : a comparative study. Natura Croatica, 6(2) : 217-231.

Vogel, P. and H. Frey. 1995. L'hibernation du muscardin *Muscardinus avellanarius* (Gliridae, Rodentia) en nature: nids, fréquence des réveils et température corporelle. Bulletin de la Société Vaudoise de Sciences Naturelles, 83(3): 217-230.

Walhovd, H. and J. V. Jensen. 1976. Some aspects of the metabolism of hibernating and recently aroused common dormouse *Muscardinus avellanarius* L.(Rodentia, Gliridae). Oecologia, 22 : 425-429.

[第 7 章]

浅利裕伸・東城里絵・原口塁華・柳川久. 2009. エゾモモンガの生態を考慮した保全対策の検討. 「野生生物と交通」研究発表会講演論文集, 8 : 67-72.

葦名千壽・柳川久. 2006. 大雪山国立公園黒石平のエゾアカガエル *Rana pirica* に対する道路横断用スロープの有効性. 「野生生物と交通」研究発表会講演論文集, 5 : 45-48.

Forman, R. T., B. Reineking and A. M. Hersperger. 2002. Road traffic and nearby grassland bird patterns in a suburbanizing landscape. Environmental Management, 29(6): 782-800.

石原博・岩渕真奈美・湊秋作. 2014. 企業が伝える生物多様性の恵み——環境教育の実践と可能性. 経団連出版, 東京

兼松仁郎. 1972. 長崎の小型哺乳類 8——多良採集のヤマネ. 長崎造船大学研究報告, 13(1): 43-45.

Laurance, W. F., G. B. Williamson. 2001. Positive feedbacks among forest fragmentation, drought and climate change in the Amazon. Conservation Biology, 15 : 1529-1535.

Macpherson, D., J. L. Macpherson and P. Morris. 2011. Rural roads as barriers to the movements of small mammals. Applied Ecology and Environmental Research, 9 : 167-180.

Morris. P and S. Minato. 2012. Wildlife bridges for small mammals. British Wildlife, 23(3): 153-157.

小野香苗・柳川久. 2010. 樹上性小型哺乳類およびコウモリ類による道路横断構造物利用のモニタリング.「野生生物と交通」研究発表会講演論文集, 9 : 73-78.

リチャード, B. プリマック・小堀洋美. 2008. 保全生物学のすすめ[改訂版]. 文一総合出版, 東京.

Sato, J. J., T. Kawakami, Y. Tasaka, M. Tamenishi and Y. Yamaguchi. 2014. A few decades of habitat fragmentation has reduced population genetic diversity : a case study of landscape genetics of the large Japanese field mouse, *Apodemus speciosus*. Mammal Study, 39(1): 1-10.

澤畠拓夫. 2000. 下伊那郡上村および伊那市西箕輪でヤマネを目撃. 伊那谷自然史論集, 1 : 31-34.

Spellerberg, I. F. 2002. Ecological Effects of Roads. Science Publishers, Enfield.

谷崎美由記・石塚正仁・柳川久・鶴谷孝一・浅野哉樹. 2009. 北海道帯広市のコウモリ用ボックスカルバートのモニタリング（続報).「野生生物と交通」研究発表会講演論文集, 8 : 95-102.

Wembridge, D., N. Al-Fulaij and S. Langton. 2016. The State of Britain's Dormice 2016 PTES https://ptes.org/wp-content/uploads/2016/09/State-of-Britains-Dormice-2016.pdf

柳川久. 2005. 北海道帯広市におけるエゾリスの交通事故とその防止対策. 帯広畜産大学学術研究報告, 26 : 35-37.

[第8章]

Carpaneto, G. M. and M. Cristaldi. 1995. Dormice and man : a review of past and present relations. Hystrix, 6(1-2): 303-330.

岩本敏. 2002. 週刊日本の天然記念物　動物編　ヤマネ　11（監修：湊秋作）. 小学館, 東京.

Topsell, E. 1607. The History of Four-Footed Beasts and Serpents. Jaggard, London.

Valvasor, J. W. 1689. Die Ethre Dess Hertzogthums Crain I/3, Laybach.

矢口高雄. 1981. マタギ III. 双葉社, 東京.

[第9章]

石原博・岩渕真奈美・湊秋作, 2014. 企業が伝える生物多様性の恵み──環境教育の実践と可能性. 経団連出版, 東京.

小林毅. 1994. 哺乳類を素材とした環境教育（日本哺乳類学会 1994 年度大会自由集会の報告）. 哺乳類科学, 34(2): 162-163.

松田道夫. 1999. 主観と客観のバードウォッチング. 愛鳥教育, 56: 5-10.

湊秋作. 2014. サイエンスと環境教育. 地球のこども, 179: 2-4.

宮沢賢治原作, 藤城清治. 2011. 銀河鉄道の夜. 講談社, 東京.

百原新. 2008. 第三紀末から第四紀の日本列島の環境変化と日本固有フロラの形成過程（日本植物分類学会第6回新潟大会公開シンポジウム講演記録「新生代の地球環境変遷と地域フロラの分化プロセス」). 日本植物分類学会誌, 8(1): 39-45.

小川潔. 2009. 自然保護教育の展開から派生する環境教育の視点. 環境教育, 19(1): 68-76.

下泉美冬. 2003. 自然に学び, 自然に従い, 雑草のように力強く──ヤマネの生態研究に生涯を捧げ, 自然保護教育の重要性を説いた父・下泉重吉. 科学教育研究会, 東京.

おわりに

　本研究は，「はじめに」で述べたように私一人で成しえたものではない．たくさんの人々との共働き・支援・応援・労力，そして，ご指導による共同作品である．

　恩師である下泉重吉先生，青柳昌宏先生，日高敏隆先生，山田卓三先生，土屋公幸先生，今泉吉晴先生らのご指導に心から感謝する．中島福男先生には，学生のころ，ヤマネのフィールドワークの方法を現場でご教示いただいた．

　日本各地でのフィールド研究では，秋田県の鈴木篤弘さん，栃木県の鶴間亮一さん，長野県の中村浩志先生，野紫木洋さん，西村豊さん，新潟県の桜井伸一さん，石川県の山崎美佳さん，島根県隠岐の島の八幡浩二さん・斎藤正幸さん，高知県の森畑先生ご夫妻，兵庫県の飯島昌先生と関西学院大学の久米涼君・阪井博紀君・足立美希子さん・柳川真澄さん・角田皓太君・為久亜由美さん・古曽尾胡桃さん・河野真之君・川西流姫乃さんらの学生のみなさん，長崎県の松尾公則先生と田中龍子さんなどにお世話になった．そして，和歌山県では皆地小学校の子どもたちが共同研究者であった．海外フィールド研究ではイギリスのモリス先生，スロベニアのボリス先生，ハンガリーのクリストフ先生，ロシアのフォーキン先生にご支援いただいた．深く感謝する．

　植生による巣箱利用率の統計処理は宮崎大学の坂本信介先生によるものであり，食物の栄養分析は山口大学の細井栄嗣先生と倉永香里さんとの共働きで実施し，樹上に生息する昆虫の同定は青木良先生により，安定同位体研究は総合地球環境学研究所の陀安一郎先生にご指導を受けてきた．おかげでヤマネの生態をより豊かに観ることができてきた．深く感謝する．

　音声研究では松村澄子先生，竹内久美子先生にお世話になり，行動の映像撮影ではNHKの増田順さんに工夫をしていただいた．遺伝学分野では東京農業大学の土屋公幸先生，北海道大学の鈴木仁先生，安田俊平さん，布目三夫さんとともに研究をさせていただいた．冬眠研究では宮崎大学の森田哲夫

先生とともに研究し，古生物学的知見は愛知教育大学の河村善也先生から薫陶をいただき，同じく愛知教育大学の三宅明先生には地形図の使用許可をいただいた．消化管の研究は宮崎大学の保田昌宏先生との共同研究である．生物多様性保全のためのアニマルパスウェイ研究開発は，大成建設株式会社の大竹公一さん・高橋巧さん・猪熊千恵さんら，清水建設株式会社の岩本和明さん・小田信治さん・小松裕幸さん，株式会社エンウィットの佐藤良晴さん・世知原順子さん，東日本電信電話株式会社の小林春美さん・保坂信一さん，日本建設業連合会の奥田淳吉さん，戸田建設株式会社の小林義人さんら多くの方々とともに行ってきた．そして，これらの総合的研究をともに実施してこられたのは，やまねミュージアムの岩渕真奈美さん，饗場葉留果さんの大奮闘と細やかな運営のおかげであった．その働きに深く感謝する．

　研究を支えてくださった方は，杉山慎二さん，小林美博さん，笹原久男さんら多くの人々とアースウォッチ・ジャパンの方々，小学校教師時代の関陸郎先生，玉置喬先生，清水冷五先生らである．そして，川嶋直さん，増田直広さん，鳥屋尾健さん，若林正浩さん，若林千賀子さん，高木恭子さん，斎藤園子さん，古川絵里子さん，堀江真由さん，小野千春さん，岡本英里奈さん，中山文さんら公益財団法人キープ協会環境教育事業部の歴代のスタッフが支えてくださった．ここに記すことができない方々も含め，深く感謝する．

　素敵な絵・イラスト・版画を描いていただいた金尾恵子さん，平野国弘さん，井戸三千春さん，岡本治さん，田中肇さんに感謝する．

　写真を快く提供してくださった饗場葉留果さん，浅利裕伸さん，岩渕真奈美さん，湊ちせさん，大竹公一さん，斎藤正幸さん，松尾公則さん，Alenka Kryštufek さん，Boris Kryštufek 先生，Pat Morris 先生，Nedko Nedyalkov 先生，Sven Büchner 先生，そして，ボルネオ保全トラスト・ジャパン，環境省関東地方環境事務所に感謝である．

　重要な分布地図を作成いただいた Boris Kryštufek 先生，柳川真澄さんに感謝する．私の拙い文章を読み，適切なアドバイスと校正をしてくださった河村善也先生，鈴木仁先生，安田俊平さん，布目三夫さん，岩渕真奈美さん，饗場葉留果さんに感謝申し上げたい．

　本研究は経団連自然保護協議会／公益信託経団連自然保護基金，公益財団法人トヨタ財団，トヨタ自動車株式会社「トヨタ環境活動助成プログラム」，

公益信託大成建設自然・歴史環境基金，三井物産環境基金，大和日英基金，公益財団法人藤原ナチュラルヒストリー振興財団，公益財団法人日本生命財団，公益財団法人日本財団，ザ・ボディショップニッポン基金，独立行政法人環境再生保全機構地球環境基金，（一般社団法人）日本建設業連合会，株式会社紀伊民報，WWF ジャパン助成事業などからご支援をいただいた．そのおかげで研究を推進することができた．また，フィールド調査やヤマネ撮影に用いるカメラの機材はキヤノン株式会社のサービスセンター梅田から貸していただいた．みなさまに深く深く感謝する次第である．

　地球的な環境変動のなかで，今後の生物研究者に求められているものにSDGs 達成と生物多様性保全の主流化・社会化などに参画することがあげられる．私たちもヤマネ研究のビジョンを「ヤマネの総合的な研究」として，その成果を「環境保全」，「環境教育」で社会貢献することを目標として活動してきた．今後もそれを発展させながら，SDGs の目標達成と生物多様性保全に少しでも貢献できればと願っている．それには国内外の研究者・企業・行政・市民らとの連携と多様な人々を巻き込みながら進む姿勢が肝要と考えている．

　本書を書き終えようとしている今，私のつぎのヤマネ研究の課題が明らかになってきた．ヤマネの不思議を探る新しい帆船ヤマネ号の行く先には，新しい視点での冬眠，遺伝，生態，音声，樹上行動のテーマがぞろぞろある．どこに行ってもあのヤマネが待っている．あの愛らしく，ワンダーのかたまりのヤマネと目と目を合わせながらデートするように研究することが楽しみである．

　ここまで私がやってこられたのは，見守ってくれた家族の湊正一・湊三代・杉浦郁代，湊大地・湊悠平，妻である湊ちせの長年にわたる温かくて適切なサポートと励ましの賜物である．大きく感謝する次第である．そして，この本を出版できるのは，東京大学出版会編集部の光明義文さんの忍耐とやさしさと自然への深い慈しみのおかげである．感謝してもしきれない．日本と世界のヤマネたちからも，ヤマネのことを人間社会に発信してくれた光明さんへの御礼のメールがどんどん私に届いている．「ありがとうございます」と．

湊　秋作

＊「おわりに」に掲載させていただい方の所属は，私がお世話になったころの所属である．

索　引

ア　行

愛知県　213
愛知目標　199
アイラペッティン　4,34
赤石山脈　27
赤石集団　23
アースウォッチ・ジャパン　89,210
あなたも調査員　241
アニマルパスウェイ　204
　　——研究会　205,213
　　——と野生生物の会　213
アブラムシ　8,45,48,200,203
アフリカヤマネ　14
　　——亜科　2
アムウェイ　230
安定同位体　54
異温動物　190
威嚇　168
イズセンリョウ　26,39,50,108,136,137,
　162
伊勢丹新宿店　244
イタリア　5
一斉分岐　24
遺伝学的解析　22
遺伝学的研究　21
移動の障壁　29
今井弘民　21,35
岩手県　213
宇宙　197
ウドゥンガ　19
SDGs　199
越後山脈　28
NDMP　246

NTT 東日本　210
エンウィット　209
塩基多様度　27
オオヤマネ　4,9
起き上がり行動　155
隠岐集団　23,102
隠岐（の）島　21,100
オックスフォード　7
尾鷲市　110,215

カ　行

開眼　153
回転運動（ピボティング）　155
外部形態　30
下顎門歯　154
鉤爪　17
核ゲノム　26
覚醒プロセス　192
隠れる　129
化石　15,17,19,20,23
可聴音　166
鹿沼市　94
カラブリア地方　5
カレリア地方　3
河村善也（河村先生）　15,20
感覚器官　153
環境意識醸成　243
環境教育　219
　　——の社会化　227
環境省　212
環境保全　215
　　——と経済の視点の構築　218
干渉　127,130
関東集団　23

カンバ類　140
気候変動　28
キネズミ　232
基本的な調査　218
臼歯　16
九州集団　23
暁新世後期　16
共生技術　199
拒否　129
許容環境要因　190
キリンビバレッジ株式会社　226
朽ち木のなかでの冬眠　181
熊野（紀州）集団　23
クリック　171
クリネズミ　232
毛　32
経団連自然保護協議会　204
系統樹　23
系統進化　22
齧歯類　16,23
現生ヤマネ科　22
建設場所選定調査　209
攻撃　129,168
咬合面　16
更新世　20
構造実験　206
高速道路　225
後退運動　156
行動化　218
交尾　127
　　——期間　133
　　——行動　6
　　——時間　133
　　——栓　132
　　——年齢　133
　　——の催促　129
　　——場所　133
　　——パターン　126
降伏行動　130
後分娩発情　135
広報　218
コオリネズミ　184

小型のヤマネブリッジ　221
国際連携　226
古生物学的研究　19
コダマネズミ　231
国交省　215
仔の運搬　164
コルヒチン　21

サ　行

再導入　229
材料選択実験　205
サバクヤマネ　13
サワフタギ　139
山陰集団　23
産仔数　150
山東省　20
サントリービバレッジサービス
　　株式会社　226
三要因説　190
JR　244
耳介　32
耳孔　154
四国集団　23
歯式　30
始新世前期　17
自然繁殖巣　142
自然保護運動　75
自然保護教育　239
シダレヤスデゴケ　141
実証研究　207
清水建設株式会社　209
市民　243
下泉重吉（下泉先生）　21,32,36,69-72,
　　77,86,99,103,110,125,176,178,190,
　　191,193,239,246,247
社会化　204
重婚　132
集団間の類縁関係　21
周波数変調　168
樹上行動　157
　　——の成長　160
種多様性　29

266 索　引

出産　149
　——回数　135,151
樹洞のなかでの冬眠　183
種内の分岐　23
準絶滅危惧種　199
上顎門歯　154
小臼歯　16
縄文時代の堆積物　20
植物相　29
食物連鎖　54
進化　20
新第三紀末　29
森林要素　20
親和性　184
スギ　50,94
鈴木仁　21
スニッフィング　128
巣の移動　164
巣の外壁と内壁　144
巣箱づくり　245
ズミ　139
スラスト　126
スロベニア国立博物館　6
性行動　125
精子競争　133
性成熟　149,151
生態系ネットワーク　199
正中線　155
生物多様性　198
　——国家戦略　199
　——の主流化　241
　——保全　199
積雪　187
切土工法　200
セルフグルーミング　127,131
染色体　21
　——数　5
鮮新世　19,20
蘚類　140
草原要素　20
創始者効果　26
ソ連科学アカデミー　1

タ　行

体温上昇　187
体温調節スペシャリスト　190
体温変動　187
大臼歯　16
体重の成長　151
大成建設株式会社　209
堆積物　16
体側膜　155
第四紀　29
大陸氷河　28
苔類　140
ダム　228
単独（での）冬眠　177,184
地域による冬眠期間　194
チェダー　7
地上巣　146
チュウゴクヤマネ　14
中新世　19,23
中途覚醒　187
チュリチュリ音　170
超音波　32,166
追跡　127
ツイッター　170
対馬暖流　28
土屋公幸　21,70
つらら　208
低温維持期間　186
低海水準期　28
低周波　32
ていねいな報告　218
てんぐ巣病　142
天敵　62
天然記念物　199
デンマーク　222
陶器製の壺　12,234
頭骨　30
東北集団　23
ドウマウスクラブ　235
冬眠　176
　——覚醒　135

索　引　　267

——姿勢　177,184
——準備状態　190
——巣　179
——と体温　185
——能力機能　27
——場所　177
——誘因　190
道路　198
土中での冬眠　179
共働き　218
トラキア大学　10
トランスバイカル地方　19
ドリトル先生　166
ドリフト・コール　170
トルコ　10

　　ナ　行

長崎県　227
——轟の滝　141
那須平成の森　212
日内休眠　188
日本建設業連合会　210
日本野鳥の会　6
ニホンヤマネ保護研究グループ　209
妊娠　149
——期間　149
寝言　9

　　ハ　行

白山集団　23
ハシバミ　7
発信機　177
——調査　60,94,102
パット・モリス　219
ハードフォードシャー　11
花　8
パナソニック株式会社　244
ハビタットブリッジ　219
ハプロタイプ　25
繁殖行動　125
繁殖巣　138
繁殖の地理的変異　135

ハンモック巣　142
日高敏隆　166
飛騨山脈　28
人々を巻き込む姿勢　219
PTES　215
BBC　215
氷期　20
——間氷期　28
フィンランド　3
ふけた　75
不思議の国のアリス　7,176
ぶら下がり行動　157
ブルガリア　10,12
フレーメン　128
糞　51
分岐　22
——年代　17
分子系統学的解析　20
分断化　198
防災　215
細井栄嗣　50
ホソオヤマネ　12
北海道　224
ボックスカルバート　199
ホットネージャ　1
ホームレンジ　88
ボランティア　209

　　マ　行

マイクロサテライトーマーカー　22
マウスオープニング　128
マウンティング　128
マウント　126
マタギ　231
マレーシア　223
三重県　215
ミエゾウ　20
三つ峠　69
皆地　72
民話　231
無重力環境　197
メガネヤマネ　1

268　索　引

メディア　245
毛介綺煥　233
盲腸　35
モニタリング　211
モリヤマネ　5

ヤ　行

柳川久　224
ヤマツツジ　142
山梨県道路公社　200
ヤマネ亜科　2
ヤマネ科　1
　──の起源　15
　──の分布　3
ヤマネトンネル　200
ヤマネブリッジ　200
やまねミュージアム　209,241
ヤマブドウ　139

有効な設計　218
横川清司　193
吉田元重　37
ヨーロッパヤマネ　7

ラ　行

リス科　22
陸橋　28
稜　16
レイティィナエ亜科　2
レニングラード　1
ロードキル　199
　──に遭遇する動物　199
ロードシス　127,129

ワ　行

ワイト島　215

著者略歴

1952 年　和歌山県に生まれる.
1976 年　都留文科大学文学部卒業.
1990 年　兵庫教育大学大学院学校教育研究科修了.
1993 年　京都大学大学院理学研究科より博士号（理学博士）
　　　　を取得.
　　　　和歌山県本宮町（現・田辺市）などで 24 年間，小学
　　　　校教師を務める.
現　　在　関西学院大学教育学部教授.
　　　　ニホンヤマネ保護研究グループ会長,
　　　　関西学院大学 SDGs・生物多様性研究センター長,
　　　　（一社）アニマルパスウェイと野生生物の会会長,
　　　　清泉寮やまねミュージアム館長.

主要著書

『森のスケーター──ヤマネ』（2000 年，文研出版）,
『ヤマネって知ってる？──ヤマネおもしろ観察記』（2000 年,
　築地書館）,
『ヤマネのすむ森──湊先生のヤマネと自然研究記』（2010 年,
　学研教育出版）,
『企業が伝える生物多様性の恵み──環境教育の実践と可能性』
　（共著，2014 年，経団連出版）ほか.

ニホンヤマネ
──野生動物の保全と環境教育

2018 年 6 月 25 日　初　版

［検印廃止］

著　者　湊　　秋作

発行所　一般財団法人　東京大学出版会

代表者　吉見俊哉

153-0041 東京都目黒区駒場 4-5-29
電話 03-6407-1069・振替 00160-6-59964

印刷所　三美印刷株式会社
製本所　誠製本株式会社

© 2018 Shusaku Minato
ISBN 978-4-13-060255-6　Printed in Japan

JCOPY 〈(社)出版者著作権管理機構　委託出版物〉
本書の無断複写は著作権法上での例外を除き禁じられています.
複写される場合は，そのつど事前に，(社)出版者著作権管理機構
（電話 03-3513-6969，FAX 03-3513-6979，e-mail : info@jcopy.or.
jp）の許諾を得てください.

Natural History Series（継続刊行中）

日本の自然史博物館　糸魚川淳二著 ——— A5判・240頁/4000円（品切）
●理論と実際とを対比させながら自然史博物館の将来像をさぐる．

恐竜学　小畠郁生編 ——— A5判・368頁/4500円（品切）
犬塚則久・山崎信寿・杉本剛・瀬戸口烈司・木村達明・平野弘道著
●7人の日本の研究者がそれぞれ独特の研究視点からダイナミックに恐竜像を描く．

樹木社会学　渡邊定元著 ——— A5判・464頁/5600円（品切）
●永年にわたり森林をみつめてきた著者が描き上げた森林と樹木の壮大な自然史．

動物分類学の論理　馬渡峻輔著 ——— A5判・248頁/3800円
多様性を認識する方法
●誰もが知りたがっていた「分類することの論理」について気鋭の分類学者が明快に語る．

花の性　その進化を探る　矢原徹一著 ——— A5判・328頁/4800円
●魅力あふれる野生植物の世界を鮮やかに読み解く．発見と興奮に満ちた科学の物語．

民族動物学　周達生著 ——— A5判・240頁/3600円
アジアのフィールドから
●ヒトと動物たちをめぐるナチュラルヒストリー．

海洋民族学　秋道智彌著 ——— A5判・272頁/3800円（品切）
海のナチュラリストたち
●太平洋の島じまに海人と生きものたちの織りなす世界をさぐる．

両生類の進化　松井正文著 ——— A5判・312頁/4800円（品切）
●はじめて陸に上がった動物たちの自然史をダイナミックに描く．

シダ植物の自然史　岩槻邦男著 ——— A5判・272頁/3400円（品切）
●「生きているとはどういうことか」を解く鍵を求め続けてきたあるナチュラリストの軌跡．

太古の海の記憶　池谷仙之・阿部勝巳著 ——— A5判・248頁/3700円（品切）
オストラコーダの自然史
●新しい自然史科学へ向けて地球科学と生物科学の統合が始まる．

哺乳類の生態学　土肥昭夫・岩本俊孝・三浦慎悟・池田啓著 ——— A5判・272頁/3800円（品切）
●気鋭の生態学者たちが描く〈魅惑的〉な野生動物の世界．

高山植物の生態学　増沢武弘著 ———— A5判・232頁/3800円（品切）
●極限に生きる植物たちのたくみな生きざまをみる.

サメの自然史　谷内透著 ———— A5判・280頁/4200円（品切）
●「海の狩人たち」を追い続けた海洋生物学者がとらえたかれらの多様な世界.

生物系統学　三中信宏著 ———— A5判・480頁/5800円
●より精度の高い系統樹を求めて展開される現代の系統学.

テントウムシの自然史　佐々治寛之著 ——— A5判・264頁/4000円（品切）
●身近な生きものたちに自然史科学の広がりと深まりをみる.

鰭脚類［ききゃくるい］　和田一雄／伊藤徹魯著 ———— A5判・296頁/4800円（品切）
アシカ・アザラシの自然史
●水生生活に適応した哺乳類の進化・生態・ヒトとのかかわりをみる.

植物の進化形態学　加藤雅啓著 ———— A5判・256頁/4000円
●植物のかたちはどのように進化したのか. 形態の多様性から種の多様性にせまる.

新しい自然史博物館　糸魚川淳二著 ———— A5判・240頁/3800円（品切）
●これからの自然史博物館に求められる新しいパラダイムとはなにか.

地形植生誌　菊池多賀夫著 ———— A5判・240頁/4400円
●精力的なフィールドワークと丹念な植生図の読解をもとに描く地形と植生の自然史.

日本コウモリ研究誌　前田喜四雄著 ———— A5判・216頁/3700円（品切）
翼手類の自然史
●北海道から南西諸島まで, 精力的にコウモリを訪ね歩いた研究者の記録.

爬虫類の進化　疋田努著 ———— A5判・248頁/4400円
●トカゲ, ヘビ, カメ, ワニ……多様な爬虫類の自然史を気鋭のトカゲ学者が描写する.

生物体系学　直海俊一郎著 ———— A5判・360頁/5200円
●生物体系学の構造・論理・歴史を分類学はじめ5つの視座から丹念に読み解く.

生物学名概論　平嶋義宏著 ———— A5判・272頁/4600円（品切）
●身近な生物の学名をとおして基礎を学び, 命名規約により理解を深める.

哺乳類の進化　遠藤秀紀著 ──────── A5判・400頁/5400円
●地球史を飾る動物たちの〈歴史性〉にナチュラルヒストリーが挑む.

動物進化形態学　倉谷滋著 ──────── A5判・632頁/7400円（品切）
●進化発生学の視点から脊椎動物のかたちの進化にせまる.

日本の植物園　岩槻邦男著 ──────── A5判・264頁/3800円（品切）
●植物園の歴史や現代的な意義を論じ，長期的な将来構想を提示する.

民族昆虫学　野中健一著 ──────── A5判・224頁/4200円（品切）
昆虫食の自然誌
●人間はなぜ昆虫を食べるのか ── 人類学や生物学などの枠組を越えた人間と自然の関係学.

シカの生態誌　高槻成紀著 ──────── A5判・496頁/7800円（品切）
●動物生態学と植物生態学の2つの座標軸から，シカの生態を鮮やかに描く.

ネズミの分類学　金子之史著 ──────── A5判・320頁/5000円
生物地理学の視点
●分類学的研究の集大成として，さらに自然史研究のモデルとして注目のモノグラフ.

化石の記憶　矢島道子著 ──────── A5判・240頁/3200円
古生物学の歴史をさかのぼる
●時代をさかのぼりながら，化石をめぐる物語を読み解こう.

ニホンカワウソ　安藤元一著 ──────── A5判・248頁/4400円
絶滅に学ぶ保全生物学
●身近な水辺の動物であったニホンカワウソ──かれらはなぜ絶滅しなくてはならなかったのか.

フィールド古生物学　大路樹生著 ──────── A5判・164頁/2800円
進化の足跡を化石から読み解く
●フィールドワークや研究史上のエピソードをまじえながら，古生物学の魅力を語る.

日本の動物園　石田戢著 ──────── A5判・272頁/3600円
●動物園学のすすめ──多様な視点からこれからの動物園を論じた決定版テキスト.

貝類学　佐々木猛智著 ──────── A5判・400頁/5400円
●化石種から現生種まで，軟体動物の多様な世界を体系化. 著者撮影の精緻な写真を多数掲載.

リスの生態学 田村典子著 —————— A5判・224頁/3800円
●行動生態，進化生態，保全生態など生態学の主要なテーマにリスからアプローチ．

イルカの認知科学 村山司著 —————— A5判・224頁/3400円
異種間コミュニケーションへの挑戦
●イルカと話したい──「海の霊長類」の知能に認知科学の手法でせまる．

海の保全生態学 松田裕之著 —————— A5判・224頁/3600円
●マグロやクジラはどれだけ獲ってよいのか？　サンマやイワシはいつまで獲れるのか？

日本の水族館 内田詮三・荒井一利 著 西田清徳 —————— A5判・240頁/3600円
●日本の水族館を牽引する名物館長たちが熱く語るユニークな水族館論．

トンボの生態学 渡辺守著 —————— A5判・260頁/4200円
●身近な昆虫──トンボをとおして生態学の基礎から応用まで統合的に解説．

フィールドサイエンティスト 佐藤哲著 —————— A5判・252頁/3600円
地域環境学という発想
●世界のフィールドを駆け巡り「ひとり学際研究」をつくりあげ，学問と社会の境界を乗り越える．

ニホンカモシカ 落合啓二著 —————— A5判・290頁/5300円
行動と生態
●40年におよぶ野外研究の集大成．徹底的な行動観察と個体識別による野生動物研究の優れたモデル．

新版 動物進化形態学 倉谷滋著 —————— A5判・768頁/12000円
●ゲーテの形態学から最先端の進化発生学まで，時空を超えて壮大なスケールで展開される進化論．

ウサギ学 山田文雄著 —————— A5判・296頁/4500円
隠れることと逃げることの生物学
●ようこそ，ウサギの世界へ！　40年にわたりウサギとつきあってきた研究者による集大成．

湿原の植物誌 冨士田裕子著 —————— A5判・256頁/4400円
北海道のフィールドから
●日本の湿原王国──北海道のさまざまな湿原に生きる植物たちの不思議で魅力的な世界を描く．

化石の植物学 西田治文著 —————— A5判・308頁/4800円
時空を旅する自然史
●博物学の時代から遺伝子の時代まで──古植物学の歴史をたどりながら植物の進化と多様性にせまる．

哺乳類の生物地理学　増田隆一著 ——— A5判・200頁/3800円
●遺伝子やDNAの解析からヒグマやハクビシンなど哺乳類の生態や進化にせまる.

水辺の樹木誌　崎尾均著 ——— A5判・284頁/4400円
●失われゆく豊かな生態系——水辺林. そこに生きる樹木の生態学的な特徴から保全を考える.

有袋類学　遠藤秀紀著 ——— A5判・288頁/4200円
●〈ちょっと奇妙な獣たち〉の世界へ——日本初の有袋類の専門書.

ここに表記された価格は本体価格です. ご購入の際には消費税が加算されますのでご了承下さい.